全国水利行业规划教材　高职高专水利水电类
中国水利教育协会策划组织

工程测量技术

（第2版）

主　编　黄文彬　王建华　徐水平
副主编　卢满堂　李玉芝　李金生　杨　勇
主　审　张茂林

U0806061

黄河水利出版社
·郑州·

内 容 提 要

本书是全国水利行业规划教材,是根据中国水利教育协会全国水利水电高职教研会制定的工程测量技术课程教学大纲编写完成的。全书共分15章,主要内容包括:测量仪器的使用及有关测量误差的基本知识,大比例尺地形测量及地形图的阅读和应用,大坝施工测量、隧洞测量、渠道测量及大坝外部变形观测,3S技术与应用等。

本书除作为测量与水利工程专业的教材外,还可作为土木工程、道路与桥梁工程、城市规划、给排水工程、水利信息技术、环境工程、工程管理、房地产管理等专业的教材,也可作为工程技术人员的参考书。

图书在版编目(CIP)数据

工程测量技术/黄文彬,王建华,徐水平主编.—2版.郑州:黄河水利出版社,2012.8 (2015.11 重印)
全国水利行业规划教材
ISBN 978-7-5509-0332-6

Ⅰ.①工… Ⅱ.①黄… ②王… ③徐… Ⅲ.①工程测量-高等职业教育-教材 Ⅳ.①TB22

中国版本图书馆CIP数据核字(2012)第191857号

组稿编辑:王路平 电话:0371-66022212 E-mail:hhslwlp@163.com

出 版 社:黄河水利出版社
地址:河南省郑州市顺河路黄委会综合楼14层 邮政编码:450003
发行单位:黄河水利出版社
发行部电话:0371-66026940、66020550、66028024、66022620(传真)
E-mail:hhslcbs@126.com
承印单位:郑州龙洋印务有限公司
开本:787 mm×1 092 mm 1/16
印张:15.75
字数:360千字 印数:22 001—26 000
版次:2009年8月第1版 印次:2015年11月第6次印刷
2012年8月第2版

定价:32.00元

再版前言

本书是根据《教育部、财政部关于实施国家示范性高等职业院校建设计划，加快高等职业教育改革与发展的意见》(教高[2006]14 号)、《教育部关于全面提高高等职业教育教学质量的若干意见》(教高[2006]16 号)等文件精神，由全国水利水电高职教研会拟定的教材编写规划，在中国水利教育协会指导下，由全国水利水电高职教研会组织编写的第二轮水利水电类专业规划教材。第二轮教材以学生能力培养为主线，具有鲜明的时代特点，体现出实用性、实践性、创新性的教材特色，是一套理论联系实际、教学面向生产的高职高专教育精品规划教材。

工程测量技术是工科(程)类专业的一门专业技术基础课，其教学目的是培养学生具有测绘科学方面的基础理论知识和基本测绘技能，使其具有在工程勘测、规划、施工与管理各阶段正确使用测量信息的能力。同时，也为学习有关后续课程和从事专业技术工作打下基础。

本书是在 2009 年 8 月第 1 版的基础上，经过修订、补充完善而成的。根据教学需要，对部分章节内容进行了调整，对过时的内容进行了删改，增加了数字化测图和 CASS 软件应用快速入门，补充了 GPS 测量技术等，使教材内容更加先进、完善。

本书在阐述工程测量基本概念、基本理论和方法的基础上系统地介绍工程测量技术的实际操作技能，以便学生通过本书的学习，能较好地掌握测量工作的基本技能。本书结合传统测量方法与现代测绘技术全面介绍了工程测量技术，既讲述了水准测量等常规测量方法，也介绍了 GPS 等先进测绘手段；既讲述了经纬仪等传统测绘仪器，也介绍了全站仪等现代先进测绘装备；同时还介绍了渠道测量等水利工程中常见的测量技术，使学生能逐步掌握工程测量技术方面的基础理论知识、常规测量仪器的使用方法、小区域大比例尺地形图的测绘方法、水利工程施工放样技术，并具有正确使用测绘资料的能力，为今后从事水利工程勘测、规划、设计、施工及管理工作打下基础。

本书共 15 章，涉及四个方面。第一方面为测量的基本理论知识和基本测量工作，包括第一至第五章，主要介绍了测量的基本概念、测量的基本工作、水准测量、角度测量、直线定向及测量误差的基本知识。第二方面为区域控制测量、地形测量及地形图应用和施工测量，包括第六至第十章，主要介绍了地形图的基本知识、大比例尺地形图的测绘、数字化测图、GPS 测量技术、地形图的应用和施工放样。第三方面为专业工程测量，包括第十一至第十四章，主要介绍了水利水电工程施工测量的基本知识、渠道测量、水工建筑物施工测量、隧洞施工测量、道路与桥梁测量等。第四方面为新技术介绍，包括第十五章，主要介绍了 3S 技术及应用。本书除注意测绘学科的系统性外，还力求叙述简明、图文并茂、通俗易懂。

本书编写人员及编写分工如下：浙江水利水电专科学校黄文彬(第一、第八章、附录)；重庆水利电力职业技术学院常允艳(第二章)；河南水利与环境职业学院张新盈(第三章);安徽水利水电职业技术学院杨勇(第四、第十二章);河南水利与环境职业学院徐水平(第五章);北京农业职业学院韩敏琦(第六章);辽宁水利职业学院李金生(第七、第十三章);四川水利职业技术学院李开伟(第九章);浙江同济科技职业学院王建华(第十、第十四章);山西水利职业技术学院卢满堂(第十一章);山东水利职业学院李玉芝(第十五章)。本书由黄文彬、王建华、徐水平担任主编,黄文彬负责全书统稿,由卢满堂、李玉芝、李金生、杨勇担任副主编,由内蒙古机电职业技术学院张茂林担任主审。

由于编者水平有限,书中难免有不足之处,热忱希望广大读者对书中缺点错误给予批评指正。

编　者

2012 年 6 月

目　录

第一章 绪 论

测量技术是由于实际生产的需要并在人类创造性的劳动中发展起来的。追溯到上古时代,埃及人已经开始用简单的测量方法丈量尼罗河附近的土地;我国夏禹在黄河两岸治理水患时,已使用了"准、绳、规、矩"四种测量工具和方法。在工程建设方面,我国古代就建造起雄伟壮丽的万里长城、造福后代的河南郑国渠和四川都江堰水利工程等,这些工程无不需要一定的测量工作。随着近代科学技术的发展,测量技术也得到了迅速发展。传统的测量方法在信息技术高度发达的今天被赋予了许多现代的高新技术,成为集计算机技术、3S 技术等多种技术于一体的现代技术。

第一节 测绘学的概念及其作用

一、测绘学概述

测绘学是自然科学的一个组成部分,是为人们了解自然和改造自然服务的。传统的测绘学研究的对象是地球及其表面,主要任务是研究地球的形状和大小,以及测定地球表面上的自然形态和人工设施的几何形状及其空间位置,并绘制成图。

随着科学技术的发展和社会的进步,测绘学的研究对象不仅是地球,而且还扩展到地球外层空间的各种自然和人造实体。因此,测绘学的现代概念就是研究地球和其他实体(包括地球整体、表面及外层空间各种自然和人造的物体)中与地理空间分布有关的信息的采集、量测、分析、显示、管理及利用的科学与技术。它研究的主要内容是:确定地球和其他实体的形状及空间定位、地球重力场;利用各种测量仪器、传感器及其组合系统获取地球及其他实体与地理空间分布有关的信息;制成各种地形图、专题图和建立地理信息系统,为研究地球的自然、社会现象,为社会可持续发展提供基础信息。

二、测绘学的学科分类

随着测绘科学的发展,测绘学所涉及的范围越来越广泛。按照研究的对象和范围的不同,测绘学主要分为以下学科。

(一)大地测量学

大地测量学是研究地球的形状、大小和重力场,测定地面点几何位置和地球整体与局部运动的理论与技术的学科。其基本任务是:

(1)建立国家大地控制网,为地形测图和大型工程测量提供基本控制,为空间科学技术和军事用途提供资料。

(2)测定地球的形状、大小和研究地球重力场的理论、技术与方法,为研究地球形状、大小和其他科学问题提供资料。

(二)地形测量学

地形测量学是研究对地球表面局部地区(在测量区域内,不考虑地球曲率的影响,地球表面被当做水平面处理)进行测绘工作的基本理论、技术和方法的学科。

(三)摄影测量学

摄影测量学是研究利用摄影或遥感的手段获取目标物的影像数据,从中提取几何或物理的信息,并用图形、图像和数字形式表达测绘成果的学科。因获得像片的方法不同,摄影测量学又可分为地面摄影测量、航空摄影测量、航天摄影测量等。它的主要研究内容包括获取目标物的影像,对影像进行处理,将所测得的成果用图形、图像或数字表示等。

(四)工程测量学

工程测量学是研究工程建设在勘测、规划、设计、施工、运行管理各个阶段的测量工作的理论、技术和方法的学科。

工程测量学的任务包含工程建设中所进行的各种测量工作,主要有三方面:

(1)测绘地形图。在工程规划设计阶段,一方面需要提供各种比例尺的地形图,另一方面要为工程地质勘探、水文地质勘探及水文测验等进行测量工作。对于重要的工程(例如某些大型特种工程)或在地质条件不良的地区(例如膨胀土地区)进行建设,还要对地层的稳定性进行观测。

(2)把图纸上设计的建筑物标定到地面上。在建筑施工阶段,首先要将所设计的工程建筑物按照施工的要求在现场标定出来(即所谓定线放样),作为实地修建的依据。为此,要根据工地的地形、工程的性质及施工的组织与计划等,建立不同形式的施工控制网,作为定线放样的基础。然后按照施工的需要,采用各种不同的放样方法,将图纸上所设计的内容标定到实地。此外,还要进行竣工测量和设备的安装测量。

(3)为建筑物施工过程中和竣工后所产生的各种变化而进行的变形观测。在建筑物运营期间,为了监视工程的安全和稳定情况,了解设计是否合理,验证设计理论是否正确,需要定期对建筑物的位移、沉陷、倾斜及摆动等进行观测,即变形观测。对于大型的工业设备,还要进行经常性的检测和调校,以保证其按设计安全运行。

(五)海洋测绘学

海洋测绘学是以海洋水体和海底为对象所进行的测量和海图编制理论与方法研究的学科。它主要包括海道测量、海洋大地测量、海底地形测量、海洋专题测量及航海图、海底地形图等的编制。

以上各学科既自成体系又互相关联。

水利水电建设中的测量工作称为水利工程测量。水利工程测量是为水利工程建设服务的专业测量,属于工程测量学的范畴。它的主要任务是:

(1)为水利工程规划设计提供所需的地形资料。规划时需提供中、小比例尺地形图及有关信息,建筑物设计时要测绘大比例尺地形图。

(2)施工阶段要将图上设计好的建筑物按其位置、大小测设于地面,以便据此施工,此称为施工放样。

(3)在施工过程中及工程建成后的运行管理中,需要对建筑物的稳定性和变化情况进行监测,即变形观测,以确保工程安全。

三、测绘学的作用

测绘工作常被人们称为建设的尖兵,这是由于不论是国民经济建设还是国防建设,其勘测、设计、施工、竣工及保养维修等阶段都需要测绘工作,而且都要求测绘工作走在这类任务的前面。测绘科学在保卫国家的战斗中也起着很重要的作用,如地形图就是战略部署的重要资料之一。

随着科学技术的日益发展,测绘科学在国民经济建设和国防建设中的作用也将日益增大。在工程建设方面,工程勘测、规划、设计、施工、竣工及运营后的监测、维护都需要测量工作。在军事上,首先由测绘工作提供地形信息,在战略的部署、战役的指挥中,除必需的军用地图外,还需要进行目标的观测定位,以便进行打击。至于远程导弹、空间武器、人造地球卫星及航天器的发射等,都要随时观测、校正飞行轨道,保证其精确入轨飞行。

在科学试验方面,如地震预测预报、灾情监测、空间技术研究、海底资源探测、大坝变形监测、加速器和核电站运营的监测等,以及其他科学研究方面,无不需要测绘工作的配合。

此外,对建立各种地理信息系统(GIS)、数字城市、数字中国等,都需要现代测绘科学提供基础数据信息。

从以上测绘学在国民经济建设和国防建设中的应用可以看到,测绘学的服务范围和对象正在不断扩大,不再是原来单纯从控制到测图,为国家制作基本地形图,而是扩大到国民经济和国防建设中与地理空间数据有关的各个领域。测绘学为研究地球的自然现象和社会现象,解决人口、资源、环境和灾害等社会可持续发展中的重大问题,以及国民经济和国防建设都提供了技术支撑与数据保障。

四、学习本课程的目的和要求

本课程是工程类专业的技术基础课。测量工程贯穿于工程建设的始终,工程技术人员必须掌握测量的知识和技能,唯有如此,才能担负起工程勘测、规划设计、施工及管理等任务。学习该课程,具体要求掌握现代测量学的基本知识、基本理论;具有使用常规测量仪器的基本技能,了解先进测绘仪器的原理、使用方法;基本掌握小区域大比例尺地形图测绘的原理、方法;对数字测图的过程也要有所了解;在水利工程规划、设计和施工中能正确使用地形图和测量信息;掌握处理测量数据的理论和评定精度的方法;在施工过程中,能正确使用测量仪器进行一般水利工程的施工放样工作。

水利工程测量是一门实践性很强的课程,在教学过程中,除课堂讲授外,还有试验课和教学实习。在掌握课堂讲授内容的同时,要认真参加试验课,以便巩固和验证所学理论,掌握各种实践技能。教学实习是一个系统的实践环节,只有自始至终完成各项内容的实习,才能对测量的理论、知识和实践过程有一个完整的、系统的认识,实践技能才能得到巩固和提高。

第二节　地球的形状和大小

地球的自然表面，即岩石圈的表面是测量工作研究的主要对象。地球表面是一个形状极其复杂而又不规则的曲面。地面上有高山、丘陵、平原、江河、湖泊、海洋等。如果仅从某一局部地区来推断，很难确定出地球的形状和大小。如尼泊尔与我国西藏交界处的珠穆朗玛峰高达 8 844.43 m，而在太平洋西部的马里亚纳海沟深达 11 022 m。不过，从整体来看，地面的起伏与地球的平均半径（约 6 371 000 m）相比是微不足道的。

通过长期的测绘工作和科学调查，人们了解到，地球表面的海洋面积约占 71%，陆地面积约占 29%。因此，我们可以把地球总的形状看成是一个被海水包围的形体。静止的海水面称为**水准面**。由于海水有潮汐，海水面有涨有落，因此水准面有无数个。为此，人们设立验潮站，进行长期观测，求出了平均高度的海水面。我们就把与平均海水面相重合并向陆地内部延伸而形成的封闭曲面称为**大地水准面**，它所包围的形体称为**大地体**。研究地球的形状和大小就是研究大地水准面的形状和大地体的大小。

水准面是一个曲面，它处处都与铅垂线方向垂直。铅垂线方向又称为重力方向。重力是地球引力和离心力的合力，地球表面离心力与引力之比约为 1∶300，所以重力方向主要取决于引力方向。地球内部物质分布不均匀，使得地面各点铅垂线方向发生不规则变化，因而大地水准面实际上是一个略有起伏的不规则曲面，如图 1-1 所示。由于大地水准面的形状和大地体的大小均接近地球自然表面的形状与大小，并且它的位置是比较稳定的，如图 1-2 所示，因此在实际工作中，我们选取大地水准面和铅垂线作为测量工作的基准面和基准线。

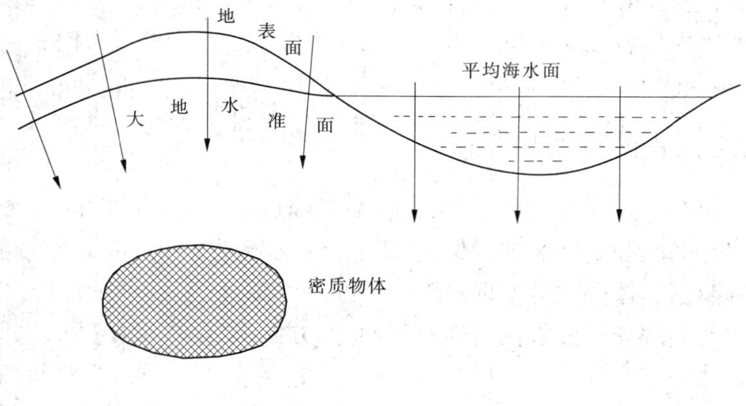

图 1-1　大地水准面示意图

要在不规则的曲面上进行各种测量计算和成图是相当困难的，甚至是不可能的。人们经过长期的精密测量，发现大地体十分接近于一个两极稍扁的旋转椭球体，而旋转椭球是可以用数学式严格表示的，所以测绘工作者便取大小与大地体很接近的旋转椭球作为地球的参考形状和大小，如图 1-3 所示。

旋转椭球体的基本元素是长半径 a、短半径 b 和扁率 α，地球的形状可描述为

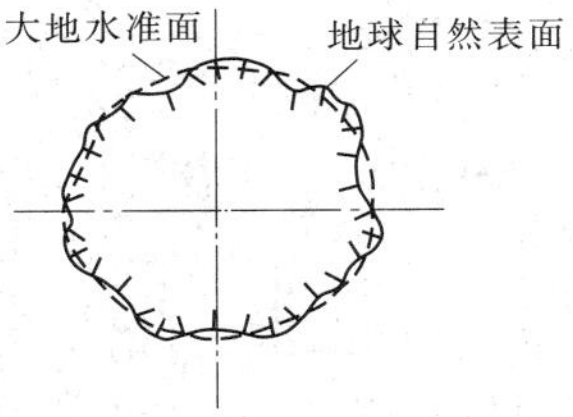

图 1-2　大地水准面与地球自然表面

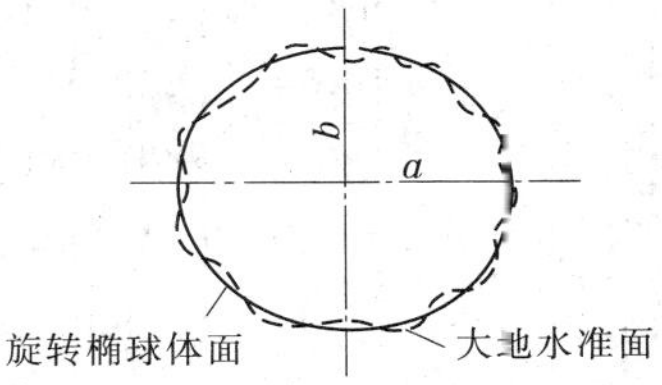

图 1-3　旋转椭球面

$$\frac{X^2}{a^2}+\frac{Y^2}{a^2}+\frac{Z^2}{b^2}=1 \qquad (1\text{-}1)$$

通常，我们以旋转椭球的长半径 a 和扁率 α 来描述地球的大小，其中扁率 α 为

$$\alpha=\frac{a-b}{a} \qquad (1\text{-}2)$$

世界各国推导和采用的椭球元素很多，现摘录几种典型的椭球元素以作参考，见表 1-1。

表 1-1　几种典型的椭球元素

地球椭球名称	发表年份	长半径 a(m)	扁率 α	国家
德兰勃	1800	6 375 653	1:334.0	法国
白塞耳	1841	6 377 397	1:299.2	德国
海福特	1909	6 378 388	1:297.0	美国
克拉索夫斯基	1940	6 378 245	1:298.3	苏联
国际第三推荐值（IUGG75）	1975	6 378 140	1:298.257	国际
国际第四推荐值	1979	6 378 137	1:298.257	国际

由于地球的扁率很小，因此在精度要求不高的情况下，可以把地球作为圆球看待，其半径为

$$R=\frac{a+a+b}{3}\approx 6\ 371(\text{km}) \qquad (1\text{-}3)$$

选好一定形状和大小的椭球后，还需要确定椭球体与大地体的相互位置关系。如图 1-4所示，在地面上适当地方选择一点 P，设想把椭球与大地体相切，切点 P' 位于 P 点的铅垂线方向上。这时，椭球面上的 P' 点的法线与大地水准面的铅垂线相重合，使椭球的短轴与地轴保持平行，且椭球面与这个国家范围内的大地水准面的差距尽量小。因此，椭球面与大地水准面的相对位置便确定下来，这个工作称为椭球定位，P 点称为**大地原点**。形状和大小与大地体相近并且两者之间的相对位置确定的旋转椭球称为参考椭球，其表面称为参考椭球面。参考椭球面是测量计算的基准面。如果一个国家（或地区）的参考椭球选定得适当，参考椭球面与本国

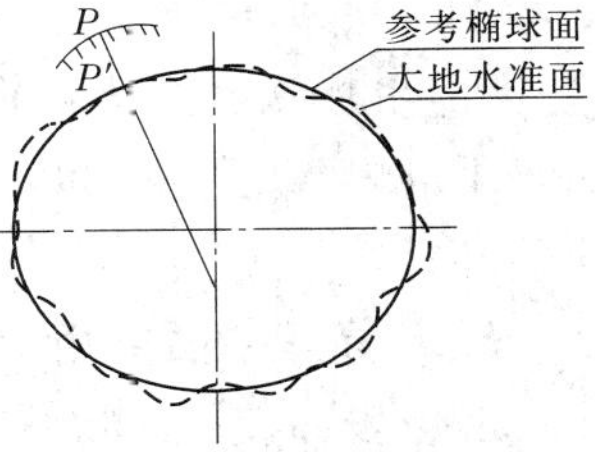

图 1-4　椭球体的定位

（本地区）的大地水准面的差距就会很小，它将有利于测量成果的处理。

我国在新中国成立前采用海福特椭球，新中国成立后一直采用克拉索夫斯基椭球，大地原点在苏联普尔科夫。20 世纪 80 年代，我国采用了国际第三推荐值（即 IUGG75），其参数见表 1-1，大地原点选在陕西省泾阳县永乐镇内。

由上面的分析可知：在外业测量中，大地水准面是测量的基准面，铅垂线是测量的基准线；在内业计算中，参考椭球面是计算的基准面，法线是基准线。

第三节　地面点位置的表示方法

由于地球自然表面高低起伏变化较大，要确定地面点的空间位置，就必须有一个统一的坐标系统。在测量工作中，通常用地面点在基准面（如参考椭球面）上的投影位置和该点沿投影方向到大地水准面的距离三个量来表示。投影位置通常用地理坐标或平面直角坐标来表示，到大地水准面的距离用高程表示。

一、测量坐标系统

（一）大地坐标系

以大地经度和大地纬度表示地面点在参考椭球面上投影位置的坐标系就是大地坐标系。

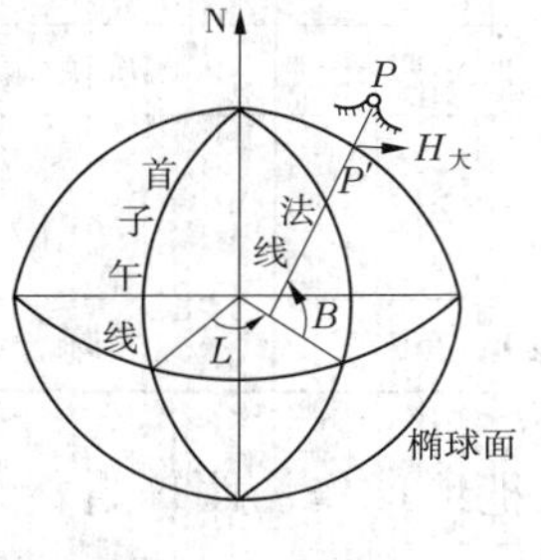

图 1-5　大地坐标系

大地坐标系以首子午面和赤道面构成坐标系的起算面，如图 1-5 所示。过参考椭球面上任一点 P 的子午面与首子午面的夹角 L 为该点的大地经度，简称经度。经度由首子午面向东量算称为东经，向西量算称为西经，其值各为 0°～180°。在同一子午线上的各点，其经度相同。过参考椭球面上任一点 P 的法线与赤道面的夹角 B，称为该点的大地纬度，简称纬度。纬度由赤道面向北量算称为北纬，向南量算称为南纬，其值各为0°～90°。在同一平行圈上各点的纬度相同。大地经度 L 和大地纬度 B 统称为大地坐标。

由于参考椭球面与大地水准面之间的相关位置已固定下来，地面上任何一点的位置都可以沿法线方向投影到参考椭球面上，并用其大地经度、大地纬度表示出来。由此可见，大地坐标以法线为依据，以参考椭球面为基准面。

用经度、纬度表示 P 点位置的坐标系是在球面上建立的，故又称为球面坐标，也称为地理坐标。

（二）高斯平面直角坐标系

地球表面是一个曲面，当测区范围较小时，可以把地球表面看做平面，所测得的一系列地面点构成的图形，可以直接用相似的方法缩绘在平面上。但测区范围较大时，将地球表面上的图形投影到平面上必然会产生变形，因此这时就不能把地球表面看做平面了，必须采用适当的投影方法解决这个问题。投影的方法有多种，测量工作中通常采用高斯投影。

1. 高斯投影的概念

高斯投影又称等角横切椭圆柱投影，它是正形投影（保角映射）的一种。这种投影保持图上任意两个方向的夹角与实地相应的角度相等，在小范围内保持图上形状与实地相似。这种方法是由德国数学家高斯首先创立并经克吕格改进完善的，所以又称高斯－克吕格投影，通常简称高斯投影。

为简要说明高斯投影的概念，设想用一个椭圆柱横套在参考椭球体的外面（见图 1-6），并使椭圆柱与参考椭球体的某一子午线相切，相切的子午线 NOS 称为轴子午线或中央子午线；椭圆柱的中心轴 ZZ' 与赤道面相重合，并通过椭球中心 C。将中央子午线两侧一定经度范围内（如 6°或 3°）的点、线投影到椭圆柱面上。然后，沿过南北极的母线 AA'、BB' 将椭圆柱面剪开，并将其展成一平面（称为高斯平面），就可得到椭球面投影到平面上的图形了。

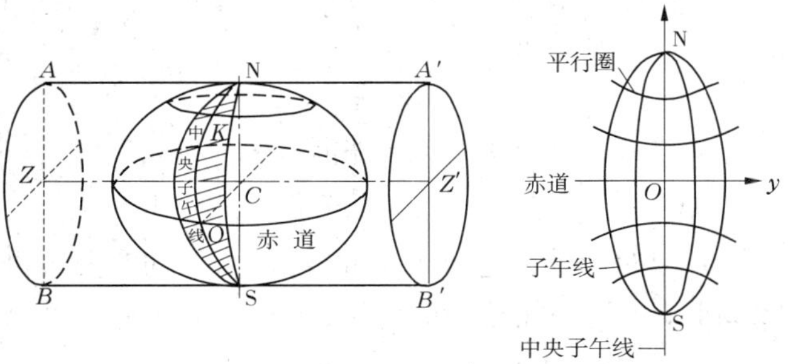

图 1-6 高斯投影

将椭球面上的经纬线投影到高斯平面上后，这些曲线的形状或长度发生了变化，它们具有下述性质：

（1）中央子午线投影后为一条直线，为 x 轴，并且是投影的对称轴。中央子午线的长度没有变形。

（2）除中央子午线外，其余子午线投影后均为凹向中央子午线的曲线，并以中央子午线为对称轴。这些子午线投影后长度有变形，且离中央子午线越远，投影后长度变形越大。

（3）赤道投影后为一条直线，为 y 轴，其长度有变形。

（4）除赤道外的其余纬圈，投影后均为凸向赤道的曲线，并以赤道为对称轴。

（5）除中央子午线外，椭球面上所有的曲线弧投影后长度都有变形。在任一点处，设椭球面上的曲线微分弧长为 $\mathrm{d}S$，投影到平面上后其微分弧长变为 $\mathrm{d}s$，则其长度比为

$$m = \frac{\mathrm{d}s}{\mathrm{d}S} > 1 \tag{1-4}$$

（6）经线与纬圈投影后仍保持正交。

由此可见，凡是参考椭球面上其大地位置对称于中央子午线或赤道的点，其在高斯投影面上的平面位置也将对称于相应的坐标轴。

2. 投影带的划分

高斯投影虽然不存在角度变形，但长度变形还是存在的。除中央子午线外，投影在平面上的长度都要发生变形，并且离中央子午线越远，长度变形越大。当离开中央子午线

300 km 时,其投影后长度变形约为 1/900;变形太大对测图和用图都是不方便的。因此,必须设法加以限制。通常采用分带投影(即限制投影范围)的办法来限制长度变形。

具体做法是,把投影的区域限制在中央子午线两边一条狭小的范围内,这个范围的宽度一般为经差 6°、3°或 1.5°等几种,分别简称 6°带、3°带和 1.5°带。按照这种做法,国际上统一把椭球分成许多 6°带或 3°带,并依次进行编号,如图 1-7(a)所示。

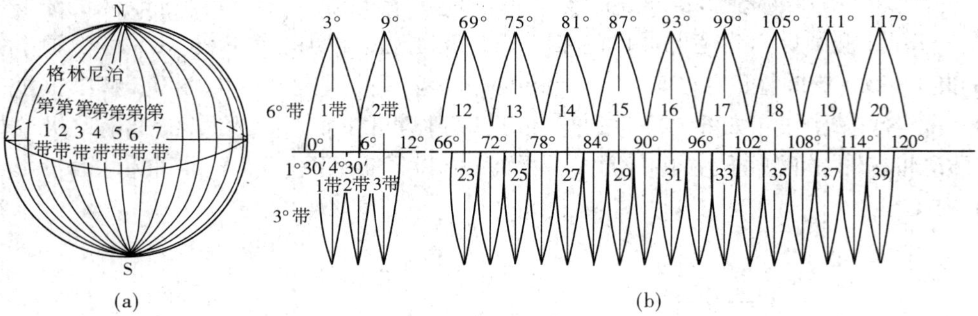

图 1-7 投影带的划分

1)6°带

如图 1-7(b)所示,6°带的带号由起始子午线算起,自西向东每隔经差 6°划分一带,可将地球分成 60 个带,每带的带号可按 1 ~60 依次编号。第 N 带中央子午线的经度 L_{N0} 与带号 N 的关系为

$$L_{N0} = 6° \times N - 3° \qquad (N = 1, 2, \cdots, 60) \tag{1-5}$$

或写成

$$N = (L_{N0} + 3°)/6° \tag{1-6}$$

如已知某点的经度为 L,则该点所在 6°带的带号为

$$N = [L/6] + 1 [\text{前项有余数时}] \tag{1-7}$$

或

$$N = [L/6] + 0 [\text{前项无余数时}]$$

这里的[· / ·]表示“取整数运算”,不能整除时舍弃余数。式(1-7)表示取 $L/6$ 的“整数”,当不能整除时,无论余数多小,一律进位。

【例 1-1】 已知某点的经度为 115°30′,该点位于 6°带第几带?该带中央子午线的经度是多少?

解:因为 $115.5° \div 6° = 19 \cdots 1.5°$

所以 $N = [115.5°/6°] + 1 = 19 + 1 = 20$

$L_0 = 20 \times 6° - 3° = 117°$

该点位于第 20 带,其中央子午线的经度为 117°。

2)3°带

如图 1-7(b)所示,3°带是在 6°带的基础上划分的。6°带的中央子午线和分带子午线都是 3°带的中央子午线。3°带是由东经 1.5°开始起算的,带号自西向东每隔经差 3°划分,其带号按1 ~120依次编号。3°带第 n 带的中央子午线的经度 L_{n0} 与带号 n 的关系为

$$L_{n0} = 3n \qquad (n = 1, 2, \cdots, 120) \tag{1-8}$$

或写成

$$n = L_{n0}/3 \tag{1-9}$$

如已知某点的经度为 L，则该点所在的3°带的带号为

$$n = [(L - 1.5)/3] + 1[\text{前项有余数时}] \tag{1-10}$$

或
$$n = [(L - 1.5)/3] + 0[\text{前项无余数时}]$$

因为3°带是以1.5°起自西向东划分的，所以式(1-10)中要将 L 减去1.5。

我国中央子午线的经度从75°到135°，6°带横跨11带(第13带～第23带)；3°带横跨21带(第25带～第45带)。因此，就我国而言，其6°带和3°带的带号是没有重复的，从带号本身就能看出是3°带还是6°带。

3)任意带

在工程测量中，为了使长度变形更小，有时采用任意带，即中央子午线选择在测区中央，带宽一般为1.5°。大比例尺测图一般采用3°带坐标。对于有特殊要求的测图，可采用任意带坐标。

3. 高斯平面直角坐标系的定义

高斯平面直角坐标系是以每一带的中央子午线的投影为 x 轴，赤道的投影为 y 轴，各个投影带自成一个平面直角坐标系统，如图1-8所示。x 轴向北为正，向南为负；y 轴向东为正，向西为负。由此而确定点位的坐标称为**自然坐标**。我国位于北半球，x 的自然坐标均为正，而 y 的自然坐标则有正有负。为了避免 y 坐标出现负值，规定在自然坐标 y 上加500 km(相当于将纵轴西移500 km)。因每带都有一些自然坐标相同的点，为了说明某点的确切位置，则在加500 km后的 y 坐标前加上相应的带号。将自然坐标 y 加500 km，并在前面冠以带号的坐标称为**通用坐标**。例如，在图1-8中，假定 P_1、P_2 两点均位于第21带，其自然坐标分别为 $y'_{P1} = +180\ 736.3$ m、$y'_{P2} = -105\ 374.8$ m，则其通用坐标为 $y_{P1} = 21\ 680\ 736.3$ m、$y_{P2} = 21\ 394\ 625.2$ m。我国的 x 坐标均为正，因而 x 的自然坐标值和通用坐标值相同。

(三)平面直角坐标系

当测区范围较小时(半径不大于10 km的区域内)，可把该区域的球面视为平面，将地面点直接沿铅垂线方向投影到水平面上并在该平面上建立直角坐标系。测量上使用的平面直角坐标系与数学上的笛卡儿坐标系有所不同。如图1-9所示，测量上将南北方向的坐标轴定为 x 轴(纵轴)，自原点向北为正，向南为负；东西方向的坐标轴定为 y 轴(横轴)，自原点向东为正，向西为负；象限按顺时针方向编号，并规定所有直线的方向都是以纵坐标轴北端为准按顺时针方向量度。这样，数学中的全部平面三角公式均可直接使用，同时又便于测量中的方向确定和坐标计算。

为实用方便，测量上用的平面直角坐标系的原点有时是假设的。假设原点的位置应使测区内各点的 x、y 值为正。

(四)地心空间直角坐标系

在卫星大地测量中，常用地心空间直角坐标来表示空间一点的位置。通常地心空间直角坐标系的原点设在地球椭球的中心 O，z 轴与地球旋转轴重合，x 轴通过起始子午面与赤道的交点，y 轴与 z、x 轴形成右手系，如图1-10所示。地心空间直角坐标系可以统一各国的大地控制网，可以使各国的地理信息“无缝”衔接。地心空间直角坐标在全球定位系统(GPS)、航空、航天、军事及国民经济各部门都有着广泛的应用。

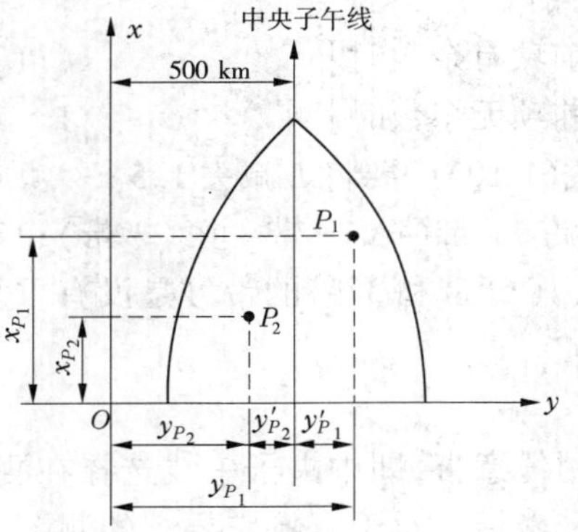

图 1-8　高斯平面直角坐标系

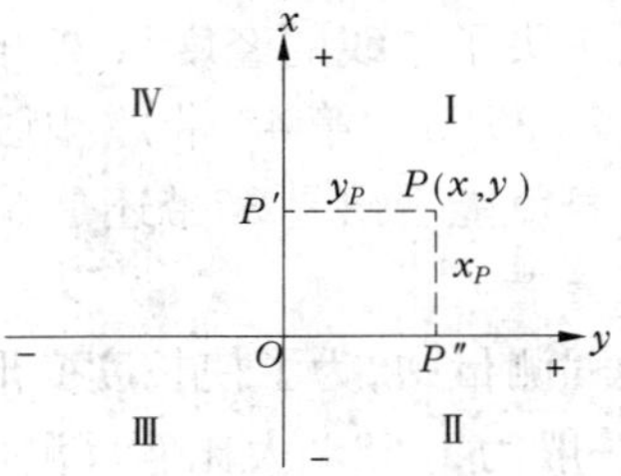

图 1-9　平面直角坐标系

(五)我国的大地坐标系

新中国成立后,我国先后采用了两套大地坐标系。

1.1954 年北京坐标系

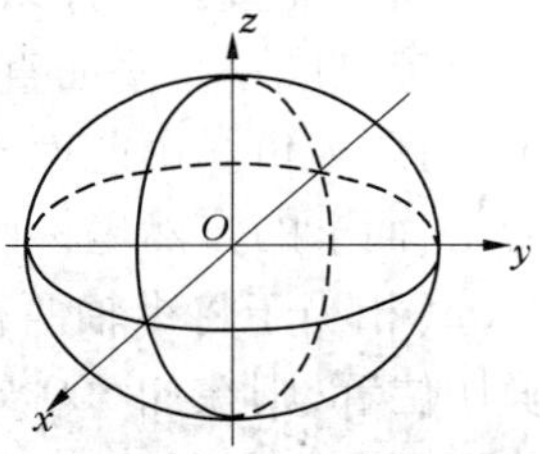

图 1-10　地心空间直角坐标系

20 世纪 50 年代,由于国家建设的需要,我国地面点的大地坐标是通过联测从苏联经我国东北传算过来的,其坐标系统定名为 1954 年北京坐标系。实际上,这个坐标系统是苏联 1942 年普尔科沃大地坐标系的延伸,它采用的是克拉索夫斯基椭球元素值,大地原点在苏联普尔科沃天文台。由于该坐标系大地原点距我国甚远(我国使用的参考原点在北京),在我国范围内该参考椭球面与大地水准面存在着明显的差距,在东部地区差距更甚。因此,1978 年全国天文大地网平差会议决定建立我国独立的大地坐标系。

2.1980 西安坐标系(1980 国家大地坐标系)

自 1980 年起,我国采用 1975 年国际第三推荐值作为参考椭球,并将大地原点定在西安附近(陕西省泾阳县永乐镇),由此建立了我国新的国家大地坐标系—— 1980 西安坐标系。该坐标系统采用的地球椭球元素为 $a = 6\ 378\ 140$ m,$\alpha = 1/298.257$,原来的 1954 年北京坐标系的成果都将改算为 1980 西安坐标系的成果。但是考虑到改算的艰巨性,1954 年北京坐标系的成果特别是大量的地图资料,在一定时期内还将继续使用。

两个系统的坐标可以互换,但不同的地区坐标转换系数不一样。使用控制点成果时,一定要注意坐标系的统一性。

二、测量高程系统

大地坐标或平面直角坐标只能反映地面点在参考椭球面上或投影面上的位置,并不能反映其高低起伏的差别,为此需建立一个统一的高程系统。建立高程系统,首先要选择一个基准面。在一般测量工作中都以大地水准面作为基准面。

(一)绝对高程

地面上某点到大地水准面的铅垂距离称为该点的绝对高程或海拔,简称高程。如

图 1-11所示，地面点 A、B 的绝对高程分别为 H_A、H_B。

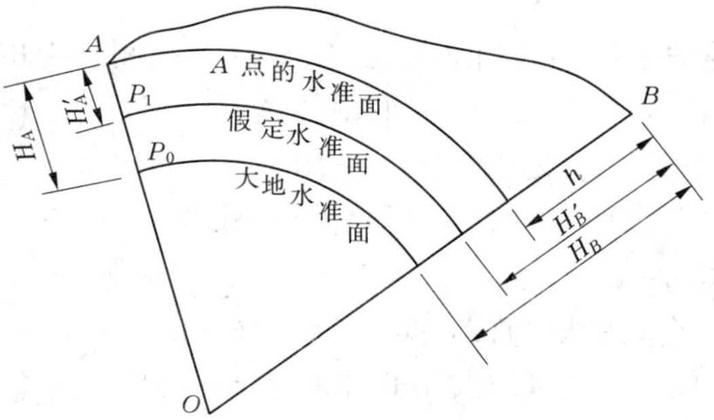

图 1-11　高程系统示意图

一般说来，一个国家只采用一个平均海水面作为统一的高程基准面（起算面），由此高程基准面建立的高程系统称为国家高程系，否则称为地方高程系。我国以青岛验潮站的验潮结果求得平均海水面，作为全国统一的高程基准面。

（二）相对高程

地面上某点到任一假定水准面的垂直距离称为该点的相对高程或假定高程。如图 1-11所示，地面点 A、B 的假定高程分别为 H_A'、H_B'。

当测区附近无国家高程控制点时，可采用假定高程系统，即假设任意一个水准面作为高程起算面。将来如有需要，只需与国家高程控制点联测，再换算成绝对高程就可以了。

（三）高差

地面上两点高程之差称为高差，用 h 表示。如图 1-11 所示，A、B 两点的高差为

$$h_{AB} = H_B - H_A = H_B' - H_A' \tag{1-11}$$

由此可见，地面两点之间的高差与采用的高程系统无关。

高差有正、负。如果测量方向由 A 到 B，A 点高，B 点低，则高差 $h_{AB} = H_B - H_A$ 为负值；若测量方向由 B 到 A，即由低点测到高点，则高差 $h_{BA} = H_A - H_B$ 为正值。

（四）我国的高程系统

1.1956 年黄海高程系

我国过去是以青岛验潮站 1950 ~ 1956 年连续验潮的结果求得的平均海水面作为全国统一的高程基准面的，由此基准面起算所建立的高程系统称为 1956 年黄海高程系。为了明显而稳固地表示高程基准面的位置，在山东省青岛市观象山上的一个山洞里，建立了国家水准原点。用精密水准测量方法测出该水准原点高程为 72. 289 m。全国各地的高程都以它为基准进行推算。

2.1985 国家高程基准

1985 年，国家测绘局根据青岛验潮站 1952 ~ 1979 年连续观测的潮汐资料，推算出青岛水准原点的高程为 72. 260 m，于 1987 年 5 月正式通告启用，并以此定名为"1985 国家高程基准"，同时"1956 年黄海高程系"即相应废止。各部门各类水准点成果将逐步归算至"1985 国家高程基准"上来。所以，在使用高程成果时，要特别注意使用的高程基准，防止错误。

三、空间坐标与地理坐标间的转换

现代工程测量已突破了传统的测量方法，GPS 技术在测量上的广泛应用使得工程测量越来越方便，但由于 GPS 测量成果通常采用的是空间坐标形式，而在工程测量中的成果又常常要求采用地理坐标形式，因此在用 GPS 进行工程测量时会涉及空间坐标与地理坐标之间的相互转换问题。

假定地面某点 P 的空间坐标为(X,Y,Z)，地理坐标为 B、L，高程为 H，如图 1-12 所示。那么，地理坐标和高程到空间坐标的转换见式(1-12)，空间坐标到地理坐标和高程的转换见式(1-13)及式(1-14)。

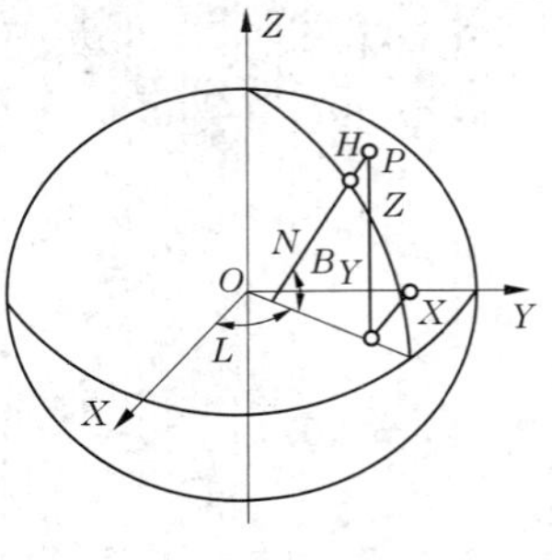

图 1-12　空间坐标与地理坐标

$$\left.\begin{aligned} X &= (N+H)\cos B\cos L \\ Y &= (N+H)\cos B\sin L \\ Z &= [N(1-e^2)+H]\sin B \end{aligned}\right\} \tag{1-12}$$

式中　e——第一偏心率，$e=\sqrt{\dfrac{a^2+b^2}{a^2}}$，$a$、$b$ 分别为所用椭球的长、短半径；

N——$N=\dfrac{a}{\sqrt{1-e^2\sin^2 B}}$。

对于不同的椭球体，N、e 取值不同。

$$\left.\begin{aligned} L &= \arctan\left(\frac{Y}{X}\right) \\ B &= \arctan\left[\frac{Z}{\left|\sqrt{X^2+Y^2}\right|}\left(1-\frac{e^2N}{N+H}\right)^{-1}\right] \\ H &= \frac{\left|\sqrt{X^2+Y^2}\right|}{\cos B}-N \end{aligned}\right\} \tag{1-13}$$

式中，B、H 需通过迭代求得其值，迭代开始时，设

$$\left.\begin{aligned} N_0 &= a \\ H &= \left|\sqrt{X^2+Y^2+Z^2}-\sqrt{ab}\right| \\ B &= \arctan\left[\frac{Z}{\left|\sqrt{X^2+Y^2}\right|}\left(1-\frac{e^2N_0}{N_0+H_0}\right)^{-1}\right] \end{aligned}\right\} \tag{1-14}$$

第四节　用水平面代替水准面的限度

如前所述，地球的形体可视为旋转椭球体，如果精度要求不高，可将地球视为圆球。如果使用球面代替大地水准面，将地面点投影到球面上，然后投影展绘到平面图纸上，这一过程是很复杂的。在实际测量工作中，当测区面积不大时，往往以水平面直接代替水准面，即在一定范围内把地球表面上的点直接投影到水平面上来决定其位置。这样做虽然

简化了测量和计算工作,却给测量结果带来误差,如果这些误差在所允许的限差范围之内,这种代替是可以的。但是,究竟在多大范围内才允许用水平面代替水准面呢?

下面对用水平面代替水准面引起的距离、角度、面积和高程等方面误差的大小作初步的分析。

一、地球曲率对水平距离的影响

在图 1-13 中,设以 O 点为球心,R 为半径的球面为水准面。在地面上有 A'、B'两点,它们投影到球面的位置为 A、B,如果将切于 A 点的水平面代替水准面,即以相应的切线段 AC 代替圆弧 $\widehat{AB}$,则在距离方面将产生误差 Δd。由图 1-13 可以看出

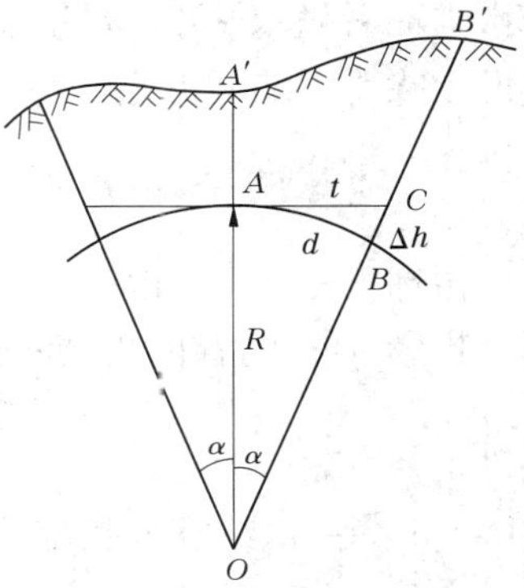

图 1-13　用水平面代替水准面的限度

$$\Delta d = AC - \widehat{AB} = t - d = R\tan\alpha - R\alpha \qquad (1\text{-}15)$$

式中　R——地球半径,取 6 371 km;

α——弧长 d 所对的圆心角。

将 $\tan\alpha$ 用级数展开,并取级数前两项,得

$$\Delta d = R\alpha + \frac{1}{3}R\alpha^3 - R\alpha = \frac{1}{3}R\alpha^3 \qquad (1\text{-}16)$$

因为 $\alpha = \dfrac{d}{R}$,故

$$\Delta d = \frac{d^3}{3R^2} \qquad (1\text{-}17)$$

或用相对误差表示为

$$\frac{\Delta d}{d} = \frac{1}{3}\left(\frac{d}{R}\right)^2 \qquad (1\text{-}18)$$

因 R 可以看成常数,故 Δd 仅随 d 而变化。以不同的距离 d 代入式(1-16)和式(1-17),产生的误差和相对误差列于表 1-2 中。

表 1-2　地球曲率对水平距离和高程的影响

距离 d(km)	距离误差 Δd(mm)	距离相对误差 $\Delta d/d$	高程误差 Δh(mm)
0. 1	0. 000 008	1/1 250 000 万	0. 8
1	0. 008	1/12 500 万	78. 5
10	8. 2	1/120 万	7 850. 0
25	128. 3	1/19. 5 万	49 050. 0

从表 1-2 中可以看出,当地面距离为 10 km 时,用水平面代替水准面所产生的距离误差仅为 0. 82 cm,其相对误差为 1/120 万。而实际测量距离时,使用精密电磁波测距仪的测距精度为 1/100 万(相对误差),地形测量中普通钢尺的量距精度约为 1/2 000(相对

误差)。所以,只有在大范围内进行精密量距时,才考虑地球曲率的影响,而在半径为10 km的圆面积内测量距离时,可不必考虑地球曲率对水平距离的影响,也就是说,可以把水准面看做水平面,认为地面上两点A'、B'在水准面上的距离($\overset{\frown}{AB}$的长度)与它们在水平面上投影点之间的直线距离AC相同,其误差可忽略不计。

二、地球曲率对水平角度的影响

由球面三角学知道,同一空间多边形在球面上投影$A'B'C'$的各内角之和,较其在平面上投影ABC的各内角之和大一个球面角超ε的数值,如图1-14所示。其公式为

$$\varepsilon = \rho'' \frac{P}{R^2} \tag{1-19}$$

式中 ρ''——以秒计的弧度;

P——球面多边形的面积;

R——地球半径。

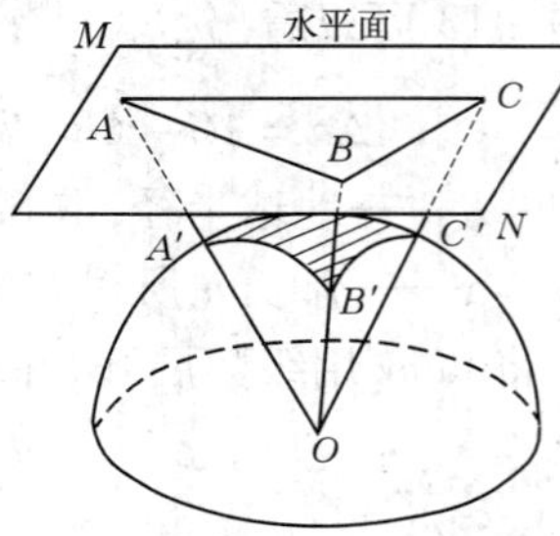

图1-14 水平面代替水准面引起的角度误差

在测量工作中实测的是球面面积,绘制成图时则绘成平面图形的面积。

当$P = 10\ km^2$时,$\varepsilon = 0.05''$;当$P = 100\ km^2$时,$\varepsilon = 0.51''$;当$P = 400\ km^2$时,$\varepsilon = 2.03''$;当$P = 2\ 500\ km^2$时,$\varepsilon = 12.70''$。

这些计算表明,对于面积在100 km^2以内的多边形,地球曲率对水平角的影响只有在最精密的测量中才需要考虑,一般的测量工作是不必考虑的。

以上两项分析说明:在面积为100 km^2范围内,不论是进行水平距离或水平角度测量,都可以不顾及地球曲率的影响;在精度要求较低的情况下,这个范围还可以相应扩大。

三、地球曲率对高程的影响

在图1-13中,B'点的高程为$B'B$,如用过A点的水平面代替水准面,则B'点的高程为$B'C$,这时在高程方面产生的误差为Δh。从图1-13中可以看出,$\angle CAB = \frac{\alpha}{2}$,因该角很小,以弧度表示,则

$$\Delta h = d\frac{\alpha}{2} \tag{1-20}$$

因$\alpha = \frac{d}{R}$,故

$$\Delta h = \frac{d^2}{2R} \tag{1-21}$$

以不同的距离d代入式(1-20),算得相应的Δh值列在表1-2中。从表中可以看出,当距离为100 m时,在高程方面的误差就接近1 mm,这对高程测量来说影响是很大的。所以,尽管距离很短,也不能忽视地球曲率对高程的影响。

第五节　测量工作的基本原则

一、测量的基本工作

测量工作的基本内容是确定地面点的位置。它有测绘和测设两方面的含义，测绘是利用测量手段测定地面点的空间位置，并以图形、数据等形式表示出来的过程；测设是利用测量手段将设计的点位标定到地面上的过程。实际测量工作中，一般不能直接测出地面点的坐标和高程，通常根据已知坐标和高程的点，测出已知点与待定点之间的几何关系，然后推算出待定点的坐标和高程。

如图 1-15 所示，设地面上有三个点 A、B、C，投影到水平面上的位置分别为 a、b、c。如果 A、B 点已知，要确定 C 点的位置，则需要测定水平角 β、距离 D_{BC} 和高差 h_{BC}，才能得到 C 点的平面位置和高程。所以，水平距离、水平角和高程称为确定地面点位置的三个基本元素，称为测量三要素，距离测量、角度测量和高程测量是测量的基本工作。

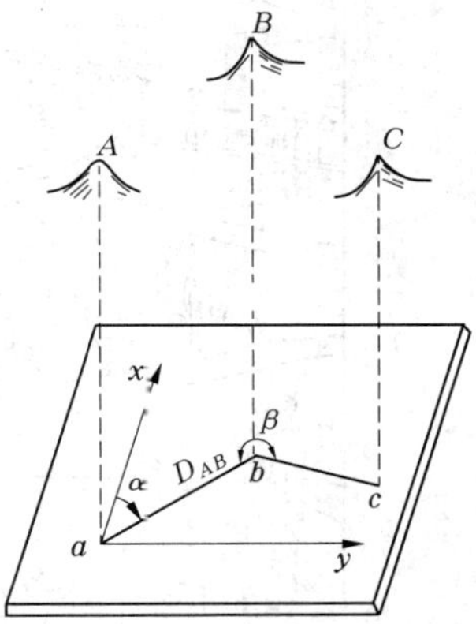

图 1-15　地面点的相对位置

二、基本原则

地球表面的形状错综复杂、物体的种类多种多样。地面上的人造或天然的固定物体称为地物，如道路、河流、房屋。地面的高低起伏形态称为地貌。地物和地貌统称为地形。要把地形反映到图上，是通过测定地面上地物和地貌的一些特征点（也称碎部点）的平面位置和高程来实现的。把测定的地物、地貌的特征点人工展绘在图纸上，称为白纸测图。在野外测量时，将测量的特征点的坐标自动存储在测量仪器（如全站仪）中，并传输给计算机，再利用专门的绘图软件绘制地形图，这就是数字化测图。

进行测量工作时，如果从一个特征点开始逐点进行施测，最后虽可以得到欲测各点的位置，但由于测量工作中存在不可避免的误差，会导致前一点的测量误差传递到下一点，使误差累积起来，最后可能达到不可容许的程度。因此，测量工作必须按照一定的原则进行。

在实际测量工作中要遵循"从整体到局部，由高级到低级，先控制后碎部"的原则。首先在测区范围内选定若干具有控制意义的点组成控制网，这些点称为控制点，如图 1-16(a) 中的 $A,B,\cdots,F$ 点，通过精密的测量仪器，把它们的平面位置和高程精确地测定出来，然后根据这些控制点测定出附近碎部点的位置，如图 1-16(b) 所示。前者测定控制点位置的工作称为控制测量，后者测绘碎部点的工作称为碎部测量。由于控制点的位置比较准确，在每个控制点上测绘地形碎部点的误差只影响局部，不至影响整个测区，误差就不会从一个碎部点传递到另一个碎部点。在一定的观测条件下，各个碎部点均能保证具有应有的精度。

综上所述，测量工作中，在布局上要“从整体到局部”，在精度控制上要“由高级到低级”，在工作步骤上要“先控制后碎部”。

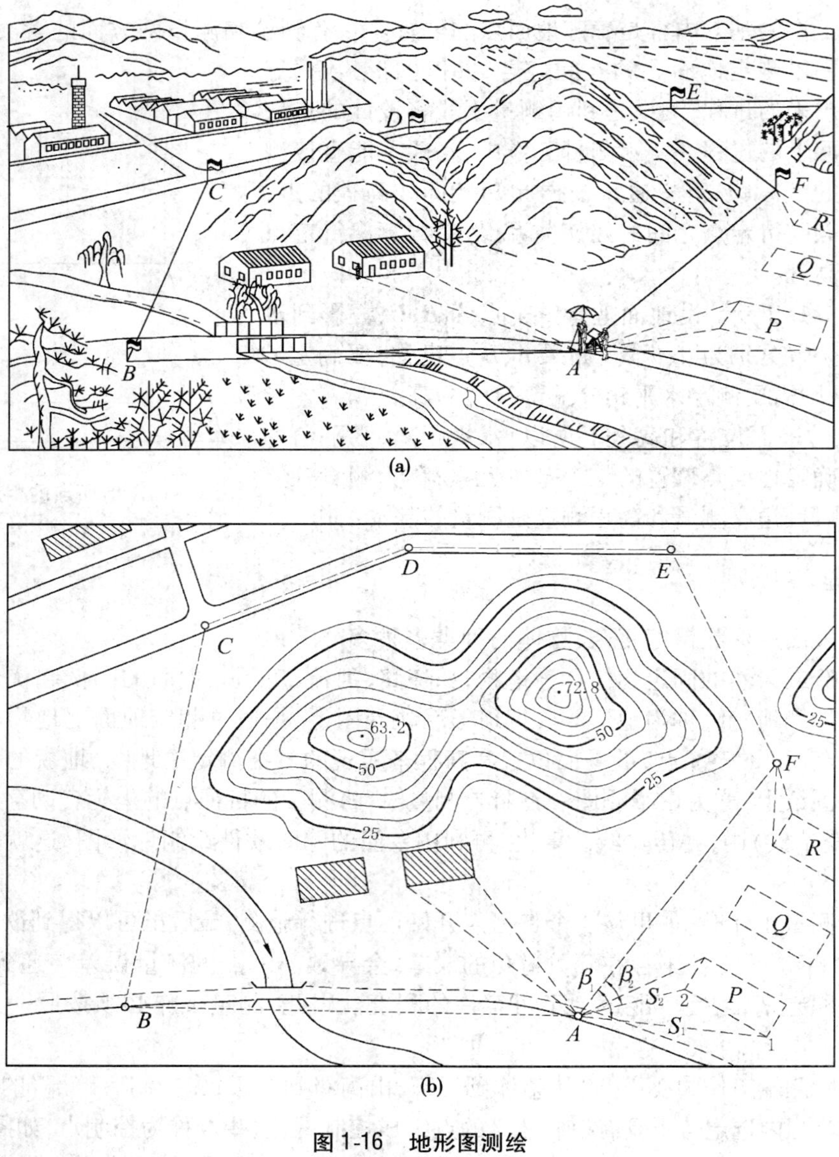

(a)

(b)

图 1-16　地形图测绘

习　题

1-1　什么是大地水准面？它在测量工作中的作用是什么？

1-2　什么是参考椭球面？它有何作用？

1-3　测量中常用的坐标系有几种？测量中的平面直角坐标系与数学中的坐标系有什么不同？

1-4　什么是高斯投影？高斯平面坐标系是怎么建立的？

1-5　北京某点的大地经度为116°20′，试计算它所在6°带和3°带的带号及中央子午线的经度。

1-6　什么是绝对高程？什么是相对高程？两点间的高差值如何计算？

1-7　测量的基本原则是什么？测量的三项基本工作是什么？

第二章　水准测量

第一节　水准测量原理

一、基本原理

水准测量(Leveling Survey)的原理(实质)是利用水准仪提供的“水平视线”,测量两点间的高差,从而由已知点高程推算出未知点高程。

如图 2-1 所示,已知 A 点高程为 H_A,现在想测出 B 点高程 H_B,则可以在 A、B 两点之间安置一台能够提供水平视线的仪器(水准仪),并且分别在 A、B 两点上竖立标尺(水准标尺),然后由水准仪提供的水平视线分别读出 A 点水准尺尺上的读数 a 和 B 点水准尺尺上的读数 b,则 A、B 两点间高差为

$$h_{AB} = a - b = H_B - H_A \tag{2-1}$$

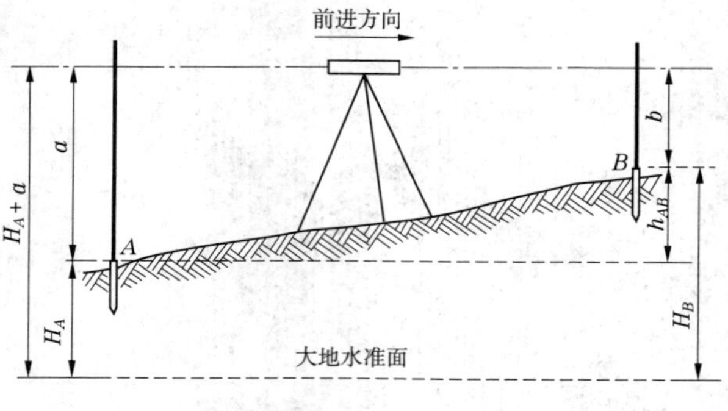

a—后视读数;A—后视点;b—前视读数;B—前视点

图 2-1　水准测量基本原理

测量方向是从已知点 A 向未知点 B 方向前进的,所以前进方向是与其高差 h_{AB} 的下标 AB 的方向一致的。通常我们把 h_{AB} 称为 A 点到 B 点的高差。因此,图 2-1 中 a 为后视读数,A 为后视点,b 为前视读数,B 为前视点。

高差总是等于后视读数减去前视读数,所以有:

如果 $a>b$,即后视读数大于前视读数,则表明 B 点高于 A 点,由 A 向 B 前进为上坡,此时 $h_{AB}>0$;

如果 $a<b$,即后视读数小于前视读数,则表明 B 点低于 A 点,由 A 向 B 前进为下坡,此时 $h_{AB}<0$。

因此,高差是有正负之分的。

一般来说,高程计算的方法有高差法和视线高法两种。

(一)高差法

直接由高差计算未知点高程的方法称为高差法。

测得两点间高差 h_{AB}后,由已知的 A 点高程 H_A,可求得 B 点的高程为

$$H_B = H_A + h_{AB} \tag{2-2}$$

(二)视线高法

利用视线高程推算未知点高程的方法称为视线高法。当安置一次仪器要求出多个点高程时,视线高法比高差法方便。

由图 2-1 可以知道,A 点的高程加后视读数就可以得到仪器的水平视线的高程,用 H_i 表示,即

$$H_i = H_A + a \tag{2-3}$$

由此得到 B 点的高程为

$$H_B = H_i - b = H_A + a - b$$

二、连续水准测量

测量过程中,安置仪器的地方通常称为测站(Station)。

当地面上两点的距离较远,或两点的高差太大,安置一次仪器不能测定其高差时,就需增设若干个临时传递高程的立尺点,称为转点(Turning Point),简记为 TP。

如图 2-2 所示,在实际水准测量中,A、B 两点间高差较大或相距较远,安置一次水准仪不能测定两点之间的高差。此时有必要沿 A、B 的水准路线增设若干个必要的临时立尺点,即转点(用来传递高程)。根据水准测量的原理依次连续在两个立尺点中间安置水准仪来测定相邻各点间高差,再求和得到 A、B 两点间的高差值:

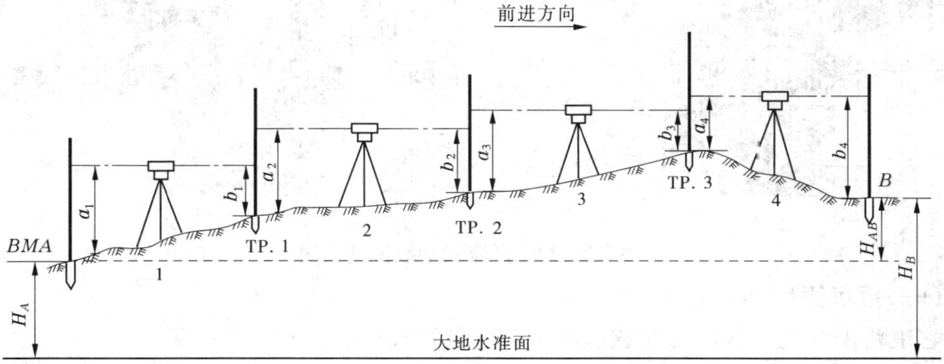

图 2-2　连续水准测量

$$h_1 = a_1 - b_1$$
$$h_2 = a_2 - b_2$$
$$\vdots$$
$$h_n = a_n - b_n$$

则

$$h_{AB} = h_1 + h_2 + \cdots + h_n = \sum h = \sum a - \sum b \tag{2-4}$$

所以,A、B 两点间的高差 h_{AB}等于所有后视读数之和减去所有前视读数之和。

第二节 水准测量的仪器和工具

水准测量所使用的仪器称为水准仪(Level Instrument),配套使用的工具有水准尺(Level Rod)和尺垫(Rod Support)。

我国的水准仪按其精度分,有 DS_{05}、DS_1、DS_3 及 DS_{10} 等几个等级。

D、S 是"大地测量"、"水准仪"汉语拼音的第一个字母,下标 05、1、3 和 10 表示水准仪精度,即每千米水准测量高差中数的偶然中误差。下标数字越小对应仪器精度越高。进口的水准仪型号比较多,没有此规律。

在国产水准仪中,DS_{05} 和 DS_1 属于精密水准仪,DS_3 及 DS_{10} 属于普通水准仪,其中 DS_3 水准仪应用较为广泛,如国家三等水准测量、四等水准测量、建筑工程测量和地形测量等。本书重点介绍 DS_3 水准仪。

一、DS_3 微倾式水准仪的构造

如图 2-3 所示,DS_3 微倾式水准仪主要由望远镜(Telescope)、水准器(Level Bubble)及基座(Tribrach)三部分组成。仪器通过基座与三脚架连接,支承在三脚架上,基座装有三个脚螺旋,用以粗略整平仪器。望远镜旁装有一个管水准器,转动望远镜上的微倾螺旋,可使望远镜作微小的上仰下俯,管水准器也随之上仰下俯,当管水准器的气泡居中时,则望远镜视线水平。仪器在水平方向的转动是由水平制动螺旋和水平微动螺旋控制的。

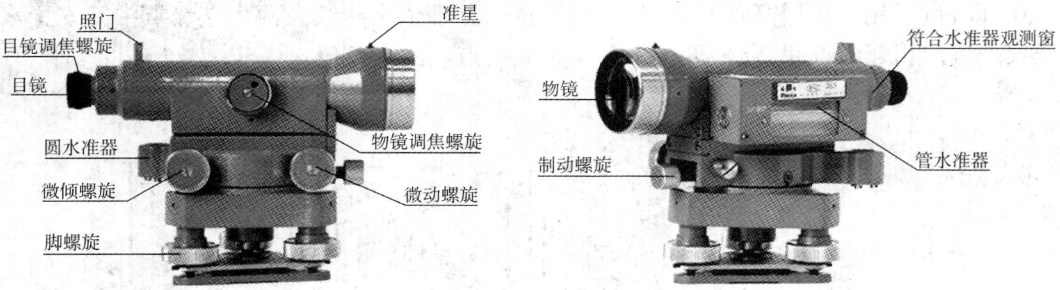

图 2-3 DS_3 微倾式水准仪结构图

(一)望远镜(Telescope)

它主要由物镜、目镜、对光透镜和十字丝分划板组成。

望远镜的作用是一方面提供一条瞄准目标的视线,另一方面将远处的目标放大,提高瞄准和读数的精度。望远镜结构如图 2-4 所示。

如图 2-5 所示,根据几何光学原理可知,目标经过物镜及对光透镜的作用,在十字丝附近成一倒立实像。物镜和目镜多采用复合透镜组,目标 AB 经过物镜成像后形成一个倒立而缩小的实像 ab,移动对光透镜,可使不同距离的目标均能清晰地成像在十字丝平面上。再通过目镜的作用,便可看清同时放大了的十字丝和目标影像 $a'b'$。由于目标离望远镜的远近不同,借转动对光螺旋使对光透镜在镜筒内前后移动,即可使其实像恰好落在十字丝平面上,再经过目镜的作用,将倒立的实像和十字丝同时放大,这时倒立的实像

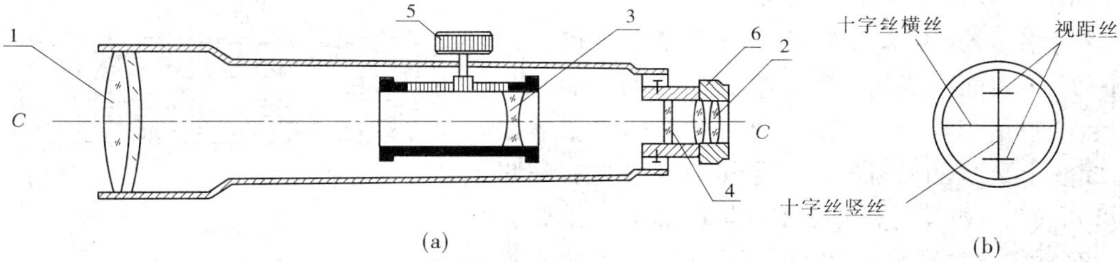

1—物镜;2—目镜;3—对光透镜;4—十字丝分划板;5—物镜调焦螺旋;6—目镜调焦螺旋

图 2-4　望远镜结构

成为倒立而放大的虚像。

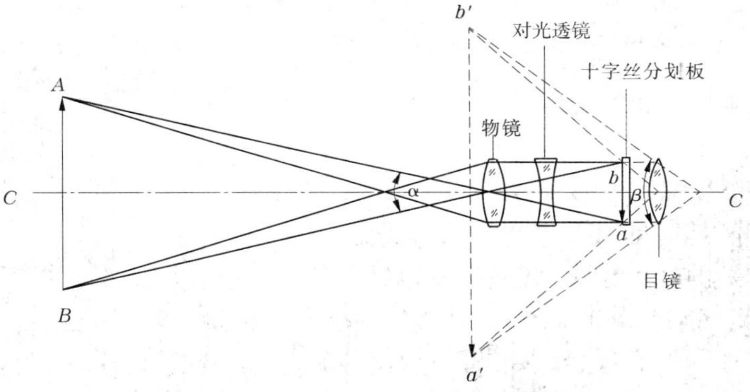

图 2-5　望远镜成像原理

经过望远镜放大的虚像与用眼睛直接看到目标大小的比值,即为望远镜的放大率 V。国产 DS_3 水准仪望远镜的放大率一般约为 30 倍。

为了使不同视力的人都能看到落在十字丝分划板上的清晰影像,目镜上配有对光螺旋,旋转目镜对光螺旋,调节目镜与十字丝分划板的距离,以使不同视力的人看清十字丝。也就是旋转目镜看清十字丝,旋转对光螺旋,看清落在十字丝分划板上的清晰影像。

十字丝是用以瞄准目标和读数的,其形式一般如图 2-4(b)所示。一般在玻璃平板上刻有相互垂直的纵横细线,分别称为纵丝(又叫竖丝)和横丝(又叫中丝)。与横丝平行而距离相等的上下两根短细线称为视距丝,用于测量距离。当十字丝分划线成像不清晰时,可以调节目镜调焦螺旋使其变清晰。

十字丝的交点和物镜光心的连线通常称为视准轴,视准轴也是用以瞄准和读数的视线。水准测量就是在视准轴水平时,用十字丝的中丝在水准尺上截取读数的。

(二)水准器(Level Bubble)

水准器分为管水准器(水准管)(Bubble Tube)和圆水准器(Circular Bubble)两种。水准器是用以整平仪器的器具,使仪器竖轴竖直。

1. 管水准器(Bubble Tube)

管水准器(亦称水准管)用于精确整平仪器,是用一个内表面磨成圆弧的玻璃管制成的,如图 2-6 所示。它是一玻璃管,其纵剖面方向的内壁被研磨成一定半径的圆弧形,水准管上一般刻有间隔为2 mm的分划线,分划线的中点 O 称为水准管零点,通过零点与圆弧相切的纵向切线 LL 称为水准管轴。水准管轴平行于视准轴。当气泡两端与零点对称时,即气泡中点与水准管零点重合时称为气泡居中,这时水准管轴 LL 一定处于水平位置。

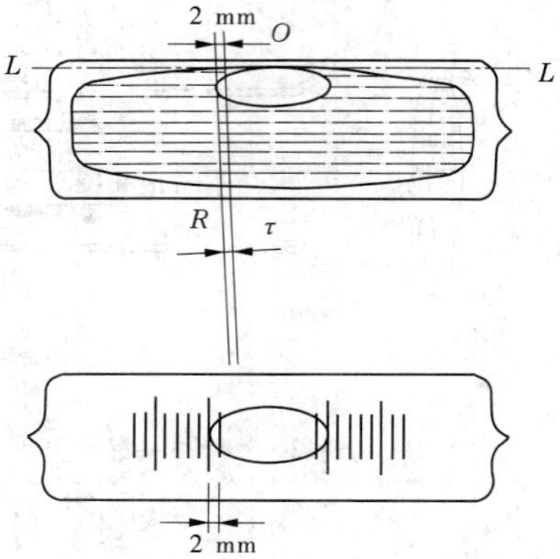

图 2-6　管水准器

水准管上 2 mm 间隔的圆弧所对的圆心角 τ,称为水准管的分划值,即

$$\tau = \frac{2\ \text{mm}}{R}\rho$$

式中　τ——水准管分化值,(″);

R——水准管圆弧半径,mm;

ρ——一弧度的秒值,$\rho = 206\ 265''$。

管水准器分划值(见图 2-7)与圆弧成反比,半径越大,分划值越小,整平的精度越高,气泡移动也越灵活。所以,一般把水准气泡移动到最高点的能力称为水准器的灵敏度。因此,水准管分划值愈小,水准管灵敏度愈高,用其整平仪器的精度也愈高。水准器的灵敏度还与水准管内壁面研磨质量、气泡长度、液体性质和温度等因素有关。DS_3 水准仪的水准管分划值为 20″,记为 20″/2 mm。

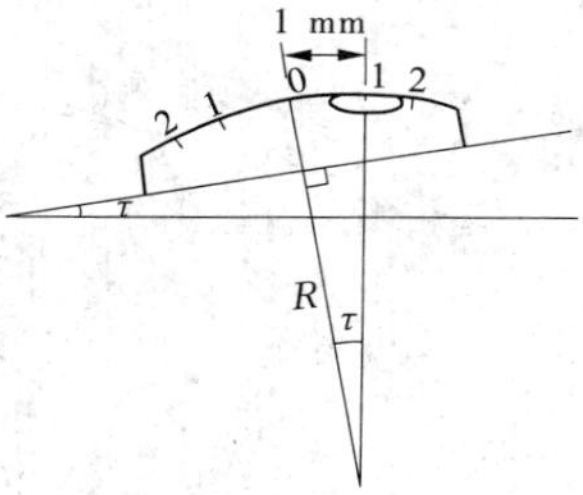

图 2-7　管水准器分划值

为了提高水准管气泡居中的精度,水准仪常采用符合水准器,如图 2-8 所示。符合水准器是水准管上方设置的一组符合棱镜,三次反射气泡两端的半边影像,之后使其影像反映在望远镜的符合水准器的放大镜内,用于指示气泡是否居中。如果气泡不居中,在放大镜内看到的气泡两半边影像是错开的,如图 2-9(a)、(b)所示,当转动微倾螺旋使气泡两半边的影像吻合时,则气泡完全居中,如图 2-9(c)所示。

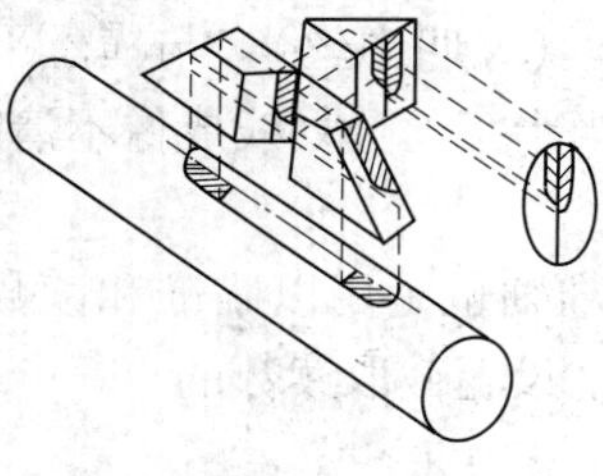
图 2-8　符合水准器

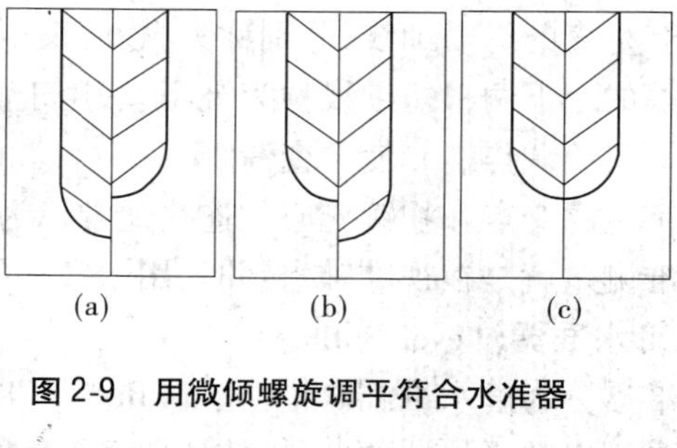

图 2-9　用微倾螺旋调平符合水准器

2. 圆水准器(Circular Bubble)

圆水准器装在水准仪基座上,用于粗略整平。圆水准器顶面的玻璃内表面研磨成球面,其半径为0.2~2 m,球面的正中刻有圆圈,其圆心称为圆水准器的零点。过零点的球面法线 $L'L'$,称为圆水准器轴,如图2-10所示。圆水准器轴 $L'L'$ 平行于仪器竖轴 VV。当圆水准气泡中心与水准器中心点重合时,圆水准器轴就处于铅垂位置。

当气泡居中时,水准轴垂直,此时圆气泡表面即为水平面。气泡中心偏离零点时竖轴所倾斜的角值,称为圆水准器的分划值,一般为8′~10′/2 mm。由于圆气泡的半径小,精度较低,因此圆水准器只能用于粗略整平仪器。

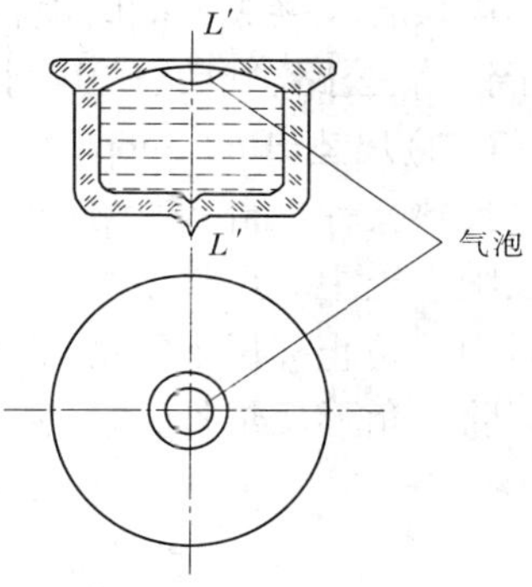

图2-10　圆水准器

(三)基座(Tribrach)

基座的作用是支承仪器的上部,并通过连接螺旋与三脚架连接。它主要由轴座、脚螺旋、底板和三脚压板构成。转动脚螺旋,可使圆水准气泡居中。

二、水准尺和尺垫

(一)水准尺(Level Rod)

水准尺是进行水准测量时与水准仪配合使用的标尺。常用的水准尺有直尺(也称双面尺)和塔尺两种,一般由干燥良好的木材、铝合金或玻璃钢制成。水准测量一般使用直尺,当精度要求不高时可以采用塔尺。

双面尺如图2-11(a)所示,塔尺如图2-11(b)所示。

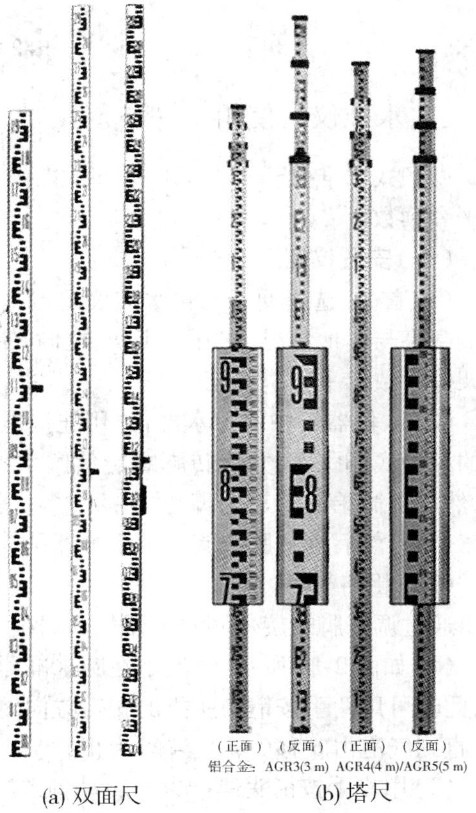

(a) 双面尺　　(b) 塔尺

图2-11　水准尺

1. 双面尺

尺长一般为3 m,两根尺为一对。尺的双面均有刻划,一面为黑白相间,称为黑面尺(也称主尺);另一面为红白相间,称为红面尺(也称辅尺)。两面的刻划均为1 cm,每10 cm处(即在分米处)(E字形刻划的尖端)注有阿拉伯数字。两根尺的黑面尺尺底均从零开始,而红面尺尺底,一根从4.687 m开始,另一根从4.787 m开始。在视线高度不变的情况下,同一根水准尺的红面和黑面读数之差应等于常数4.687 m或4.787 m,这个常数称为尺常数,用 K 来表示,以此检核读数是否正确。双面尺应该成对使用,以检核读数有无错误,一般用于三等、四等水准测量。

2. 塔尺

塔尺是一种逐节缩小的组合尺，其长度为2 ~5 m，由两节或三节连接在一起，尺的底部为零点，尺面上黑白格相间，每格宽度为1 cm，有的为0.5 cm，在米和分米处有数字注记。

塔尺各段接头处的磨损容易影响尺长的精度，故多用于普通水准测量。一般塔尺适用于铁路、公路、城市、矿山、水利、农田基本建设、国防等工程地形测量。

（二）尺垫（Rod Support）

尺垫又称尺台，由生铁铸成。如图2-12所示。一般为三角形板座，其下方有三个脚，可以踏入土中。尺垫上方有一突起的半球体，水准尺立于半球顶面。尺垫用于转点处，测量时为了防止标尺下沉，常常将尺垫放在地上踏稳，然后把水准尺竖立在尺垫的半圆球顶上。除三角形尺垫外，也有圆形尺垫。

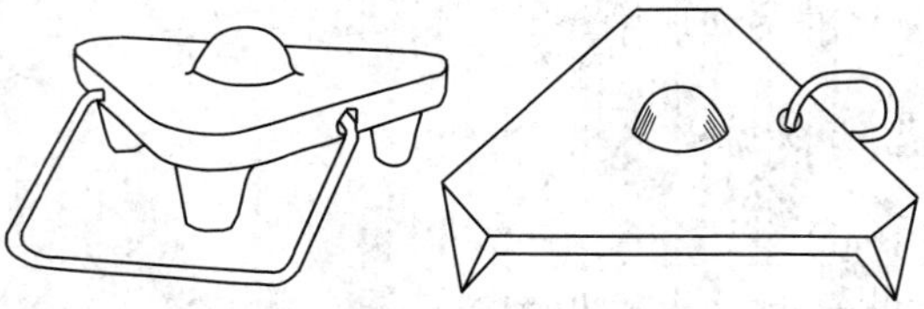

图2-12　尺垫

三、水准仪的使用

微倾式水准仪（Tilt Level）的基本操作程序为：安置仪器、粗略整平、瞄准水准尺、精确整平和读数。

（一）安置仪器

（1）首先，选择便于安置水准仪的点，在测站上松开三脚架架腿的固定螺旋，考虑测量员身高与实地情况，支开三脚架，拉伸，使之为合适高度，再拧紧固定螺旋，并且使三脚架架头大致水平。

（2）从仪器箱中取出水准仪，用连接螺旋将水准仪固定在三脚架架头上，然后将三脚架的三个底脚踩实，并旋转脚螺旋使圆水准器的气泡居中；或者先踩实三脚架中的两个脚，然后稍微抬起第三个脚，并前后、左右摆动，使圆水准器的气泡接近居中，接下来踩实第三个脚，然后旋转脚螺旋使圆水准器的气泡居中。

（二）粗略整平

通过调节脚螺旋使圆水准器气泡居中。具体操作步骤如下：

（1）如图2-13所示，气泡不在圆水准器的中心而偏到 a 位置，这表示脚螺旋1一侧偏高，此时可用两手按箭头所指的相对方向转动脚螺旋1和2，使气泡沿着1、2连线方向移动，直到气泡由 a 移到 b 位置时为止。

（2）用左手按箭头所指方向转动脚螺旋3，使气泡由 b 移至中心。这时仪器的竖轴大致竖直，即仪器大致水平，视准轴粗略水平。

整平规律为：气泡移动的方向始终与左手大拇指旋转脚螺旋时的移动方向一致，与右

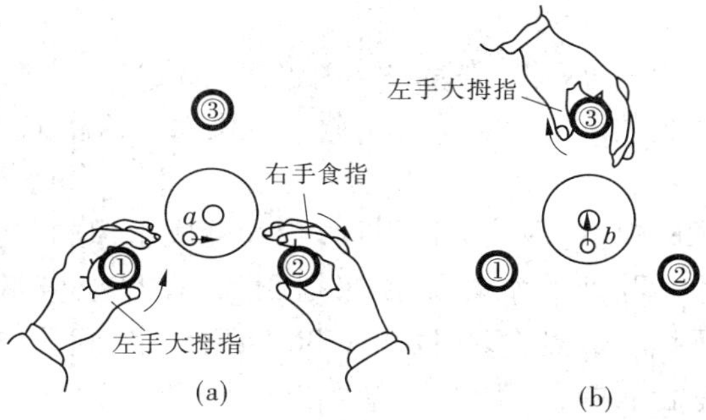

图 2-13 圆水准器整平

手大拇指旋转脚螺旋时的移动方向相反。

(三)瞄准水准尺

(1)目镜调焦。当仪器粗略整平后，松开制动螺旋，将望远镜转向明亮的背景，转动目镜对光螺旋，使十字丝成像清晰。

(2)初步瞄准。通过望远镜筒上方的照门和准星粗略瞄准水准尺，旋紧制动螺旋。

(3)物镜调焦。转动物镜对光螺旋，使水准尺的成像清晰。

(4)精确瞄准。在望远镜内看到水准尺后，再转动微动螺旋，使十字丝的竖丝瞄准水准尺边缘或中央，如图 2-14所示。

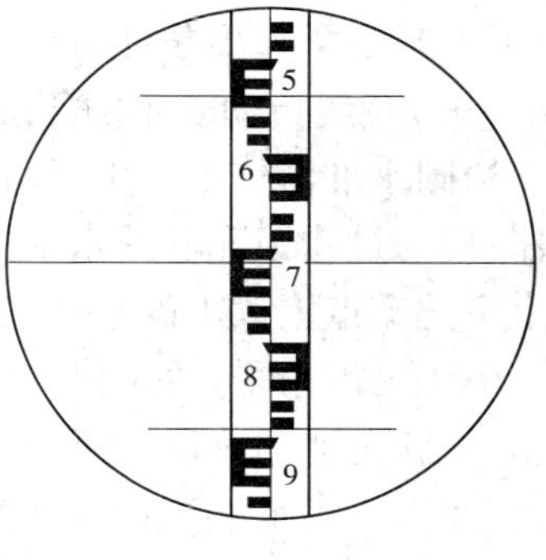

图 2-14 精确瞄准与读数

(5)消除视差。眼睛在目镜端上下移动，有时可看见十字丝的中丝与水准尺影像之间相对移动，这种现象叫视差。产生视差的原因是水准尺的尺像与十字丝平面不重合。视差的存在将影响读数的正确性，应予消除。消除视差的方法是仔细地转动物镜对光螺旋，直至尺像与十字丝平面重合，影像清晰，反复几次，直到十字丝和水准尺成像均清晰，眼睛上下晃动时读数不变为止。

(四)精确整平

精确整平简称精平。眼睛观察水准气泡观察窗内的气泡影像，用右手缓慢转动微倾螺旋，使气泡两端的影像严密吻合，此时视线即为水平视线。微倾螺旋的转动方向与左侧半气泡影像的移动方向一致，如图 2-15 所示。

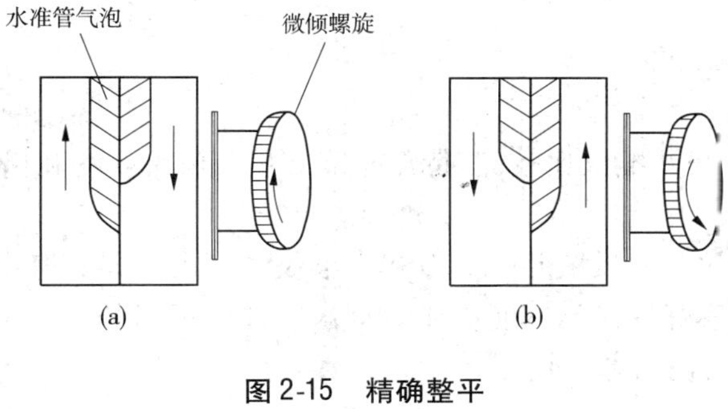

图 2-15 精确整平

（五）读数

符合水准器气泡居中后，应立即用十字丝中丝在水准尺上读数。

读数时应从小数向大数读，读四位。米、分米看尺面上的注记，厘米数尺面上的格数，毫米估读。

对于望远镜成倒像的仪器，即从上往下读，望远镜成正像的仪器，即从下往上读。如图2-14所示，从望远镜中看到的水准尺影像是倒像，在尺上应从上向下读取，读数是1.336 m，习惯上可以不读小数点，直接读出1336四位数字，默认单位为毫米。读数后再检查符合水准器气泡是否居中，若不居中，应再次精平，重新读数。

若使用自动安平水准仪（Compensator Level），仪器无微倾螺旋，故不需进行精平工作。

四、自动安平水准仪

自动安平水准仪与微倾式水准仪的区别在于：自动安平水准仪没有水准管和微倾螺旋，而是在望远镜的光学系统中安置了补偿器。使用时只要水准仪的圆水准气泡居中，使仪器粗平，然后用十字丝读数便是视准轴水平的读数。

自动安平水准仪的优点在于无需精平、操作简单，因此可以大大加快水准测量的速度；另外减小了外界条件对测量成果的影响，提高了水准测量的精度。

（一）视线自动安平的原理

当圆水准器气泡居中后，视准轴仍存在一个微小倾角 α，在望远镜的光路上安置一补偿器，使通过物镜光心的水平光线经过补偿器后偏转一个 β 角，仍能通过十字丝交点，这样十字丝交点上读出的水准尺读数即为视线水平时应该读出的水准尺读数。

由于无需精平，故不仅可以缩短水准测量的观测时间，而且对于施工场地地面的微小振动、松软土地的仪器下沉及大风吹刮等原因引起的视线微小倾斜，能迅速自动安平仪器，从而提高了水准测量的观测精度。

（二）自动安平水准仪的使用

使用自动安平水准仪时，首先将圆水准器气泡居中，然后瞄准水准尺，等待2～4 s后，即可进行读数。有的自动安平水准仪配有一个补偿器检查按钮，每次读数前按一下该按钮，确认补偿器能正常作用再读数。

五、精密水准仪和数字水准仪

（一）精密水准仪简介

1. 精密水准仪

精密水准仪与一般水准仪比较，其特点是能够精密整平视线和精确读取读数。为此，在结构上应满足：

（1）水准器具有较高的灵敏度。如 DS_1 水准仪的管水准器 τ 值为10″/2 mm。

（2）望远镜具有良好的光学性能。如 DS_1 水准仪望远镜的放大倍数为38倍，望远镜的有效孔径为47 mm，视场亮度较高。十字丝的中丝刻成楔形，能较精确地瞄准水准尺的分划。

(3)具有光学测微器装置。可直接读取水准尺一个分格(1 cm 或 0.5 cm)的 1/100 单位(0.1 mm 或 0.05 mm),提高读数精度。

(4)视准轴与水准轴之间的联系相对稳定。精密水准仪均采用钢构件,并且密封起来,受温度变化影响小。

2. 精密水准尺

精密水准仪必须配有精密水准尺。这种尺一般是在木质尺身的槽内,安有一根因瓦合金带。带上标有刻划,数字注在木尺上。精密水准尺须与精密水准仪配套使用。

精密水准尺上的分划注记形式一般有两种:

一种是尺身上刻有左右两排分划,右边为基本分划,左边为辅助分划。基本分划的注记从零开始,辅助分划的注记从某一常数 K 开始,K 称为基辅差。

另一种是尺身上两排均为基本划分,其最小分划为 10 mm,但彼此错开 5 mm。尺身一侧注记米数,另一侧注记分米数。尺身标有大、小三角形,小三角形表示半分米处,大三角形表示分米的起始线。这种水准尺上的注记数字比实际长度增大了一倍,即 5 cm 注记为 1 dm。因此,使用这种水准尺进行测量时,要将观测高差除以 2 才是实际高差。

3. 精密水准仪的操作方法

精密水准仪的操作方法与一般水准仪基本相同,只是读数方法有些差异。在水准仪精平后,十字丝中丝往往不恰好对准水准尺上某一整分划线,这时就要转动测微轮使视线上、下平行移动,十字丝的楔形丝正好夹住一个整分划线,被夹住的分划线读数为 m、dm、cm。此时视线上下平移的距离则由测微器读数窗中读出 mm。实际读数为全部读数的一半。

(二)数字水准仪简介

数字水准仪又称为电子水准仪,它是在自动安平水准仪的基础上发展起来的。于 1990 年首先由威特厂研制成功,这标志着测量仪器已经完成了从精密光机仪器向光机电测一体化的高技术产品的过渡。

电子水准仪的主要优点是:

(1)操作简捷,自动观测和记录,并立即用数字显示测量结果。

(2)整个观测过程在几秒内即可完成,从而大大减少观测错误和减小误差。

(3)仪器还附有数据处理器及与之配套的软件,从而可将观测结果输入计算机进入后处理,实现测量工作自动化和流水线作业,大大提高功效。

目前的电子水准仪采用自动电子读数原理有相位法、相关法和几何法三种。与电子水准仪配套使用的标尺为条码标尺,各厂家标尺编码的条码图案不相同,不能互换使用。照准标尺和调焦仍需目视进行。

1. 电子水准仪的观测精度

电子水准仪的观测精度高,如瑞士徕卡公司开发的 NA2000 型电子水准仪的分辨力为 0.1 mm,每千米往返测得高差中数的偶然中误差为 2.0 mm;NA3003 型电子水准仪的分辨力为 0.01 mm,每千米往返测得高差中数的偶然中误差为 0.4 mm。

2. 电子水准仪测量原理简述

与电子水准仪配套使用的水准尺为条形编码尺,通常由玻璃纤维或铟钢制成。在电子水准仪中装置有行阵传感器,它可识别水准标尺上的条形编码。电子水准仪摄入条形编码后,经处理器转变为相应的数字,再通过信号转换和数据化,在显示屏上直接显示中丝读数和视距。

3. 电子水准仪的使用

NA2000 电子水准仪用 15 个键的键盘和安装在侧面的测量键来操作。有两行 LCD 显示器显示给使用者,并显示测量结果和系统的状态。

观测时,电子水准仪在人工完成安置与粗平、瞄准目标(条形编码水准尺)后,按下测量键后 3 ~4 s 即显示出测量结果。其测量结果可储存在电子水准仪内或通过电缆连接存入机内记录器中。

另外,观测中如水准标尺条形编码被局部遮挡 <30%,仍可进行观测。

第三节　水准测量的方法

一、水准点(Bench Mark)

通过水准测量方法获得其高程的高程控制点,称为水准点(Bench Mark),简记为 BM。水准点有永久性和临时性两种。中国的国家水准网中水准点的高程是由一、二、三、四等水准测量测定的。一等水准路线全长约 93 000 km ,包括 100 个闭合环 ,闭合环周长 1 000 ~ 1 500 km。在一等闭合环内由二等水准路线将其划分为周长 500 ~ 750 km 的小环。用三等水准路线将二等水准环分为若干个更小的环,再用四等水准路线进一步加密。中国的水准原点设在青岛市观象山上,它相对黄海平均海水面的高程为 72.289 m。国家各等水准点的高程都依据该点的高程推算。由黄海平均海面起算的高程称绝对高程,在一般应用中简称海拔或标高。

(一)永久性水准点

国家等级永久性水准点如图 2-16 所示。有些永久性水准点的金属标志也可镶嵌在稳定的墙角上,称为墙上水准点,如图 2-17 所示。建筑工地上的永久性水准点,其形式如图 2-18(a)所示。

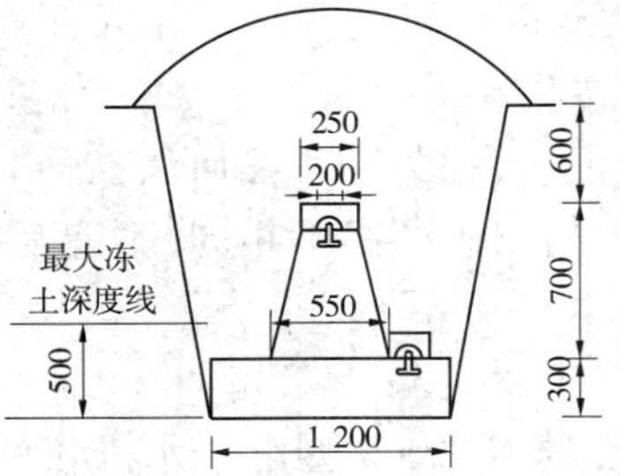

图 2-16　国家等级水准点图　(单位:mm)

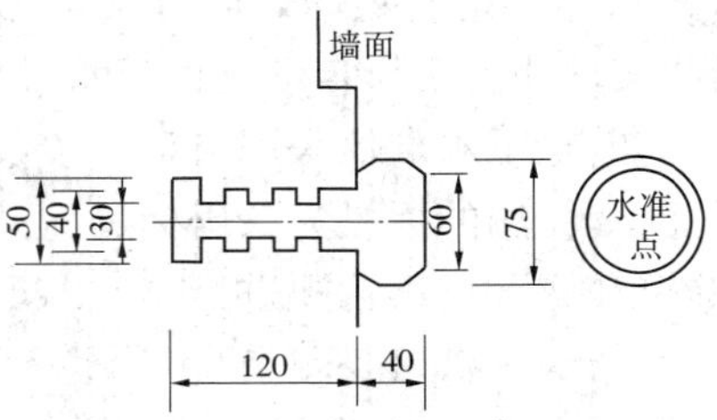

图 2-17　墙上水准点　(单位:mm)

(二)临时性水准点

临时性水准点可用地面上突出的坚硬岩石或用大木桩打入地下,桩顶钉以半球状铁钉作为水准点的标志,如图 2-18(b)所示。

(a)永久性水准点　　(b)临时性水准点

图 2-18　建筑工程水准点

在水利工程中,测站水准点的设置,应符合下列规定:

(1)基本水准点应设在测站附近历年最高水位以上,地形稳定、便于引测、保护的地点。当测站附近设有国家水准点时,可设置一个基本水准点;当测站与国家水准点联测困难时,应在不同的位置设置三个以上基本水准点,并应选择其中一个为常用水准点。

(2)当基本水准点离水尺断面较远时,校核水准点应设在便于引测和稳定的地点。当基本水准点离水尺断面较近时,可不设置。

(3)测站水准点应统一编号,保持不变。

基本水准点的底层最小入土深度:不冻地区宜为 1.2 ~ 1.5 m;冻土层厚度小于 1.5 m 地区宜为 2.0 m;冻土层厚度大于 1.5 m 地区宜在冻土层以下 1.0 m。见图 2-19。

水准点可直接浇筑在基岩或稳定的永久性建筑物上。在基岩上时,应先予以清除;当基岩露出地面时,可在岩石上凿孔槽,将金属或磁料制成的标志浇筑在孔槽中。当基岩在距地面不深处时,应先将带混凝土底座的铁管或钢轨固结在基岩上,再将水准点标志浇筑在灌有水泥砂浆的铁管顶端;当采用钢轨时,应在其上端直接旋成半圆球形作为水准标志。

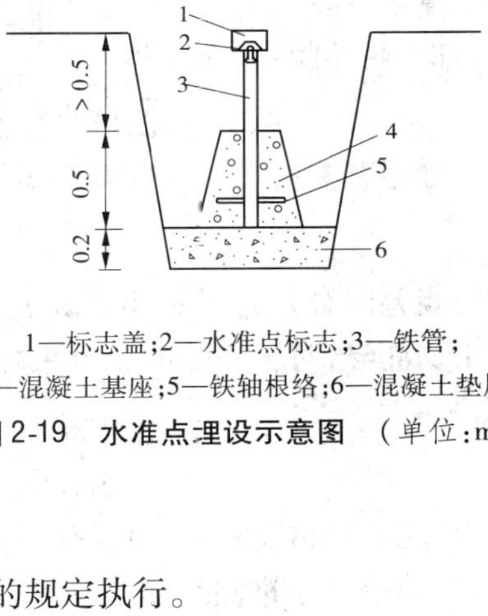

1—标志盖;2—水准点标志;3—铁管;
4—混凝土基座;5—铁轴根络;6—混凝土垫层

图 2-19　水准点埋设示意图　(单位:m)

校核水准点可用长柱形石料、混凝土桩或钢筋混凝土桩制成,上端凿成或浇筑成半圆球形的标志,下端浇筑混凝土底座,在坚固的岩石上凿刻或在稳定的永久性建筑物上浇筑而成。

校核水准点埋设的最小入土深度可按基本水准点的规定执行。

水准点高程测量应符合下列规定:

(1)基本水准点除列入国家一、二、三等水准网的外,其高程应从国家二、三等水准点用不低于三等水准联测。据以引测的国家水准点一经选用,当无特殊情况时不得随意更换。

(2)校核水准点应从基本水准点采用三等水准联测。当条件不具备时,可采用四等水准联测。

(3)水准点稳定性较差的,或对水位精度要求较高的测站,基本水准点宜 3 ~ 5 年校测一次;其他测站宜 5 ~ 10 年校测一次。校核水准点宜每年校测一次。当有变动迹象时,应及时校测。

(4)当上下比降断面附近分别设有校核水准点，且基本水准点向两个校核水准点分别引测的测距之和与两个校核点之间的测距相比相差不大时，应从基本水准点先引测其中一个，再联测另一个。当基本水准点处于上下比降断面校核水准点之间时，可分别引测。

二、水准路线（Leveling Line）

在水准点间进行水准测量所经过的路线，称为水准路线。相邻两水准点间的路线称为测段。若干条单一水准路线相互连接构成的图形称为水准网。

在一般的工程测量中，水准路线布设形式主要有以下三种形式：

(1)闭合水准路线(Closed Leveling Line)。由已知点 BM_A 到已知点 BM_A。

①闭合水准路线的布设方法 。如图 2-20 所示，从已知高程的水准点 BM_A 出发，沿各待定高程的水准点 1、2、3、4 进行水准测量，最后又回到原出发点 BM_A 的环形路线，称为闭合水准路线。

②成果检核。从理论上讲，闭合水准路线各测段高差代数和应等于零，即

$$\sum h_{理} = 0$$

各测段高差代数和 $\sum h_{测}$ 与其理论值 $\sum h_{理}$ 的差值，称为高差闭合差 f_h，即

$$f_h = \sum h_{测} - \sum h_{理}$$

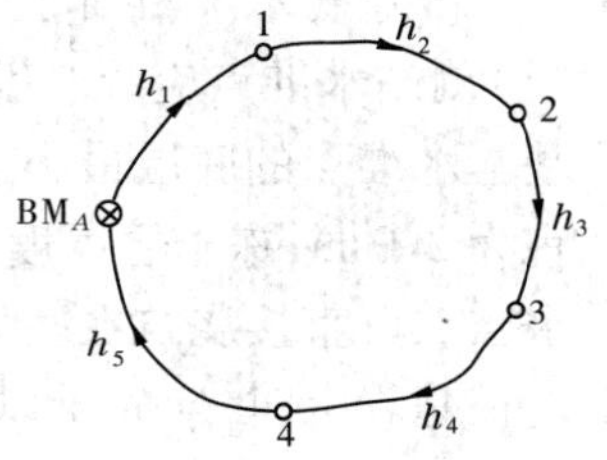

图 2-20　闭合水准路线

如果各测段高差代数和不等于零，则高差闭合差为

$$f_h = \sum h_{测}$$

高差闭合差 f_h 的大小反映了测量成果的质量，闭合差的允许值 $f_{h允}$ 视水准测量的等级不同而异，对于等外水准测量，有

$$\left.\begin{array}{ll} 平地 & f_{h允} = \pm 40\sqrt{L} \quad (mm) \\ 山地 & f_{h允} = \pm 12\sqrt{N} \quad (mm) \end{array}\right\} \tag{2-5}$$

式中　L——路线长度，即所有测站前后视距离之和，km；

N——水准路线测站总数。

山地一般指每千米测站数在 15 个以上的地形。

若高差闭合差的绝对值大于 $f_{h允}$，说明测量成果不符合要求，应予重测。

(2)附合水准路线(Annexed Leveling Line)。由已知点 BM_A 到另一已知点 BM_B。

①附合水准路线的布设方法。如图 2-21 所示，从已知高程的水准点 BM_A 出发，沿待定高程的水准点 1、2、3 进行水准测量，最后附合到另一已知高程的水准点 BM_B 所构成的水准路线，称为附合水准路线。

②成果检核。从理论上讲，附合水准路线各测段高差的代数和应等于两个已知高程的水准点之间的高差，即

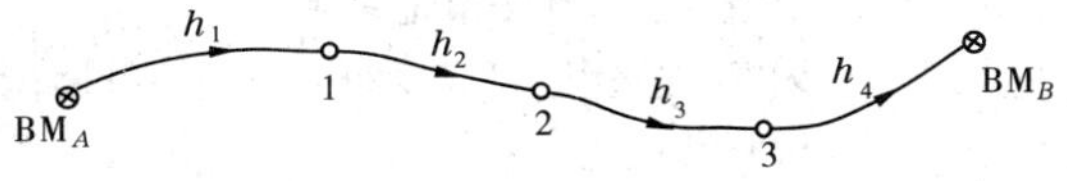

图 2-21　附合水准路线

$$\sum h_{测} = H_B - H_A$$

实际上,两者往往不相等,其差值即为高差闭合差:

$$f_h = \sum h_{测} - (H_B - H_A) \tag{2-6}$$

高差允许值同闭合水准路线。

(3)支水准路线(Spur Leveling Line)。由已知点 BM_1 到某一待定水准点 1。

①支水准路线的布设方法。如图 2-22 所示,从已知高程的水准点 BM_A 出发,沿待定高程的水准点 1 进行水准测量,这种既不闭合又不附合的水准路线,称为支水准路线。支水准路线要进行往返测量,以资检核。

②成果检核。从理论上讲,支水准路线往测高差与返测高差的代数和应等于零。

$$\sum h_f + \sum h_b = 0 \tag{2-7}$$

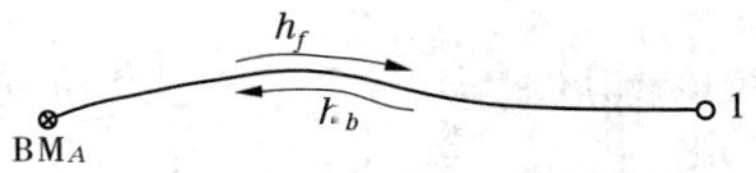

图 2-22　支水准路线

如果不等于零,则高差闭合差为

$$f_h = \sum h_f + \sum h_b \tag{2-8}$$

各种路线形式的水准测量,其高差闭合差均不应超过允许值,否则即认为观测结果不符合要求。

三、普通水准测量的方法

实际测量中,当欲测的高程点与已知的水准点之间相距较远、高差较大或者遇到障碍物使得视线受阻、不能安置一次水准仪完成观测任务时,则需采用分段、连续设站的方法施测。

(一)水准测量的观测顺序

(1)将水准尺立于已知高程的水准点上,作为后视尺。

(2)将水准仪安置于水准路线的适当位置,并在路线的前进方向上的适当位置放置尺垫,在尺垫上竖立水准尺作为前视尺。这里应该注意尽量使仪器到前、后视尺的距离基本相等,三等水准测量要求前后视距差的绝对值不得大于 2.0 m,前后视距和不得大于 150 m。

(3)将仪器粗略整平,照准后视尺,消除视差,用微倾螺旋调节水准管气泡使其居中,再用中丝读取后视读数,记入手簿(如表 2-1 所示)。

(4)转动水准仪照准部,照准前视尺,消除视差,使水准管气泡居中,用中丝读取前视读数,也记入手簿。

(5)将仪器迁站至第二站,此时,第一站的前视尺不动,变成第二站的后视尺,第一站的后视尺移动到前面合适的位置变为第二站的前视尺,重复前面的工作进行第二站测量。

(6)继续沿着前进方向观测直到结束。

表 2-1　水准测量记录手簿

测自______点至______点　　天气：________　呈像：______　日期：______

仪器号码：________　　观测者：________　　记录者：________

测站	测点	后视读数(m)	前视读数(m)	高差(m) +	高差(m) −	高程(m)	备注
1	*A*	1.746		0.111		72.500	
	转点 1		1.635				
2	转点 1	1.687			0.107		
	转点 2		1.794				
3	转点 2	1.532			0.216		
	转点 3		1.748				
4	转点 3	1.685		0.180			
	B		1.505			72.468	
Σ		6.650	6.682	0.291	0.323		
校核计算	$\sum a - \sum b = -0.032$			$\sum h = -0.032$			

表 2-1 中数据计算情况为

$1.746-1.635=+0.111$，　$1.687-1.794=-0.107$，　$1.532-1.748=-0.216$，　$1.685-1.505=+0.180$，　$1.746+1.687+1.532+1.685=6.650$，　$1.635+1.794+1.748+1.505=6.682$，　$0.111-0.107-0.216+0.180=-0.032$，　$6.650-6.682=-0.032$，　$72.500-0.032=72.468$

（二）水准测量的注意事项

（1）尺垫只放在转点处，已知点和待测点均不得安放尺垫。

（2）每一测站中，仪器至前后视尺距离应该基本相等，可步测确定。

（3）观测者迁站前，后视点尺垫不能动。

（4）立尺员在竖立水准尺时一定要扶稳、扶直，不能前后左右倾斜或摆动。

（5）数据记录要规范，原始数据不得涂改，读错或者记错的数据应该划去（厘米、毫米位数数据除外），再将正确数据写在上方，并在相应的备注栏内注明修改原因，记录不得连笔书写，记录手簿要干净整齐。

（6）原始数据记录过程中不允许使用橡皮。

（7）为提高数据的准确性，记录员在听到观测者报数后应复述该数据，得到观测者认可后方可记入手簿，以免听错、记错。

四、水准测量的内业计算

当水准测量外业结束后即可进行内业计算。计算前，必须对外业数据进行检查，没有错误才可以进行成果计算。

（一）计算高差闭合差及其允许值

三种不同水准路线的高差闭合差计算公式为

闭合水准路线：

$$f_h = \sum h_{测} \tag{2-9}$$

附合水准路线：

$$f_h = \sum h_{测} - (H_{终} - H_{始}) \tag{2-10}$$

支水准路线：

$$f_h = \sum h_{往} + \sum h_{返} \tag{2-11}$$

式中 f_h——高差闭合差，m；

$\sum h_{测}$——实测高差总和，m；

$H_{终}$——路线终点已知高程，m；

$H_{始}$——路线起点已知高程，m。

判断高差闭合差与高差闭合差允许值的大小，若高差闭合差的绝对值大于$f_{h允}$，说明测量成果不符合要求，应予重测；如果高差闭合差小于高差闭合差允许值，则测量成果符合要求，可以进行高差闭合差的调整。

（二）高差闭合差的调整

1. 计算高差改正数

经过判断，若高差闭合差在允许范围内，则可进行闭合差的调整。闭合水准路线或者附合水准路线的高差闭合差分配原则是将闭合差按距离或者测站数成正比例反符号地改正到各测段高差中。高差改正数计算公式为

$$\left.\begin{aligned} V_i &= -\frac{f_h}{\sum L}L_i \\ \text{或}\quad V_i &= -\frac{f_h}{\sum n}n_i \end{aligned}\right\} \tag{2-12}$$

式中 V_i——测段高差的改正数，m；

f_h——高差闭合差，m；

$\sum L$——水准路线总长度，m；

L_i——测段长度，m；

$\sum n$——水准路线测站数总和；

n_i——测段测站数。

2. 计算检核

高差改正数的总和应该与高差闭合差的大小相等、符号相反，即

$$\sum V_i = -f_h \tag{2-13}$$

（三）计算高程

1. 计算改正后高差

将各测段高差观测值加上对应的高差改正数，求得各测段改正后的高差，即

$$h_i = h_{i测} + V_i$$

对于支水准路线,高差取与往测时符号相同,所以当闭合差符合要求时,各测段平均高差为

$$h = \frac{1}{2}(h_{往} - h_{返}) \tag{2-14}$$

式中 h——平均高差,m;

$h_{往}$——往测高差,m;

$h_{返}$——返测高差,m。

2. 计算各点高程

根据改正后的高差,由已知高程逐步推算其他各点的高程。最后一个已知点的推算高程应该等于它的已知高程,否则计算出现错误,应该检查,重新计算。

【例 2-1】 附合水准路线计算。

图 2-23 为一附合水准路线,BM_1、BM_2 为已知水准点。用普通水准测量的方法,测定 A、B、C 三个水准点的高程,各水准点间的距离及高差,见图 2-23。

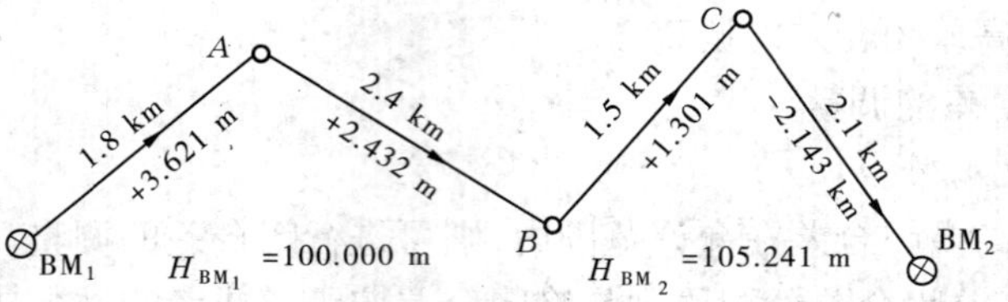

图 2-23 附合水准路线计算草图

高差闭合差的调整及高程计算见表 2-2。

表 2-2 附合水准测量成果计算表

测段编号	点名	距离 L (km)	测站数 n	实测高差 (m)	改正数 (m)	改正后的高差 (m)	高程 (m)	备注
1	2	3	4	5	6	7	8	9
	BM_1							
1							100.00	已知
	A	1.8		+3.621	+0.007	+3.628		
2							103.628	
	B	2.4		+2.432	+0.009	+2.441		
3							106.069	
	C	1.5		+1.301	+0.006	+1.307		
4							103.376	
	BM_2	2.1		−2.143	+0.008	−2.135		
$\sum$							105.241	已知
		7.8		+5.211	+0.030	+5.241		
辅助计算	$f_h = -30$ mm　$\sum L = 7.8$ km　$\frac{-f_h}{\sum L} = +3.85$ mm/km　$f_{h允} = \pm 40\sqrt{L} = \pm 112$ mm							

【例 2-2】 附合水准路线测量。

闭合导线水准测量成果计算见表 2-3。

表 2-3 闭合导线水准测量成果计算表

测段编号	点名	距离 L (km)	测站数 n	实测高差 (m)	改正数 (m)	改正后的高差 (m)	高程 (m)	备注
1	2	3	4	5	6	7	8	9
	BM_1						500.000	已知
1			2	+1.256	−0.001	+1.255		
	A						501.255	
2			4	+3.248	−0.002	+3.246		
	B						504.501	
3			6	+2.645	−0.003	+2.642		
	C						507.143	
4			8	−7.139	−0.004	−7.143		
	BM_1						500.000	已知
Σ			20	+0.010	−0.010	0		
辅助计算	$f_h = +10$ mm　$\sum n = 20$ 站　$\dfrac{-f_h}{\sum n} = -0.5$ mm/km $f_{h允} = \pm 12\sqrt{n} = \pm 54$ mm							

【例 2-3】 支水准路线的计算。

图 2-24 是一支水准路线等外水准测量示意图，A 为已知高程的水准点，其高程 H_A 为 45.276 m，1 点为待定高程的水准点，h_f 和 h_b 为往、返测量的观测高差。n_f 和 n_b 为往、返测的测站数，共 16 站，则 1 点的高程计算如下。

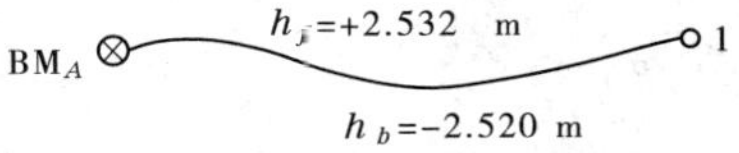

图 2-24 支线水准路线示意图

(1)计算高差闭合差。

$$f_h = h_f + h_b = +2.532 + (-2.520) = +0.012\ (\text{m}) = +12\ \text{mm}$$

(2)计算高差容许闭合差。

测站数为

$$n = (n_f + n_b)/2 = 16/2 = 8\ (\text{站})$$

$$f_{h允} = \pm 12\sqrt{n} = \pm 12\sqrt{8} = \pm 34\ (\text{mm})$$

判断：因为 $|f_h| < |f_{h允}|$，所以精确度符合要求。

(3)计算改正后高差。

取往测和返测的高差绝对值的平均值作为 A 和 1 两点间的高差，其符号和往测高差符号相同，即

$$h_{A1} = (+2.532 + 2.520)/2 = +2.526\ (\text{m})$$

(4)计算待定点高程：

$$H_1 = H_A + h_{A1} = 45.276 + 2.526 = 47.802\ (\text{m})$$

第四节　三、四等水准测量

小区域地形图或施工测量中，多采用三、四等水准测量作为高程控制测量的首级控制。

一、水准路线的布设形式

水准路线的布设形式分为单一水准路线和水准网两大类。单一水准路线包括附合水准路线、闭合水准路线和支水准路线；水准网包括附合水准网、独立水准网。

单独的三等水准附合路线，长度应不超过 150 km；环线周长应不超过 200 km；同级网中结点间距离应不超过 70 km。单独的四等水准附合路线，长度应不超过 80 km；环线周长应不超过 100 km；同级网中结点间距离应不超过 30 km；山地可适当放宽。

水准路线 50 km 内的大地点、水文站、气象台（站）等（以下统称为其他固定点），应根据需要列入水准路线予以联测。当联测确有困难时，可进行支测。支测的等级可根据其他固定点所需的高程精度和支线长度决定。若使用单位没有特殊的精度要求，则当支线长度在 20 km 以内时，按四等水准测量精度施测；支线长度在 20 km 以上时，按三等水准测量精度施测。

三、四等水准路线上，每隔 4 ~ 8 km 须埋设普通水准标石一座；在人口稠密、经济发达地区可缩短为 2 ~ 4 km；荒漠地区及水准支线可增长至 10 km 左右。支线长度在 15 km 以内可不埋石。

水准路线以起止地名的简称定为线名，起止地名的顺序为“起西止东”或“起北止南”。

二、三、四等水准测量的技术要求

三、四等水准网是在一、二等水准网的基础上进一步加密，根据需要在高等级水准网内布设附合路线、环线或结点网，直接提供地形测图和各种工程建设所必需的高程控制点。

（一）四等水准测量的主要技术要求

三、四等水准测量的主要技术要求见表 2-4。

表 2-4　三、四等水准测量的主要技术要求

等级	水准仪型号	水准尺	路线长度（km）	观测次数		每千米高差中误差（mm）	往返校差、附合或环线闭合差	
				与已知点联测	附合或环线		平地（mm）	山地（mm）
三	DS_1	单面	≤50	往返各一次	往一次	6	$12\sqrt{L}$	$4\sqrt{n}$
	DS_3	双面			往返各一次			
四	DS_3	双面	≤16	往返各一次	往一次	10	$20\sqrt{L}$	$6\sqrt{n}$
五	DS_3	单面		往返各一次	往一次	15	$30\sqrt{L}$	
图根	DS_{10}	单面	≤5	往返各一次	往一次	20	$40\sqrt{L}$	$12\sqrt{n}$

（二）设置测站的要求

三、四等水准测量设置测站的要求见表2-5。

表2-5　三、四等水准测量设置测站的要求

等级	类型	视线长度（m）	前后视距差（m）	视距累计差（m）	视线高度
三等	DS_3	≤75	2.0	5.0	三丝能读数
	DS_1、DS_{05}	≤100			
四等	DS_3	≤100	3.0	10.0	三丝能读数
	DS_1、DS_{05}	≤150			

（三）测站观测限差要求

测站观测限差要求见表2-6。

表2-6　测站观测限差要求

等级	观测方法	基辅分划读数之差（mm）	基辅分划所测高差之差（mm）	单程双转点法观测时左右路线转点差	检测间歇点高差之差（mm）
三等	中丝读数法	2.0	3.0	—	3.0
	光学测微法	1.0	1.5	1.5	
四等	中丝读数法	3.0	5.0	4.0	5.0

三、三、四等水准测量的施测方法

三、四等水准测量一般采用双面尺法，且应该采用一对水准尺。下面分别介绍三、四等水准测量的施测方法。

（一）三等水准测量的观测顺序

三等水准测量的观测顺序为：后—前—前—后。

（1）水准仪照准后视标尺的黑面，粗平后分别读取上丝、下丝数据，记入表2-7的（1）、（2）栏内。

（2）旋转微倾螺旋，使符合水准器严格居中，完成精平，待长水准管居中稳定后读取中丝读数，记入表2-7的（3）栏内。

（3）转动望远镜，照准前视标尺的黑面，确认符合水准气泡居中，再读取前视黑面中丝读数，记入表2-7的（4）栏内。

（4）读取前视黑面上、下丝读数，分别记入表2-7的（5）、（6）栏内。

（5）转动标尺，照准前视标尺的红面，读取红面中丝读数，记入表2-7的（7）栏内。

（6）转动望远镜，照准后视标尺的红面，确认符合气泡居中后，读取红面中丝读数，记入表2-7中的（8）栏内。

（二）四等水准测量的观测顺序

四等水准测量的观测顺序为：后—后—前—前。

（1）水准仪照准后视标尺的黑面，粗平后分别读取上丝、下丝数据，记入表2-7的（1）、（2）栏内。

表 2-7　三、四等水准测量原理观测手簿

测自________至________　　　　______年______月______日

开始时间：______时______分　　天气：________

结束时间：______时______分　　呈像：________

测站编号	点号	后尺 下丝 / 上丝	前尺 下丝 / 上丝	方向及尺号	标尺读数		K+黑-红	高差中数	备注
		后视距	前视距		黑面	红面			
		视距差 d	$\sum d$						
		(1)	(5)	后	(3)	(8)	(10)		
		(2)	(6)	前	(4)	(7)	(9)		
		(12)	(13)	后-前	(16)	(17)	(11)	(18)	
		(14)	(15)						
1		1.754	1.102	后 1	1.540	6.225	+2		
		1.326	0.674	前 2	0.888	5.675	0		
		42.8	42.8	后-前	+0.652	+0.550	+2	+0.651 0	
		0.0	0.0						
2		0.625	1.034	后 2	0.366	5.151	+2		
		0.062	0.460	前 1	0.747	5.434	0		
		56.3	57.4	后-前	-0.381	-0.283	+2	-0.382 0	
		-1.1	-1.1						
3		1.975	2.151	后 1	1.842	6.529	0		
		1.710	1.884	前 2	2.017	6.803	+1		
		26.5	26.7	后-前	-0.175	-0.274	-1	-0.174 5	
		-0.2	-1.3						
4		1.472	1.507	后 2	1.232	6.020	-1		
		1.001	1.042	前 1	1.275	5.962	0		
		47.1	46.5	后-前	-0.043	+0.058	-1	-0.042 5	
		+0.6	-0.7						
$\sum$									

注：1. 标尺参数为 $K_1 = 4\,687$，$K_2 = 4\,787$。

2. 手簿最后一格中的每一栏是用来统计前面各格中的对应栏数据之和的。

(2)旋转微倾螺旋，使符合水准器严格居中，完成精平，待长水准管居中稳定后读取中丝读数，记入表 2-7 的(3)栏内。

(3)后视标尺转为红面，确认符合水准气泡居中，读取红面中丝读数，记入表 2-7 的(8)栏内。

(4)转动望远镜，照准前视标尺，重复上述(1)、(2)、(3)步骤读取前视标尺的黑面上、下丝，前视标尺的黑面中丝读数和红面中丝读数，分别记入表 2-7 的(5)、(6)、(4)、(7)栏内。

(5)转动标尺，照准前视标尺的红面，读取红面中丝读数，记入表 2-7 的(7)栏内。

(6)转动望远镜，照准后视标尺的红面，确认符合气泡居中后，读取红面中丝读数，记入表 2-7 中的(8)栏内。

四、三、四等水准测量测站上的计算及检核

(一)前后视距、前后视距差、视距累积差计算及检核

后视距离:(12) = |(1) - (2)| ×100 = |后视下丝 - 后视上丝| ×100。

前视距离:(13) = |(5) - (6)| ×100 = |前视下丝 - 前视上丝| ×100。

视距差:(14) = (12) - (13) = 后视距离 - 前视距离。

视距累积差:(15) = 本站的(14) + 前站的(15)。

(二)高差计算及检核

红黑面读数之差:(9) = (4) + K - (7) = 前视黑面中丝 + K - 红面中丝。

考虑到 K 值的参与计算影响计算速度,因此对(9)和(10)的计算可用如下方法:

(9) = (4)的后两位尾数 - [(7)的后两位尾数 + 13]

(14) = (3)的后两位尾数 - [(8)的后两位尾数 + 13]

红黑面高差:

(16) = (3) - (4) = 后视黑面中丝 - 前视黑面中丝

(17) = (8) - (7) = 后视红面中丝 - 前视红面中丝

红、黑面高差之差:(11) = (10) - (9)。

高差中数:(18) = [(16) + (17) ±100]/2。

高差中数取位到 0.1 mm。

迁站注意事项:

(1)只有当记录者经过以上计算,并确认各项指标合格之后,才可以通知观测者和立尺员移到下一站进行观测。

(2)只有仪器移动,后尺尺垫才可以移动。

五、三、四等水准测量应该遵守的原则

(1)数据计算的取位见表 2-8。

表 2-8 数据计算的取位

等级	往返测距离总和(km)	测段距离中数(km)	各测站高差(mm)	往返测高差总和(mm)	测段高差中数(mm)	高程(mm)
三	0.01	0.1	0.1	0.1	1	1
四	0.01	0.1	0.1	0.1	1	1

(2)观测时必须为仪器撑伞遮阳。

(3)除路线转弯外,每一测站上仪器和前后尺的位置应尽量接近一条直线。

(4)同一测站观测,一般不能调焦 2 次。

(5)每测段的往测与返测,其测站数均应为偶数。

(6)每一测站上,前后视距离要保持大致相等,可采用“步测”方法完成。

六、三、四等水准测量的内业计算

当水准测量的外业结束后，便应计算水准路线上各待定点的高程。在计算之前，必须认真完全地检查外业观测手簿，确认没有错误，相关责任人签字确认后，方可计算。

三、四等水准测量的内业计算方法与本章第三节中第四项内容“水准测量的内业计算”一致，这里不再赘述。

第五节　水准仪的检验与校正

一、水准仪的轴线应满足的条件

根据水准测量的原理，水准仪必须提供一条水平的视线，才能正确测出两点间的高差。为此，水准仪在结构上应满足如图 2-25 所示的条件。

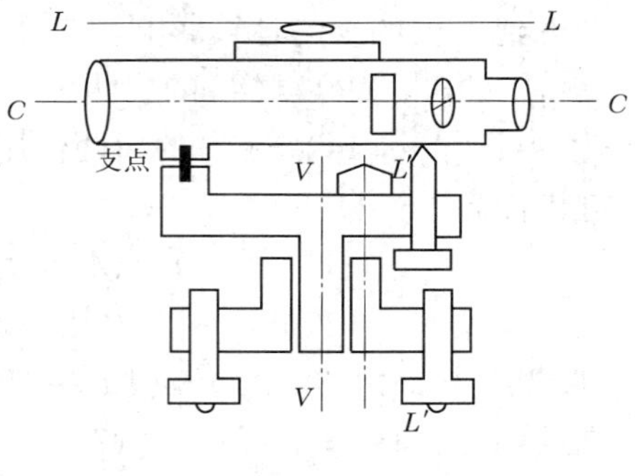

图 2-25　水准仪的轴线

(1) 圆水准器轴 $L'L'$ 应平行于仪器的竖轴 VV。

(2) 十字丝的中丝应垂直于仪器的竖轴 VV。

(3) 水准管轴 LL 应平行于视准轴 CC。

水准仪应满足上述各项条件，在水准测量之前，应对水准仪进行认真的检验与校正。

二、水准仪的检验与校正

(一) 圆水准器轴 $L'L'$ 平行于仪器的竖轴 VV 的检验与校正

1. 检验方法

旋转脚螺旋使圆水准器气泡居中，然后将仪器绕竖轴旋转 180°，如果气泡仍居中，则表示该几何条件满足；如果气泡偏出分划圈外，则需要校正。

2. 校正方法

校正时，先调整脚螺旋，使气泡向零点方向移动偏离值的一半，此时竖轴处于铅垂位置。然后，稍旋松圆水准器底部的固定螺钉，用校正针拨动三个校正螺钉，使气泡居中，这时圆水准器轴平行于仪器竖轴且处于铅垂位置。

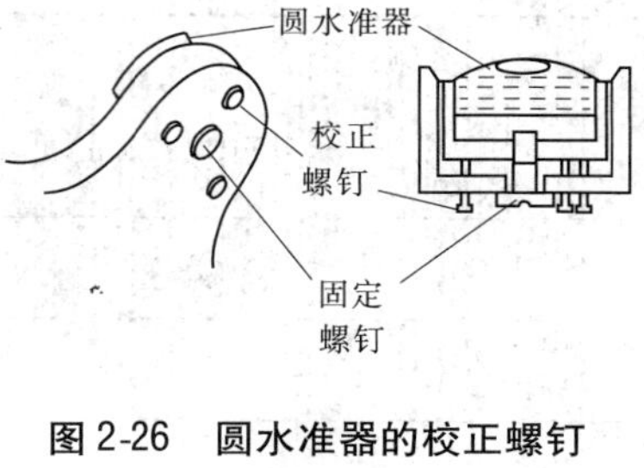

图 2-26　圆水准器的校正螺钉

圆水准器校正螺钉的结构如图 2-26 所示。此项校正需反复进行，直到仪器旋转到任何位置时圆水准器气泡皆居中为止，最后旋紧固定螺钉。

(二) 十字丝中丝垂直于仪器的竖轴的检验与校正

1. 检验方法

安置水准仪，使圆水准器的气泡严格居中后，先用十字丝交点瞄准某一明显的点状目

标 M，如图 2-27(a)所示，然后旋紧制动螺旋，转动微动螺旋，如果目标点 M 不离开中丝，如图 2-27(b)所示，则表示中丝垂直于仪器的竖轴；如果目标点 M 离开中丝，如图 2-27(c)所示，则需要校正。

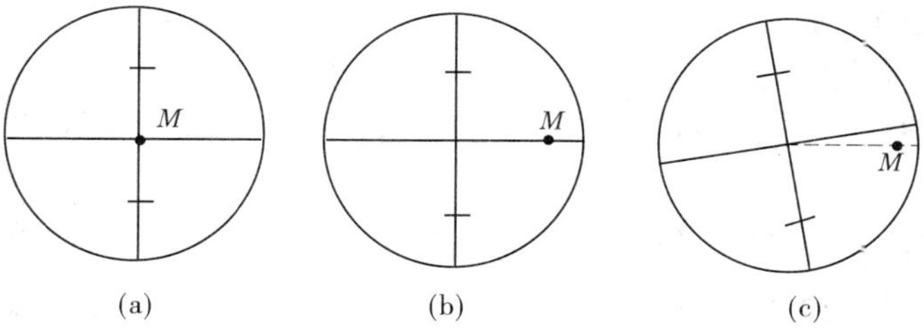

图 2-27　十字丝中丝垂直于仪器的竖轴的检验

2. 校正方法

松开十字丝分划板座的固定螺钉，转动十字丝分划板座，使中丝一端对准目标点 M，再将固定螺钉拧紧。此项校正也需反复进行。

（三）水准管轴平行于视准轴的检验与校正

1. 检验方法

如图 2-28 所示，在较平坦的地面上选择相距约 80 m 的 A、B 两点，打下木桩或放置尺垫，用皮尺丈量，定出 AB 的中间点 C。

(1) 在 C 点处安置水准仪，用变动仪器高法连续两次测出 A、B 两点的高差，若两次测定的高差之差不超过 3 mm，则取两次高差的平均值 h_{AB} 作为最后结果。由于距离相等，视准轴与水准管轴不平行所产生的前、后视读数误差 x_1 相等，故高差 h_{AB} 不受视准轴误差的影响。

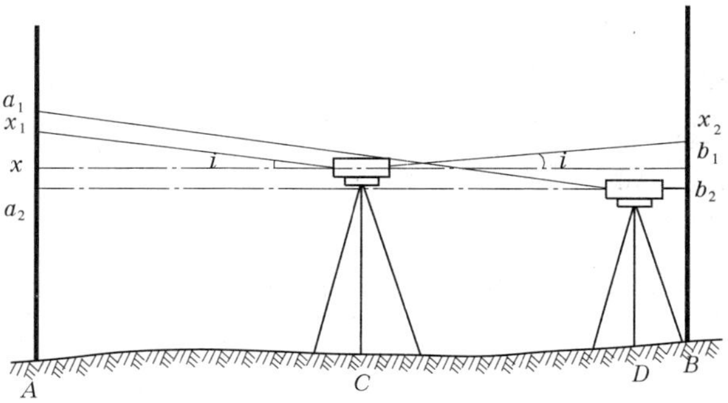

图 2-28　水准管轴平行于视准轴的检验

(2) 在离 B 点大约 3 m 的 D 点处安置水准仪，精平后读得 B 点尺上的读数为 b_2，因水准仪离 B 点很近，两轴不平行引起的读数误差 x_2 可忽略不计。根据 b_2 和高差 h_{AB} 算出 A 点尺上视线水平时的应读读数为

$$a_2' = b_2 + h_{AB}$$

然后，瞄准 A 点水准尺，读出中丝的读数 a_2，如果 a'_2 与 a_2 相等，表示两轴平行；否则存在 i 角，其角值为

$$i = \frac{a'_2 - a_2}{D_{AB}}\rho$$

式中　D_{AB}——A、B 两点间的水平距离，m；

i——视准轴与水准管轴的夹角，(″)；

ρ——一弧度的秒值，$\rho = 206\ 265''$。

对于 DS_3 水准仪来说，i 角值不得大于 20″，如果超限，则需要校正。

2. 校正方法

转动微倾螺旋，使十字丝的中丝对准 A 点尺上应读读数 a'_2，用校正针先拨松水准管一端左、右校正螺钉，如图 2-29 所示，再拨动上、下两个校正螺钉，使偏离的气泡重新居中，最后要将校正螺钉旋紧。此项校正工作需反复进行，直至达到要求。

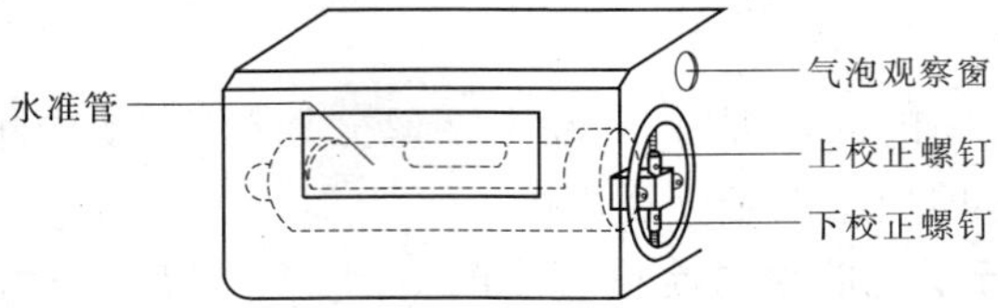

图 2-29　水准管的校正

第六节　水准测量的误差来源及其影响

水准测量的误差主要来源于仪器误差、观测误差、外界条件的影响误差三方面。

一、仪器误差

（一）水准管轴与视准轴不平行误差

水准管轴与视准轴不平行，虽然经过校正，但仍存在少量的残余误差。这种误差的影响与距离成正比，只要观测时注意使前、后视距离相等，便可消除此项误差对测量结果的影响。

（二）水准尺误差

由于水准尺刻划不准确、尺长变化、弯曲等会影响水准测量的精度，因此水准尺要经过检核才能使用。

二、观测误差

（一）水准管气泡的居中误差

由于气泡居中存在误差，致使视线偏离水平位置，从而带来读数误差。为减小此误差的影响，每次读数时，都要使水准管气泡严格居中。

（二）估读水准尺的误差

水准尺估读毫米数的误差大小与望远镜的放大倍率以及视线长度有关。在测量作业中，应遵循不同等级的水准测量对望远镜放大倍率和最大视线长度的规定，以保证估读精度。

（三）视差的影响误差

当存在视差时，由于十字丝平面与水准尺影像不重合，若眼睛的位置不同，便读出不同的读数，从而产生读数误差。因此，观测时要仔细调焦，严格消除视差。

（四）水准尺倾斜的影响误差

水准尺倾斜，将使尺上读数增大，从而带来误差。如水准尺倾斜 3°30′，在水准尺上 1 m处读数时，将产生 2 mm 的误差。为了减小这种误差的影响，水准尺必须扶直。

三、外界条件的影响误差

（一）水准仪下沉误差

水准仪下沉将使视线降低，从而引起高差误差。如采用“后、前、前、后”的观测程序，可减弱其影响。

（二）尺垫下沉误差

如果在转点发生尺垫下沉，将使下一站的后视读数增加，也将引起高差的误差。采用往返观测的方法，取成果的中数，可减弱其影响。

为了防止水准仪和尺垫下沉，测站和转点应选在土质坚实处，并踩实三脚架和尺垫，使其稳定。

（三）地球曲率及大气折光的影响

地球弯曲差简称为球差，大气垂直折光差简称为气差，球差和气差的联合影响称为球气差。

如图 2-30 所示，A、B 为地面上两点，大地水准面是一个曲面，如果水准仪的视线 $a'b'$ 平行于大地水准面，则 A、B 两点的正确高差为

$$h_{AB} = a' - b'$$

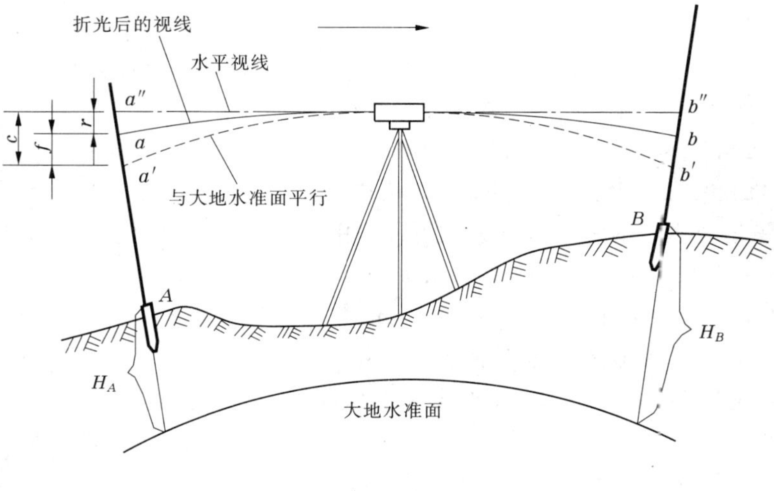

图 2-30　地球曲率及大气折光的影响

但是，水平视线在水准尺上的读数分别为 a''、b''。a'、a''之差与 b'、b''之差，就是地球曲率对读数的影响，用 c 表示，则 c 的计算式如下：

$$c = \frac{D^2}{2R} \tag{2-16}$$

式中　D——水准仪到水准尺的距离,km;

R——地球的平均半径,$R = 6\ 371$ km。

由于大气折光的影响,视线是一条曲线,在水准尺上的读数分别为 a、b。a、a''之差与 b、b''之差,就是大气折光对读数的影响,用 r 表示。在稳定的气象条件下,r 约为 c 的 1/7,即

$$r = \frac{c}{7} = 0.07\frac{D^2}{R}$$

地球曲率和大气折光的共同影响为

$$f = c - r = 0.43\frac{D^2}{R}$$

地球曲率和大气折光的影响,可采用使前、后视距离相等的方法来消除。

(四)温度的影响误差

温度的变化不仅会引起大气折光的变化,而且当烈日照射水准管时,由于水准管本身和管内液体温度的升高,气泡向着温度高的方向移动,从而影响了水准管轴的水平,产生了气泡居中误差。所以,测量中应随时注意为仪器打伞遮阳。

习　题

2-1　绘图说明水准测量的原理。

2-2　何谓视差?如何消除视差?

2-3　何谓视准轴?

2-4　何谓水准路线高差闭合差?

2-5　用三、四等水准测量建立高程控制时,怎样观测、记录和计算?

2-6　三、四等水准测量的注意事项有哪些?

2-7　水准测量路线布设形式有哪几种?

2-8　水准仪各轴线之间应该满足什么几何条件?

2-9　有一附合水准路线,已知首尾起算点 BM_1、BM_2 的高程为 $H_{BM_1} = 63.697$ m,$H_{BM_2} = 62.887$ m,路线上依次有 A、B、C 三个未知点,其观测成果为:$h_{1A} = +0.752$ m,$h_{AB} = -0.820$ m,$h_{BC} = +0.643$ m。$h_{C_2} = -1.465$ m,各测段的测站数分别为 $n_{1A} = 15$,$n_{AB} = 11$,$n_{BC} = 9$,$n_{C2} = 15$,推算 A、B、C 各点的高程。

2-10　完成表 2-9 的内业计算,已知数据已经填写在表格中。

2-11　图 2-31 为图根闭合水准路线观测成果,距离单位为 km,已知 $H_{BM} = 39.999$ m,试求 A、B、C 各点的高程。

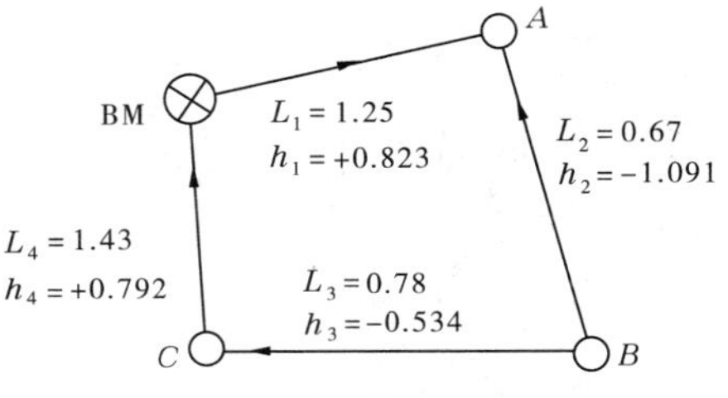

图 2-31　习题 11 图

2-12　完成表 2-10 中空白处的计算。

表 2-9　附合水准路线内业计算

测段编号	点 名	测站数	实测高差(m)	改正数(m)	改正后高差(m)	高 程(m)
1	2	3	4	5	6	7
	BM_1					68.441
1		19	+8.450			
	A					
2		8	−5.311			
	B					
3		13	−6.277			
	C					
4		15	+7.001			
	BM_2					72.359
$\sum$						
辅助计算						

表 2-10　四等水准测量原理观测手簿

测自________至________　　　______年______月______日

开始时间:______时______分　　天气:________

结束时间:______时______分　　呈像:________

测站编号	后尺 下丝 / 上丝；后视距；视距差 *d*	前尺 下丝 / 上丝；前视距；$\sum d$	方向及尺号	标尺读数 黑面	标尺读数 红面	*K*+黑−红	高差中数	备注
1	1403	1344	后 1	1290	6074			
	1174	1101	前 2	1222	5911			
			后−前					
2	1461	1952	后 2	1261	5951			
	1051	1562	前 1	1762	6550			
			后−前					
3	1662	1796	后 1	1413	6201			
	1162	1296	前 2	1541	6226			
			后−前					

注:标尺参数 $K_1=4\ 787$,$K_2=4\ 687$。

第三章　角度测量

第一节　角度测量的原理

角度测量是测量的基本工作之一，角度测量分为水平角测量和竖直角测量两种，经纬仪是进行角度测量的主要仪器。

一、水平角测量原理

地面上两相交直线之间所形成的夹角在同一水平面上的投影，称为水平角。如图3-1所示，在地面上有高程不等的任意三点 O、A、B，沿铅垂线方向投影到水平面上得到 O'、a、b 三点，则直线 $O'a$ 与直线 $O'b$ 的夹角 β 即为地面上 OA 与 OB 两方向线间的夹角，其角值范围为 0°～360°。换句话说，地面上任意两方向线之间的水平角就是过这两方向的两个竖直面所夹的二面角。

若在角顶 O 点的铅垂线上水平地放置一个带有顺时针刻划的圆盘，使圆盘中心 O'' 在此铅垂线上，当望远镜分别照准目标 A 和 B 时，所得两个竖直面与度盘相交，这两条交线在度盘上的读数分别为 a 和 b，则水平角等于右方目标读数减左方目标读数，即

$$\beta = b - a \tag{3-1}$$

二、竖直角测量原理

竖直角又称垂直角，是指在同一竖直面内倾斜视线与水平线之间的夹角，可用 α 表示，其角值范围为 0°～±90°，如图 3-2 所示。当倾斜视线在水平视线的上方时，α 为仰角，

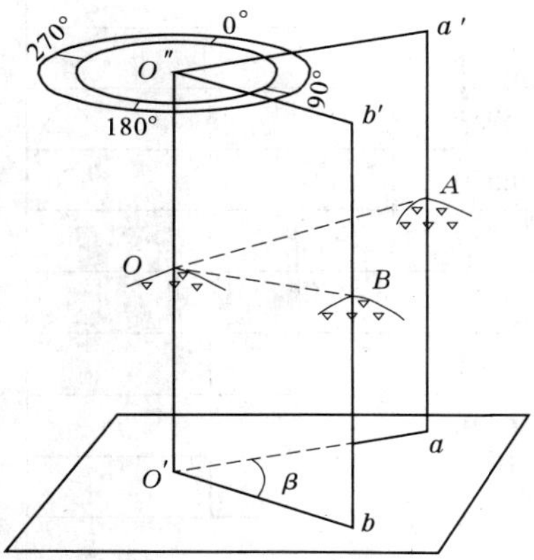

图 3-1　水平角测量原理

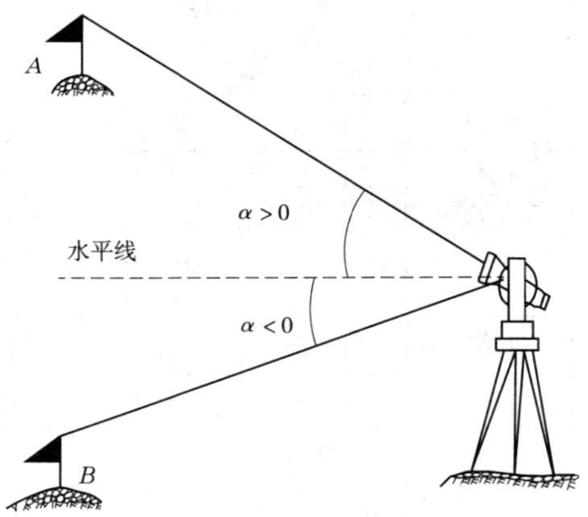

图 3-2　竖直角测量原理

其值为正；当倾斜视线在水平视线的下方时，α 为俯角，其值为负。竖直角计算同水平角计算原理一样，只不过是在竖直度盘上的两读数之差。

由以上原理可知，测量水平角和竖直角的仪器，必须具备以下几个条件：

(1)有一个能置于水平位置的刻度圆盘，且圆盘的中心同水平角角顶点位于同一铅垂线上。

(2)有一个能看清楚远处不同高度目标并且能在水平面和竖直面内旋转的望远镜。

(3)为了测量竖直角，还应有一个与望远镜固连的竖直度盘。此外，还要具有控制仪器旋转的制动螺旋和微动螺旋。

(4)有一个能指示读数的指标。

经纬仪具备以上条件，是用于测量水平角和竖直角的主要仪器。

第二节　全站仪及其使用

全站型电子速测仪简称全站仪，它是一种可以同时进行角度(水平角、竖直角)测量、距离(斜距、平距、高差)测量和数据处理，由机械、光学、电子元件组合而成的测量仪器。由于只需一次安置，仪器便可以完成测站上所有的测量工作，故被称为全站仪(见图 3-3)。

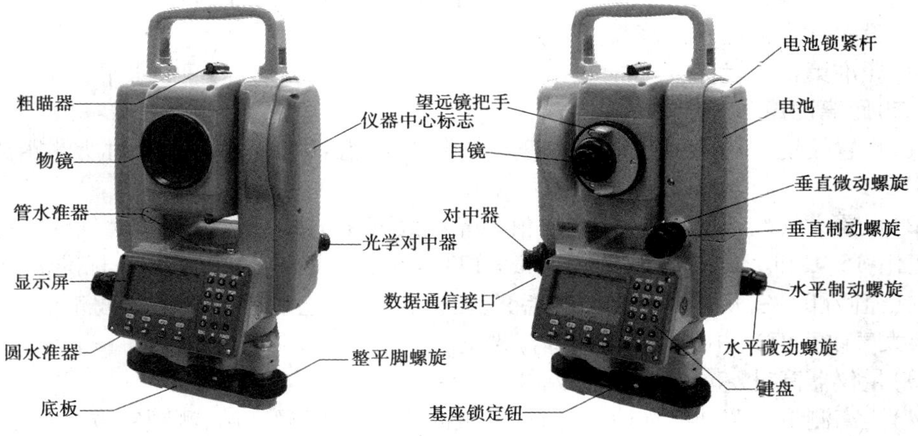

(a) 正面　　(b) 背面

图 3-3　全站仪

一、全站仪的组成

不同厂家生产的全站仪除在界面和外观上略有差别外，其基本组成大致相同。

二、全站仪的特点

(一)三同轴望远镜

在全站仪的望远镜中，照准目标的视准轴、光电测距的红外发射光轴和接收光轴是同轴的。因此，测量时使望远镜照准目标棱镜的中心，就可以同时测定水平角、竖直角和斜距。

(二)键盘操作

全站仪测量时通过键盘输入指令进行操作，键盘上的键分为硬键和软键两种。每个硬键有一个固定功能，或兼有第二、第三功能；软键（一般为 F1、F2、F3、F4 等）的功能通过屏幕最下一行相应位置显示的字符提示，在不同的菜单下，软键一般具有不同的功能。

（三）数据存储与通信

主流全站仪一般带有可以存储 3 000 个点以上观测数据的内存，有些还配有储存卡来增加存储容量。仪器上设有一个标准的 RS－232C 通信接口，使用专用电缆线与计算机的 COM 口连接，通过专用软件可以实现全站仪与计算机的双向数据传输。

（四）倾斜传感器

当仪器未精确整平而使竖轴倾斜时，引起的角度观测误差不能通过盘左、盘右观测取平均抵消。为了消除竖轴倾斜误差对角度观测的影响，全站仪上一般设置有电子倾斜传感器，当它处于打开状态时，仪器能自动测量出竖轴倾斜的角度值，据此计算出对角度观测的影响值并显示出来，同时自动对角度观测值进行改正。

三、全站仪的基本操作与使用方法

不同型号的全站仪，其具体操作方法会有较大的差异。下面简要介绍全站仪的基本操作与使用方法。

（一）水平角测量

（1）按角度测量键，使全站仪处于角度测量模式，照准第一个目标 A。

（2）设置 A 方向的水平度盘读数为 0°00′00″。

（3）照准第二个目标 B，此时显示的水平度盘读数即为两方向间的水平夹角。

（二）距离测量

（1）设置棱镜常数。测距前须将棱镜常数输入仪器中，仪器会自动对所测距离进行改正。

（2）设置大气改正值或气温、气压值。光在大气中的传播速度会随大气的温度和气压而变化，15 ℃和 760 mm Hg（1 mm Hg＝133.322 Pa）是仪器设置的一个标准值，此时的大气改正值为 0。实测时，可输入温度和气压值，全站仪会自动计算大气改正值（也可直接输入大气改正值），并对测距结果进行改正。

（3）量仪器高、棱镜高并输入全站仪。

（4）距离测量。照准目标棱镜中心，按测距键，距离测量开始，测距完成时显示斜距、平距、高差。

全站仪的测距模式有精测模式、跟踪模式和粗测模式三种。精测模式是最常用的测距模式，测量时间约 2.5 s，最小显示单位为 1 mm；跟踪模式，常用于跟踪移动目标或放样时连续测距，最小显示一般为 1 cm，每次测距时间约 0.3 s；粗测模式，测量时间约 0.7 s，最小显示单位为 1 cm 或 1 mm。在距离测量或坐标测量时，可按测距模式（MODE）键选择不同的测距模式。

应注意，有些型号的全站仪在距离测量时不能设定仪器高和棱镜高，显示的高差值是全站仪横轴中心与棱镜中心的高差。

（三）坐标测量

（1）设定测站点的三维坐标。

（2）设定后视点的坐标或设定后视方向的水平度盘读数为其方位角。当设定后视点的坐标时，全站仪会自动计算后视方向的方位角，并设定后视方向的水平度盘读数为其方位角。

（3）设置棱镜常数。

（4）设置大气改正值或气温、气压值。

（5）量仪器高、棱镜高并输入全站仪。

（6）照准目标棱镜，按坐标测量键，全站仪开始测距并计算显示测点的三维坐标。

第三节　水平角测量

观测水平角的方法，应根据测量工作要求的精度、使用的仪器、观测目标的多少而定。常用的方法有测回法和方向观测法（也称全圆测回法）。

一、测回法

测回法适用于观测只有两个方向的单角。设要测的水平角为$\angle AOB$，首先在角顶点 O 安置经纬仪（对中、整平），分别瞄准 A、B 两点的目标并进行读数，两读数之差即为要观测的水平角值（见图 3-4）。通常要求盘左、盘右进行观测。所谓盘左，即观测者站在目镜方向，竖盘位于观测者的左侧；如果位于右侧，则称为盘右。具体操作步骤如下。

（一）盘左位置观测（也称为正镜观测）

（1）松开水平制动螺旋和望远镜制动螺旋，精确瞄准左边的目标 A，读取水平度盘的读数 $a_{左}$（0°01′12″），并记入记录手簿（见表 3-1）中。

（2）松开水平制动螺旋，顺时针匀速转动照准部，以同样方法瞄准右边的目标 B，读取水平度盘读数 $b_{左}$（39°16′48″），记入手簿。

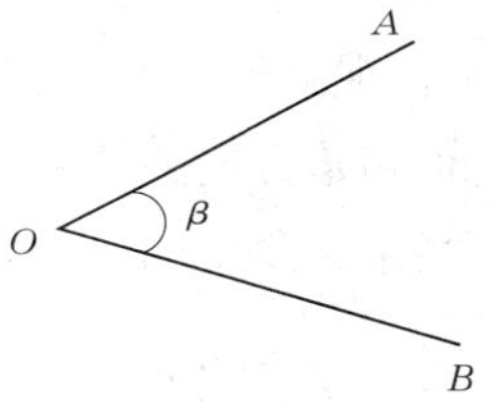

图 3-4　测回法

（3）计算盘左观测所得的水平角：

$$\beta_{左} = b_{左} - a_{左} \tag{3-2}$$

$\beta_{左}$ 即为上半测回水平角的观测值。

表 3-1　测回法观测手簿

测站	测回数	竖盘位置	目标	水平度盘读数（°　′　″）	半测回角值（°　′　″）	一测回角值（°　′　″）	各测回平均值（°　′　″）	备注
O	第一测回	左	A	0　01　12	39　15　36	39　15　33	39　15　38	
			B	39　16　48				
		右	A	180　01　06	39　15　30			
			B	219　16　36				
O	第二测回	左	A	90　00　06	39　15　48	39　15　42		
			B	129　15　54				
		右	A	270　00　12	39　15　36			
			B	309　15　48				

（二）盘右位置观测（也称为倒镜观测）

（1）倒转望远镜变为盘右位置，先瞄准右边的目标 B，读取水平度盘读数 $b_{右}$（219°16′36″），记入手簿中。

（2）松开水平制动螺旋，逆时针转动照准部，再瞄准目标 A，读取水平度盘的读数 $a_{右}$（180°01′06″），记入手簿中。

（3）计算盘右观测所得的水平角：

$$\beta_{右} = b_{右} - a_{右} \tag{3-3}$$

（三）水平角的计算

对于 DJ_6 光学经纬仪，当盘左、盘右两个“半测回”角值之差不超过 ±40″时，取盘左、盘右角值的平均值即为一测回的角值，即

$$\beta = (\beta_{左} + \beta_{右})/2 \tag{3-4}$$

由于水平度盘注记是顺时针方向增加的，因此在计算角值时，无论是盘左还是盘右，均用右边目标的读数减去左边目标的读数，如果右方目标读数不够减左方目标读数，则应在右方目标读数上加 360°后再减。同时，为提高观测精度，减少度盘分划误差的影响，需要观测多个测回，每测回应改变起始度盘的读数，其改变值为 180°/n（n 为测回数）。例如，要观测两个测回，第一测回盘左时起始方向的读数应配置在比 0°稍大些，第二测回盘左时起始方向的读数应配置在 90°左右。当各测回角值之差不超过 ±24″时，取各测回平均值作为角度的最后观测成果。若超限，则应重测。

二、方向观测法

当一个测站上观测方向有三个或三个以上时，需要同时测量出多个角度，此时应采用方向观测法进行观测。

如图 3-5 所示，仪器安置在 O 点上，需观测 A、B、C、D 各方向之间的水平角，其观测步骤如下。

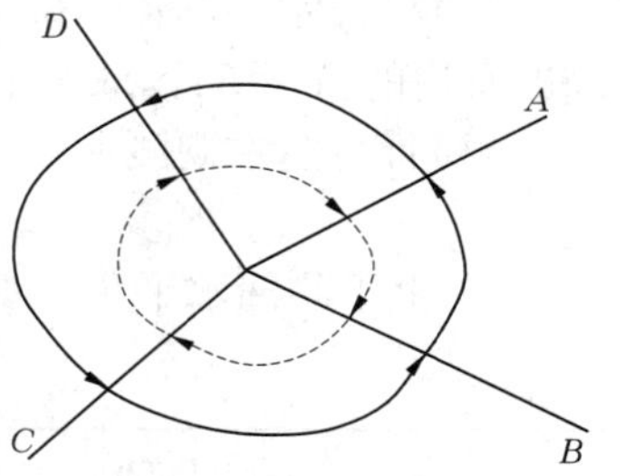

图 3-5　方向观测法

（一）测站观测

（1）盘左位置观测：将度盘置于盘左位置并选择方向中一明显目标如 A 作为起始方向（或称零方向），精确瞄准 A，将水平度盘读数配置为略大于 0°，读取此读数并记入记录手簿（见表 3-2），然后顺时针方向转动照准部（如图 3-5 中虚线所示）并依次瞄准 B、C、D，依次读数并记入记录手簿中。为了检核水平度盘在观测过程中是否发生变动，应再次瞄准目标 A 并读取水平度盘读数，此步观测称为归零，A 方向两次水平度盘读数之差称为半测回归零差。以上步骤仅完成上半测回的工作。

（2）盘右位置观测：倒转望远镜改成盘右，按逆时针方向（如图 3-5 中实线所示）依次瞄准 A、D、C、B、A，依次读取水平度盘读数并记入手簿，检查半测回归零差，此即为下半测回的工作。

上下两个半测回构成一测回。如果要观测 n 个测回，每测回仍应按 180°/n 的差值变

换水平度盘的起始位置，但应注意在同一测回内不能两次改变水平度盘的位置。

表 3-2　方向观测法观测手簿

测站	目标	水平度盘读数 盘左 (°　′　″)	水平度盘读数 盘右 (°　′　″)	2C = 左 − (右 ± 180°) (″)	平均读数 = 1/2 [左 + (右 ± 180°)] (°　′　″)	归零后的方向值 (°　′　″)	各测回归零方向平均值 (°　′　″)
1	2	3	4	5	6	7	8
O					(0　02　10)		
	A	0　02　06	180　02　18	−12	0　02　12	0　00　00	0　00　00
	B	60　42　30	240　42　36	−6	60　42　33	60　40　23	60　40　18
	C	130　57　24	310　57　06	+18	130　57　15	130　55　05	130　55　16
	D	240　48　54	60　48　48	+6	240　48　51	240　46　41	240　46　40
	A	0　02　12	180　02　06	+6	0　02　09		
					(90　01　06)		
	A	90　01　00	270　01　06	−6	90　01　03	0　00　00	
	B	150　41　12	330　41　24	−12	150　41　18	60　40　12	
	C	220　56　30	40　56　36	−6	220　56　33	130　55　27	
	D	330　47　48	150　47　42	+6	330　47　45	240　46　39	
	A	90　01　06	270　01　12	−6	90　01　09		

(二)记录计算

(1)计算半测回归零差，不得大于限差规定值(见表 3-3)，否则应重测。

(2)计算两倍照准误差 $2C$ 的值，即

$$2C = 盘左读数 - (盘右读数 \pm 180°) \tag{3-5}$$

$2C$ 属于仪器误差，在同一测回内同一台仪器各方向的 $2C$ 值应当是一个常数，因此 $2C$ 的变动大小反映了观测的质量，若有互差，其变化值不应超过表 3-3 的限差要求。

(3)计算各方向的盘左和盘右读数的平均值，即

$$平均读数 = [盘左读数 + (盘右读数 \pm 180°)]/2 \tag{3-6}$$

在计算平均读数后，起始方向 OA 有两个平均读数，应再次取平均，并写在表格中的括号内，作为 OA 的方向值。

(4)计算一测回归零方向值。将计算出的各方向的平均读数分别减去起始方向的两次读数的平均值(括号内之值)，即得各方向的归零方向值。

(5)计算各测回归零后的平均方向值。将各测回同一方向的归零方向值进行比较，若其差值不大于表 3-3 的规定，则取各测回同一方向归零后的方向值的平均值作为该方向的最后结果。

(6)水平角的计算。将相邻两个归零后的方向值相减，即为这两个方向所夹的水平角。方向观测法的限差要求见表 3-3，若其中有任何一项超限，则均应重测。

表 3-3　方向观测法的限差要求

仪器型号	测微器两次重合读数差(″)	半测回归零差(″)	一测回内 2C 互差(″)	各测回同一方向值的互差(″)
DJ_6		18		24
DJ_2	3	8	13	9

第四节　竖直角测量

一、竖盘结构

光学经纬仪竖直度盘部分包括竖盘、竖盘指标水准管和竖盘指标水准管微动螺旋，如图 3-6 所示。竖盘固定在望远镜横轴的一端且与横轴垂直。望远镜绕横轴旋转时，竖盘随之转动，而竖盘指标不动。竖盘指标为分(测)微尺的零分划线，它与竖盘指标水准管固连在一起。当旋转竖盘指标水准管微动螺旋使指标水准管气泡居中时，竖盘指标即处于正确位置。有些光学经纬仪采用竖盘指标自动归零装置以简化操作程序。

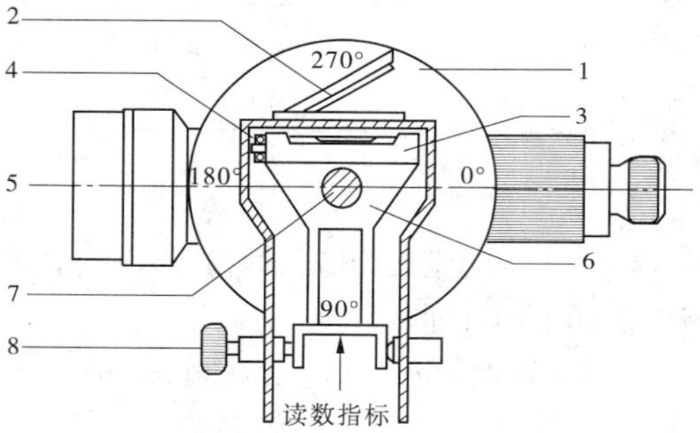

1—竖盘；2—竖盘指标水准管反光镜；3—竖盘指标水准管；4—竖盘指标水准管校正螺丝；
5—望远镜视准轴；6—竖盘指标水准管支架；7—横轴；8—竖盘指标水准管微动螺旋

图 3-6　竖盘的构造

竖盘的注记形式有顺时针与逆时针两种，一般为全圆注记。当望远镜视线水平，竖盘指标水准管气泡居中时，盘左竖盘读数应为 90°(或 90°的倍数)。

二、竖直角计算公式

竖直角的计算与水平角的计算一样也是两个方向读数之差，只不过在竖直角观测中，当望远镜水平时，竖盘读数是一个定值(盘左为 90°，盘右为 270°)，所以观测时只须读取目标视线方向的竖盘读数。

由于竖盘注记有顺时针和逆时针两种形式，因此竖直角的计算公式也不同。在图 3-7(a)中，盘左位置视线水平时的竖盘读数为 90°，将望远镜逐渐抬高(仰角)，竖盘读数在减小，因此盘左的竖直角为

$$\alpha_{左} = 90° - L \tag{3-7}$$

同理,在图 3-7(b)中盘右位置视线水平时的竖盘读数为 270°,当抬高望远镜时竖盘的读数逐渐增加,所以盘右的竖直角为

$$\alpha_{右} = R - 270° \tag{3-8}$$

式中　L、R——盘左、盘右瞄准目标的竖盘读数。

一测回的竖直角值为

$$\alpha = \frac{1}{2}(\alpha_{左} + \alpha_{右}) \tag{3-9}$$

或

$$\alpha = \frac{1}{2}(R - L - 180°) \tag{3-10}$$

根据对上述公式的分析,可得竖直角计算公式的通用判别法,即:

(1)当望远镜从水平位置往上抬高时,如竖盘读数逐渐增加,则竖直角的计算公式为

$$\alpha = 目标视线的读数 - 视线水平时的读数 \tag{3-11}$$

(2)当望远镜从水平位置往上抬高时,如竖盘读数逐渐减小,则竖直角的计算公式为

$$\alpha = 视线水平时的读数 - 目标视线的读数 \tag{3-12}$$

三、竖盘指标差

上面谈到的是一种理想的情况,即当视线水平,竖盘指标水准管气泡居中时,竖盘读数为 90°或 270°,但实际上读数指标往往并不是恰好指在 90°或 270°整数上,而与 90°或 270°相差一个小角度 x,我们把 x 这个小角度称为竖盘指标差,如图 3-8 所示。竖盘指标的偏移方向与竖盘注记增加方向一致时 x 值为正,反之为负。

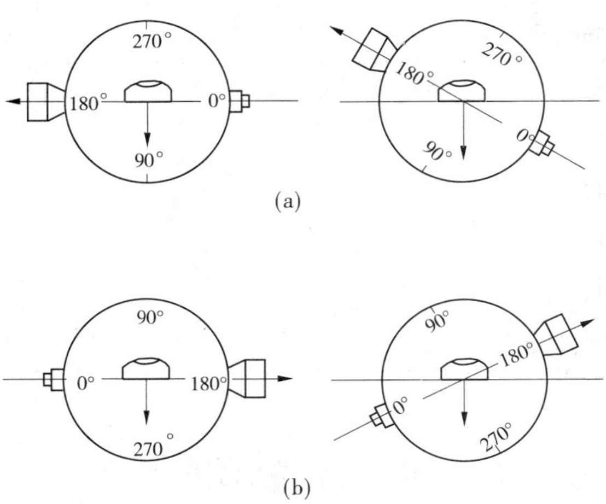

图 3-7　竖直角计算

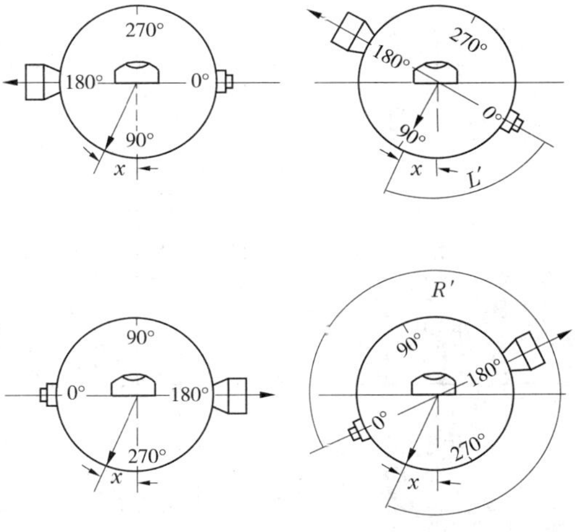

图 3-8　竖盘指标差

下面以图 3-7 顺时针注记竖盘为例,说明竖盘指标差的计算公式。

由图 3-8 可以明显看出,由于指标差 x 的存在,使得盘左、盘右读得的 L、R 均大了一个 x,则正确的竖直角 α 为

$$\alpha_{左} = 90° - (L - x) = 90° - L + x \tag{3-13}$$

$$\alpha_{右} = (R - x) - 270° = R - 270° - x \tag{3-14}$$

所以,一测回的竖直角为

$$\alpha = \frac{1}{2}(\alpha_{左} + \alpha_{右}) = \frac{1}{2}(R - L - 180°) \tag{3-15}$$

式(3-15)说明了用盘左、盘右各观测一次竖直角,然后取其平均值作为最后结果,可以消除竖盘指标差的影响,获得正确的竖直角。将式(3-13)与式(3-14)相减,可得竖盘指标差的通用公式,即

$$x = \frac{1}{2}(L + R - 360°) \tag{3-16}$$

一般来说,对于同一台仪器在同一时间段内,指标差应是一个固定值。因此,指标差互差可以反映观测成果的质量。对 DJ_6 光学经纬仪,同一测站上各方向的指标差互差或同一方向各测回间指标差互差不得超过 ±25″。

四、竖直角观测方法

(1)将仪器安置在测站点上,并正确判断竖直角的计算公式。

(2)盘左精确瞄准目标,使十字丝的中丝对准目标的某一位置。旋转竖盘指标水准管微动螺旋,使竖盘指标水准管气泡居中,读取竖盘读数 L,并记入记录手簿(见表 3-4)。

(3)倒转望远镜改为盘右,再精确瞄准原目标位置,旋转竖盘指标水准管微动螺旋,使竖盘指标水准管气泡居中,读取竖盘读数 R,记入手簿。一测回观测结束。

(4)根据判断出的竖直角计算公式计算竖直角。

表 3-4 竖直角观测手簿

测站	目标	盘位	竖盘读数 (° ′ ″)	半测回竖直角 (° ′ ″)	指标差 (″)	一测回竖直角 (° ′ ″)	备注
O	A	左	81 15 18	+8 44 42	+15	+8 44 57	顺时针注记,且当望远镜水平时盘左的起始读数为 90°
		右	278 45 12	+8 45 12			
	B	左	113 03 42	−23 03 42	+18	−23 03 24	
		右	246 56 54	−23 03 06			

第五节 角度测量的误差来源及削减办法

角度测量误差产生的来源有仪器误差、观测误差和外界条件影响误差三个方面。为了获得符合要求的成果,应采取相应措施消除或降低它们的影响。

一、仪器误差

仪器误差的来源可分为两方面:一是仪器制造加工不完善的误差,如度盘刻划的误差

及度盘偏心误差等。前者可采用每测回改变起始度盘的位置进行观测来加以削减，后者可采用盘左盘右取平均值予以消除。二是仪器检校不完善的误差，如视准轴误差、横轴误差、竖轴误差及竖盘指标差等。其中视准轴不垂直于横轴、横轴不垂直于竖轴的误差及竖盘指标差均可采用盘左盘右取平均值的方法予以消除。但照准部水准管轴不垂直于竖轴的误差，不能用盘左盘右取平均值的方法加以消除。因为，当照准部水准管气泡居中后竖轴并不竖直，从而导致横轴倾斜，使水平方向读数产生误差。由于竖轴不竖直所引起的水平方向读数误差在盘左盘右观测时不但数值相等，而且符号也相同，为不对称观测，瞄准目标的俯仰角越大，误差影响越大，因此在进行水平角测量时，当被观测的目标之间高差较大时，要特别注意整平仪器，以减小竖轴误差。

二、观测误差

（一）对中误差

对中误差是指仪器中心与测站中心不重合所产生的误差。如图 3-9 所示，设 B 为测站点，而仪器中心在地面的投影为 B'，即实际对中时对到了 B'点，B 与 B'不重合，所以产生了对中误差。设 BB'的距离为 e（称为偏心距），那么对中误差对测角的影响为应测的角度 β 与实测的角度 β'之差，即

$$\Delta\beta = \beta - \beta' = \delta_1 + \delta_2. \tag{3-17}$$

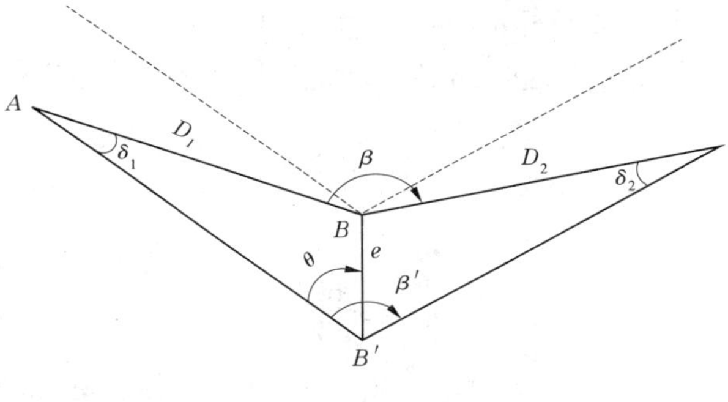

图 3-9　对中误差的影响

因 δ_1 和 δ_2 很小，则有

$$\delta_1 = \frac{e\sin\theta}{D_1}\rho, \quad \delta_2 = \frac{e\sin(\beta' - \theta)}{D_2}\rho$$

因此有

$$\Delta\beta = e\rho\left[\frac{\sin\theta}{D_1} + \frac{\sin(\beta' - \theta)}{D_2}\right] \tag{3-18}$$

由式（3-18）可知，对中误差对测角的影响与偏心距成正比、与边长成反比，此外与所测角度的大小和偏心的方向有关。当 $\beta' = 180°$、$\theta = 90°$时，$\Delta\beta$ 最大。设 $e = 3$ mm，$D_1 = D_2 = 100$ m，$\theta = 90°$，$\beta' = 180°$，则 $\Delta\beta = 12''$。当 $D_1 = D_2 = 50$ m，其他条件相同时，则 $\Delta\beta = 24''$。

因此，在进行水平角测量时，应精确地进行对中，尤其在边长较短、角度为钝角的情况

下更应如此，否则由对中产生的角度误差将较大。

（二）整平误差

观测时若仪器未严格整平，竖轴将处于倾斜位置，这种误差与上面分析的水准管轴不垂直于竖轴的误差性质相同。由于这种误差不能采用适当的观测方法加以消除，且观测目标的竖直角越大，其误差影响也越大，故当观测目标的高差较大时，应特别注意仪器的整平。每测回观测前应重新整平仪器，然后进行观测。当太阳光较强时，应打伞，以避免阳光直接照射水准管，影响仪器的整平。

（三）目标偏心误差

当标志点上所立的目标不直，而测角时又没瞄准目标的底部，那么实际瞄准的目标位置将偏离地面标志点而产生误差。如图 3-10 所示，O 为测站点，A 为测点标志中心，A'为瞄准目标的实际位置的水平投影，δ_1 即为目标偏心对水平度盘读数的影响。

$$\delta_1 = \beta - \beta' = \frac{e_1}{D_1}\rho \tag{3-19}$$

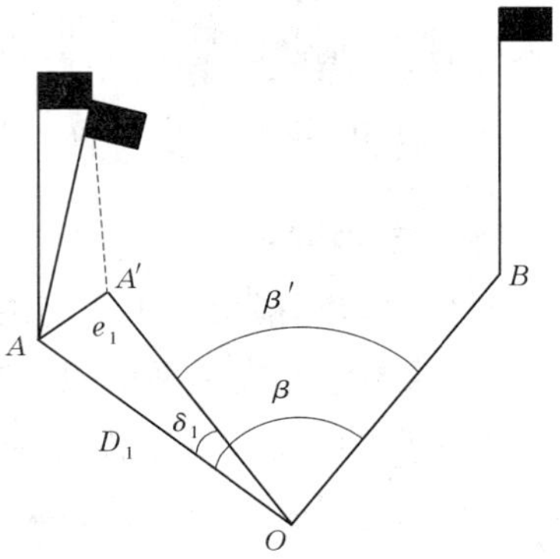

图 3-10　目标偏心的影响

从式（3-19）可知，目标偏心对测角的影响与目标偏心距成正比，与仪器到目标点的距离成反比。所以，目标倾斜越大，瞄准部位越高，则目标偏心越大，由此给测角带来的影响也就越大。因此，观测时应尽量瞄准花杆底部，花杆也要尽量竖直，尤其是在短边上更应注意。

（四）照准误差

人眼可以分辨两个点的最小视角为 60″，当用放大率为 V 的望远镜观测时，照准目标的误差为

$$m_v = \pm \frac{60''}{V} \tag{3-20}$$

如 $V=25$，则照准误差 $m_v = \pm 2.4''$。为减小此项误差，要求观测时应注意消除视差。

（五）读数误差

读数误差主要取决于仪器的读数设备。对于 DJ_6 光学经纬仪，读数误差不超过分微尺最小格值的 1/10，若最小格值为 1′，则读数误差不超过 ±6″。如果读数显微镜目镜未调好，现场照明不佳，则读数误差会增大。

三、外界条件的影响误差

外界条件影响测角的因素很多，如温度变化会影响仪器的正常状态，大风会影响仪器的稳定，地面辐射热会影响大气的稳定，空气透明度会影响瞄准精度以及地面松软会影响仪器的稳定等。要想完全避免这些因素的影响是不可能的，只能采取一些措施，如选择有利的观测条件和时间、安稳脚架、打伞遮阳等，使其影响降低到最小程度。

第六节　光学经纬仪*

经纬仪分为电子经纬仪和光学经纬仪。光学经纬仪是一种光学和机械组合的仪器，内部装有玻璃度盘和许多光学棱镜与透镜。光学经纬仪按精度可分为 DJ_{07}、DJ_1、DJ_2、DJ_6 等不同级别，其中，D、J 是“大地测量”和“经纬仪”汉语拼音的第一个字母，下标表示该仪器观测水平方向的精度(如 6 表示一测回方向的中误差为 ±6″)。

一、DJ_6 光学经纬仪构造

由于生产厂家及仪器型号不同，光学经纬仪的各部件形状不完全一样，但其基本构造大致相同。光学经纬仪主要由照准部、水平度盘和基座三部分组成，如图 3-11 所示。

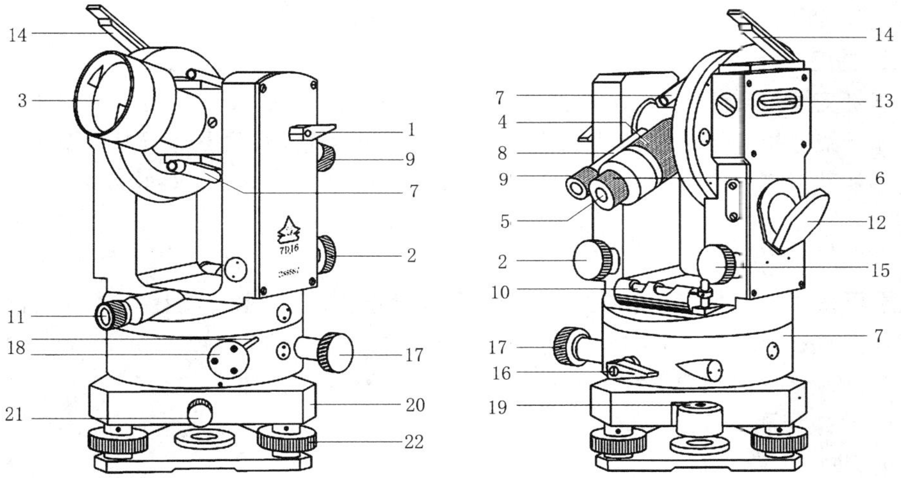

1—望远镜制动螺旋；2—望远镜微动螺旋；3—物镜；4—物镜调焦螺旋；5—目镜　6—目镜调焦螺旋；7—光学瞄准器；8—度盘读数显微镜；9—度盘读数显微镜调焦螺旋；10—照准部水准管；11—光学对中器；12—度盘照明反光镜；13—竖盘指标管水准器；14—竖盘指标管水准器观察反射镜；15—竖盘指标管水准器微动螺旋；16—水平方向制动螺旋；17—水平方向微动螺旋；18—水平度盘变换螺旋与保护卡；19—基座圆水准器；20—基座；21—轴套固定螺旋；22—脚螺旋

图 3-11　DJ_6 经纬仪构造

(一)照准部

照准部是指经纬仪上部的可转动部分，主要由望远镜、读数设备、竖直度盘、支架、照准部水准管、照准部旋转轴和光学对中器等组成。经纬仪望远镜的构造与水准仪望远镜基本相同，但为了瞄准目标，经纬仪的十字丝分划板与水准仪稍有不同。望远镜、竖直度盘与横轴一端固连在一起，安放在支架上，望远镜可绕横轴旋转，望远镜转动时，竖直度盘随之转动。竖盘读数指标与竖盘指标水准管固连在一起，不随望远镜转动，但可通过竖盘指标水准管微动螺旋作微小移动。调整此微动螺旋使竖盘指标水准管气泡居中，指标即

*　本节为选学内容。

位于正确位置。目前，有许多经纬仪已不采用竖盘指标水准管，而用自动归零装置代替，以提高野外作业速度，如北京光学仪器厂生产的各种型号的经纬仪。其中照准部水准管是用来精确整平仪器的，圆水准器用做粗略整平。读数设备包括一个读数显微镜、测微器及光路中一系列的棱镜、透镜等。此外，为了控制照准部水平方向的转动，装有水平制动螺旋和微动螺旋。为了控制望远镜的转动，设有望远镜制动螺旋和微动螺旋。

（二）水平度盘

水平度盘是由光学玻璃制成的精密刻度盘，分划从0°至360°，按顺时针注记，最小间隔有1°、30′、20′三种，用以测量水平角。水平度盘装在仪器竖轴上，套在度盘轴套内。在水平角测角过程中，水平度盘不随照准部转动。若要改变水平度盘的起始位置，可利用度盘变换手轮将度盘转到所需要的位置。还有少数仪器采用复测装置，当复测扳手扳下时，照准部与度盘结合在一起，度盘随照准部转动，度盘读数不变；当复测扳手扳上时，两者相互脱离，照准部转动时就不再带动度盘，度盘读数就会改变。

（三）基座

基座是支撑仪器的底座，包括轴座、脚螺旋、底板、三角压板等。利用中心连接螺旋将经纬仪和脚架连接起来。在经纬仪基座上还固连一个竖轴轴套和轴座固定螺旋，用于控制照准部和基座之间的衔接。连接螺旋的下端有一个挂钩，用于悬挂垂球。

二、读数设备和读数方法

光学经纬仪的读数设备包括度盘、光路系统和测微器。水平度盘和竖直度盘上的分划线，通过一系列棱镜和透镜成像于望远镜旁的读数显微镜内。DJ_6 光学经纬仪的读数装置可以分为分微尺测微器读数和单平板玻璃测微器读数两种。

（一）分微尺测微器及读数方法

目前，我国生产的 DJ_6 光学经纬仪大都采用分微尺测微器读数装置，如图3-12所示。在读数显微镜中可以同时看到两个读数窗，注有“—”、“H”或“水平”的都是水平度盘读数窗；注有“⊥”、“V”或“竖直”的都是竖直度盘读数窗。两个读数窗上都有一个分成60小格的分微尺，其长度等于度盘间隔为1°的两分划线之间的影像宽度，因此测微尺上一小格的分划值为1′，可以估读至0.1′。测微尺的0分划线为读数指标线。读数时，先读出位于分微尺60小格区间内的度盘分划线的度数，再以度盘分划线为指标，在分微尺上读取不足1°的分数，并估读到秒数（秒数只能是6的倍数）。图3-12中水平度盘的读数为156°03′42″，竖直度盘的读数为78°58′30″。

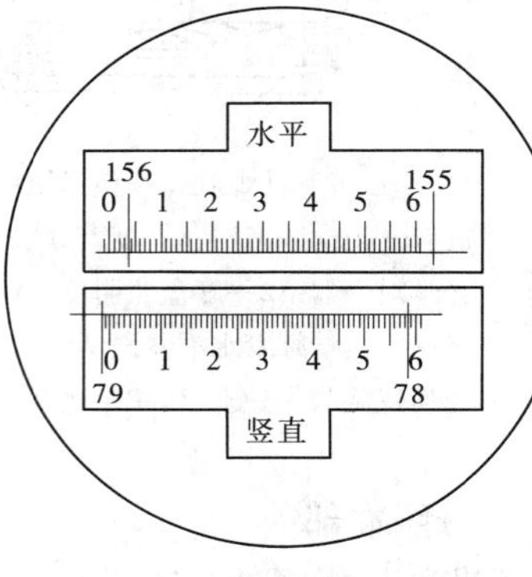

图3-12　分微尺测微器读数

（二）单平板玻璃测微器及读数方法

单平板玻璃测微器主要由平板玻璃、测微轮、测微尺和连接机构组成。当转动测微轮时，平板玻璃和测微尺即绕轴作同步转动。如图3-13（a）所示，当光线垂直通过平板玻璃时，读数窗中双指标线读数应为82° + α，测微尺上单指标线的读数为17′44″。转动测微轮，使平板玻璃转动一个角度，如图 3-13(b)所示，而度盘分划线的影像经折射后平行移动 α，82°分划线的影像正好夹在双指标线的中间。由于测微尺与平板玻璃同时转动，因此 α 的大小可由测微尺的移动量来表示。

图 3-14 为这种读数装置在读数显微镜中看到的情况。上面是测微尺的影像，中间是竖直度盘的影像，下面是水平度盘的影像。度盘的分划值为 30′，测微尺也为 30′，将其分成 30 个大格，每大格又分成 3 小格，每小格为 20″，估读至 0.1 小格(即 2″)。读数时先转动测微轮，使度盘某一分划线精确地移在双指标线的中央，读出该分划线的度盘读数，再在测微尺上依指标线读出不足一分划值的余数，然后相加即为全部读数。图 3-14(a)中，水平度盘的读数为 13° + 17′46″ = 13°17′46″。图 3-14(b)中竖直度盘读数为 82°00′ + 28′10″ = 82°28′10″。

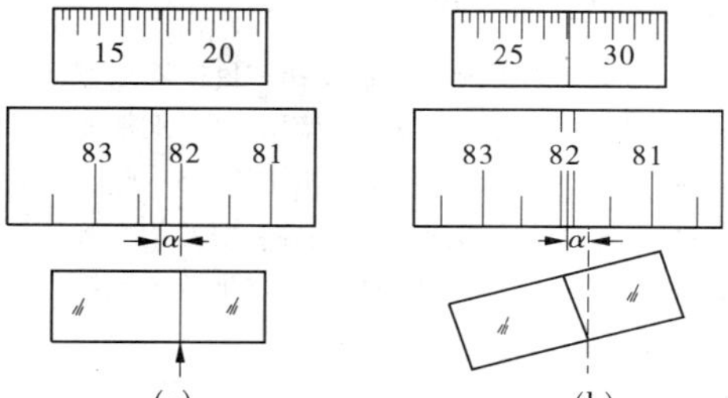

图 3-13　单平板读数原理

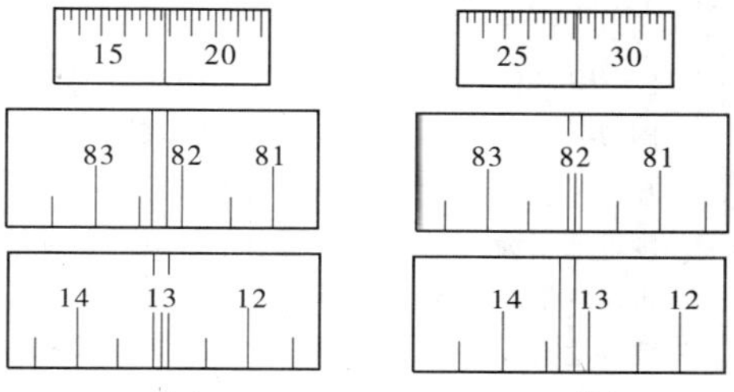

图 3-14　单平板玻璃测微器读数

三、DJ_2 光学经纬仪构造

DJ_2 光学经纬仪用于国家三、四等三角测量、精密导线测量以及精度要求较高的工程测量。图 3-15 为苏州第一光学仪器厂生产的 DJ_2 光学经纬仪。

DJ_2 光学经纬仪与 DJ_6 的区别主要是读数设备及读数方法不同。DJ_2 光学经纬仪一般采用对径分划线影像符合的读数装置，采用重合读数法，将度盘上相对 180°的分划线，借助于一系列棱镜和透镜的反射与折射而显现于读数显微镜内，读取度盘对径相差 180°两处的读数，分别以正、倒像分划注记，移动正、倒像分划符合，进行读数。DJ_2 光学经纬仪的测微装置为双光楔测微器，在光路上设置一个固定光楔组和一个活动光楔组，活动光楔组与测微尺相连。通过光楔的移动，使度盘的分划像作等距离反向移动，其移动量由测微尺的移动量得出。在构造上，使度盘正、倒像分划相对移动一格(实际上各移动半格)时，测微尺移动 600 小格，度盘最小格值为 20′(半格值为 10′)，故测微尺上最小格值为 1″，可估读至 0.1″。读数时，先转动测微轮使正、倒像分划线精确重合，然后找出正像在左，倒像在右，且相差 180°的相距最近的两条分划线，则正像所注的度数就是需要读的度数。度盘上整 10′数由正、倒像分划线间所夹的格数乘以度盘分划值的一半(即 10′)而得，不足 10′的分数和秒数在小窗格中的测微尺上读取，如图 3-16(a)中的度盘读数为 27°52′03.7″。为使读数更为方便和不易出错，近来使用的 DJ_2 经纬仪采用图 3-16(b)所示的读数窗，其读数为 79°46′16.7″。采用符合读数装置，可以消除照准部偏心的影响，提高读数精度。

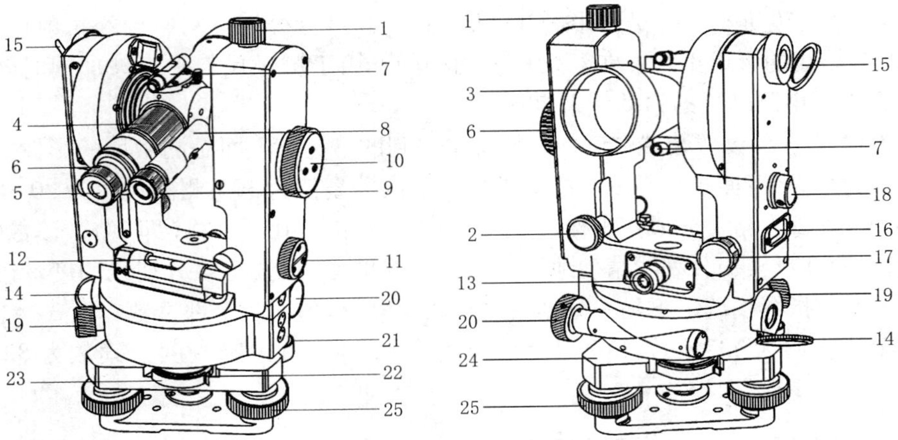

1—望远镜制动螺旋;2—望远镜微动螺旋;3—物镜; 4—物镜调焦螺旋;5—目镜;6—目镜调焦螺旋;7—光学瞄准器;8—度盘读数显微镜;9—度盘读数显微镜调焦螺旋;10—测微轮;11—水平度盘与竖直度盘换像手轮;12—照准部管水准器;13—光学对中器;14—水平度盘照明镜;15—竖直度盘照明镜;16—竖盘指标管水准器进光窗口;17—竖盘指标管水准器微动螺旋;18—竖盘指标管水准气泡观察窗;19—水平制动螺旋; 20—水平微动螺旋;21—基座圆水准器;22—水平度盘位置变换手轮;23—水平度盘变换手轮护盖;24—基座;25—脚螺旋

图 3-15　DJ_2 光学经纬仪

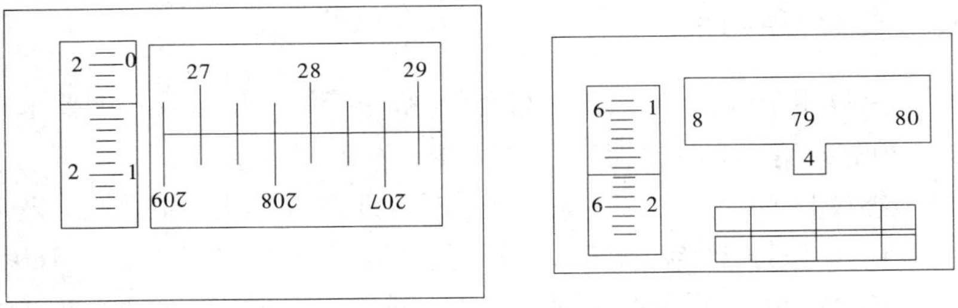

(a)　　(b)

图 3-16　度盘读数

另外,DJ_2 光学经纬仪在读数显微镜中只能看到水平度盘或竖直度盘的刻划影像,不能同时看到两者的影像,利用支架旁的度盘换像手轮可变换读数显微镜中水平盘与竖盘的影像。当换像手轮端面上的指示线水平时,显示的是水平度盘的影像,当指示线竖直时,显示的是竖直度盘的影像。

四、经纬仪的使用

(一)安置

在用经纬仪进行测角之前,必须把仪器安置在测站上。经纬仪的安置包括对中和整平两项工作。对中的目的是使仪器的中心与测站点的标志中心在同一铅垂线上,整平的目的是使仪器的竖轴垂直,即水平度盘处于水平位置。下面分别就垂球对中与整平和光学对中器对中与整平两种方法介绍经纬仪的安置方法。

1. 垂球对中与整平的方法

1)对中

将三脚架三条腿的长度调节至大致等长,使高度适宜,然后张开三脚架并架在测站点上,张开时要求架头大致水平。然后挂上垂球,两只手分别握住三脚架的一条腿,平移三脚架(架头大致保持水平)使垂球尖基本对准测站点,将三脚架三条腿踩紧,使其稳定。装上仪器,旋转连接螺旋,检查对中情况。若相差不大(1 ~2 cm),稍松开连接螺旋,双手扶基座,在架头上移动仪器,使垂球尖精确对准测站点。为此,应及时调整垂球线的长度,使得垂球尖尽量靠近测站点,但不得与测站点接触。对中误差一般应小于 3 mm,若满足要求,旋紧连接螺旋即可。

2)整平

整平时,松开水平制动螺旋,转动照准部,使水准管大致平行于任意两个脚螺旋的连线,如图 3-17(a)所示,两手同时向内或向外旋转这两个脚螺旋使气泡居中。气泡的移动方向与左手大拇指移动的方向一致。再将照准部旋转 90°,如图 3-17(b)所示,使水准管大约处于 1、2 两脚螺旋连线的垂线上,转动第 3 个脚螺旋,使水准管的气泡居中。再转回原来的位置,检查气泡是否居中,若不居中,则按上述步骤反复进行,直至照准部转到任何位置气泡都居中。

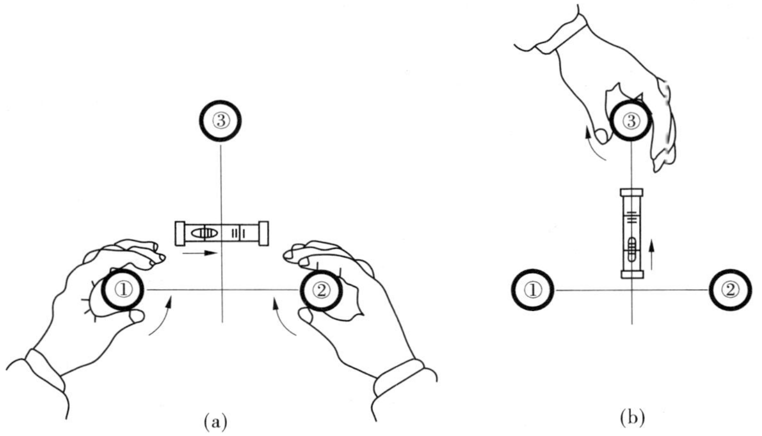

图 3-17　整平

2. 光学对中器对中与整平的方法

因为垂球对中易受风力等外界条件的影响,因此目前生产的光学经纬仪均装有光学对中器,其对中精度可达到 1 ~2 mm,高于垂球对中精度。使用光学对中器进行对中时,对中与整平一起进行,其操作步骤如下:

(1)光学对中器是一个小型外调焦望远镜。使用光学对中器之前,应先转动光学对中器的目镜调焦螺旋使对中标志分划板十分清晰,再通过拉伸光学对中器看清地面的测点标志。

(2)初步对中:固定三脚架的一条腿于测站点旁的适当位置,双手分别握紧三脚架的另两条腿,眼睛观察光学对中器,移动三脚架使对中标志基本对准测站点的中心(应注意保持三脚架头基本水平),将三脚架的脚尖踩紧。

(3)精确对中:旋转脚螺旋使对中标志准确对准测站点的中心,光学对中的误差应小于2 mm。

(4)粗平:调节三脚架腿的伸缩连接处,利用圆水准器或水准管使经纬仪大致水平。

(5)精平:按前述整平方法转动照准部,旋转脚螺旋,使管水准器气泡在相互垂直的两个方向上居中。精平操作会略微破坏前已完成的对中关系。

(6)再次精确对中:稍微旋松连接螺旋,眼睛观察光学对中器,平移仪器基座(不要有旋转),使对中标志准确对准测站点的中心,拧紧连接螺旋。精确整平与精确对中应反复进行,直到对中和整平都达到要求为止。

(二)瞄准

先调节目镜调焦螺旋,使十字丝清晰。松开水平制动螺旋和望远镜的制动螺旋,利用望远镜上的粗瞄器使目标位于望远镜的视场内,如图3-18(a)所示,当大致对准目标后,固定照准部制动螺旋和望远镜制动螺旋。然后进行物镜调焦,即调节物镜调焦螺旋使目标影像清晰,并注意消除视差。最后调节照准部和望远镜的微动螺旋精确对准目标,如图3-18(b)所示。在进行水平角观测时,应尽量瞄准目标的底部。目标成像较大时,可用十字丝的单丝去平分目标;目标成像较小时,可用十字丝的双纵丝去夹准目标。

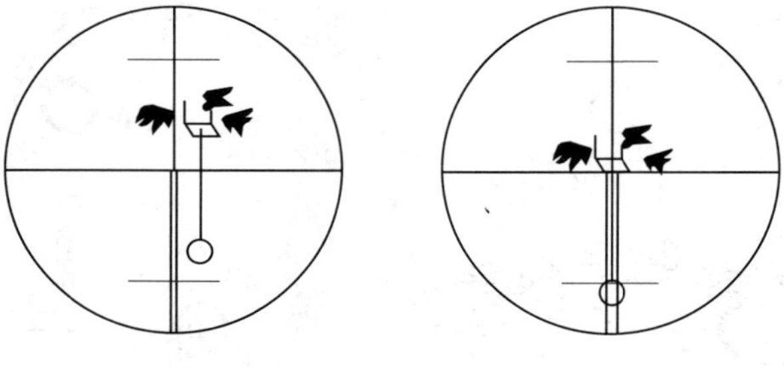

(a)　　(b)

图3-18　瞄准

(三)读数

读数时先打开反光镜到适当的位置,使读数窗亮度适中,旋转读数显微镜的目镜使刻划线清晰,然后按本章第二节所述方法进行读数。

五、光学经纬仪的检验与校正

由于经纬仪在使用或运输过程中,其内部光学部件和机械构件可能会发生变位,使仪器的性能指标发生变化,为保证测量成果能够达到预期的精度,测量前应对所使用的仪器进行检验和校正。

（一）经纬仪的几何轴线

如图 3-19 所示，经纬仪的主要轴线有望远镜的视准轴 CC、仪器的旋转轴即竖轴 VV、望远镜的旋转轴即横轴 HH 及水准管轴 LL 和圆水准器轴 $L'L'$。这些轴线之间应满足以下几何条件：

（1）仪器在装配时，已保证水平度盘与竖轴相互垂直，因此只要竖轴竖直，水平度盘就处在水平位置，竖轴的竖直是通过照准部水准管气泡居中来实现的，故要求水准管轴垂直于竖轴，即 $LL \perp VV$。

（2）望远镜绕横轴旋转时，要使视准轴所形成的面（视准面）为竖直的平面，必须同时满足视准轴垂直于横轴，即 $CC \perp HH$，以及横轴垂直于竖轴，即 $HH \perp VV$。

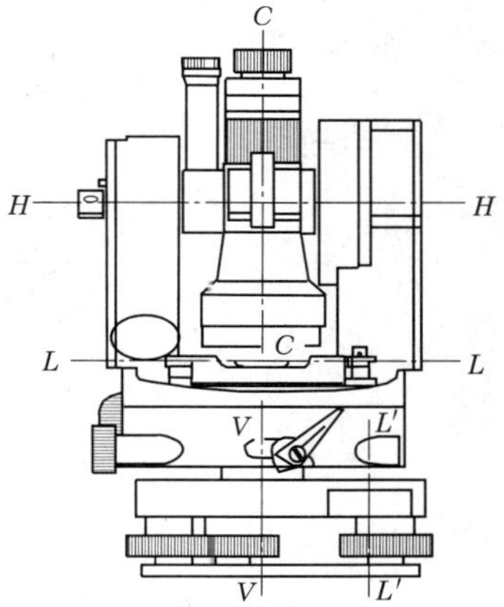

图 3-19　经纬仪的轴线关系

（3）圆水准器轴应平行于竖轴，即 $L'L' /\!/ VV$。

（4）十字丝竖丝应垂直于横轴。

（5）光学对中器的视准轴应与竖轴重合。

（6）竖盘指标差 x 应为零。

（二）经纬仪的检验与校正

1. 照准部水准管轴垂直于竖轴的检验与校正

1）检验

先将仪器粗平，再转动照准部使水准管平行于任意两脚螺旋的连线，转动这两个脚螺旋使气泡居中。然后将照准部旋转 180°，如果此时气泡仍居中，则说明水准管轴垂直于竖轴，否则应进行校正。

2）校正

如图 3-20（a）所示，水准管轴不垂直于竖轴。当气泡居中时，水准管轴水平，竖轴却偏离铅垂线方向一个 α 角，当仪器绕竖轴旋转 180°后，如图 3-20（b）所示，竖轴仍处于原来的位置，而水准管两端却交换了位置，这时水准管轴与水平线的夹角为 2α，气泡不再居中，其偏移量代表了水准管轴的倾斜角 2α。为了使水准管轴垂直于竖轴，只须校正一个 α。因此，用校正针拨动水准管校正螺丝，使气泡返回偏离格数的一半，如图 3-20（c）所示，此时水准管轴即垂直于竖轴。再转动脚螺旋使水准管气泡居中，如图 3-20（d）所示，此时水准管轴水平，竖轴也垂直。此项检校必须反复进行，直到水准管位于任何位置，气泡偏离零点均不超过半格为止。

2. 圆水准器轴平行于竖轴的检验与校正

1）检验

检验的目的是检查圆水准器轴是否与仪器的竖轴平行。如缺少此项检校，以后就无法使用圆水准器作粗略整平。检验的方法是，首先用已检校的照准部水准管，将仪器精确整平，此时再看圆水准器的气泡是否居中，如不居中，则需校正。

2）校正

在仪器精确整平的条件下，用校正针直接拨动圆水准器底座下的校正螺丝使气泡居

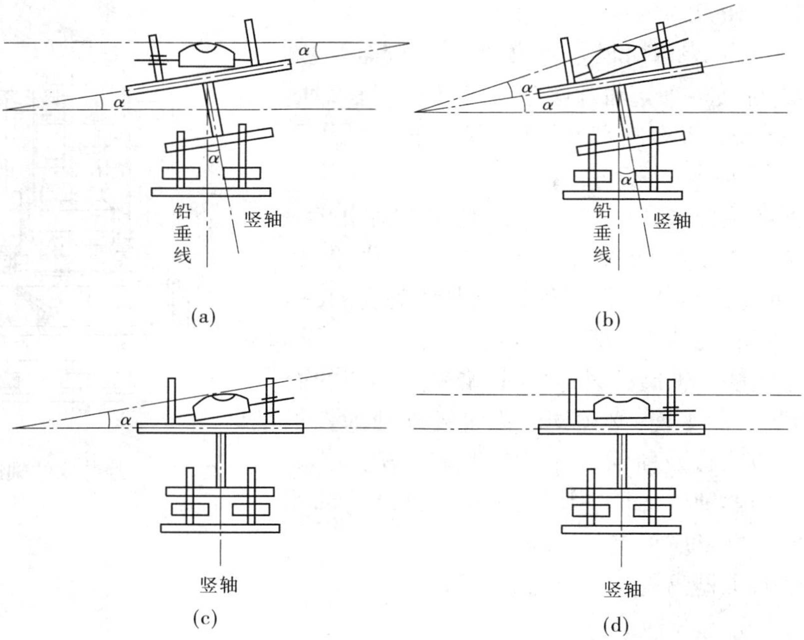

图 3-20　照准部水准管轴垂直于竖轴的检验与校正

中，校正时注意对校正螺丝一松一紧。

3. 十字丝竖丝垂直于横轴的检验与校正

1) 检验

检验的目的是看十字丝竖丝是否垂直于横轴。仪器严格整平后，用十字丝竖丝的上端或下端精确瞄准一清晰目标点，旋紧水平制动螺旋和望远镜制动螺旋，再调节望远镜微动螺旋使望远镜上下移动，若目标点始终在竖丝上移动，表明条件已满足，否则就需要进行校正。

2) 校正

校正时，旋下目镜处的护盖，微微松开十字丝环的四个压环螺丝，转动十字丝环，直至望远镜上下移动时，目标点始终沿竖丝移动为止，最后将四个压环螺丝拧紧，旋上护盖。

4. 视准轴垂直于横轴的检验与校正

如图 3-21 所示，视准轴不垂直于横轴所偏离的角度 c 称为视准误差，它是由于十字丝交点的位置不正确而产生的。

1) 检验

整平仪器，盘左瞄准一个与仪器高度大致相同的远方目标 A，读取水平度盘的读数 $M_{左}$，再用盘右位置瞄准原目标并读取水平度盘的读数 $M_{右}$，若 $M_{右}=M_{左}\pm180°$，即 $c=0$，则说明条件满足，否则条件不满足。当 c 的绝对值大于 $1'$ 时，则需校正。

2) 校正

校正通常在盘右位置进行，即不改变检验时的盘右位置，计算出盘右正确的水平度盘读数 $M'_{右}$，即盘左盘右读数的平均值（注意盘左读数应 ±180°后再平均）。转动水平微动

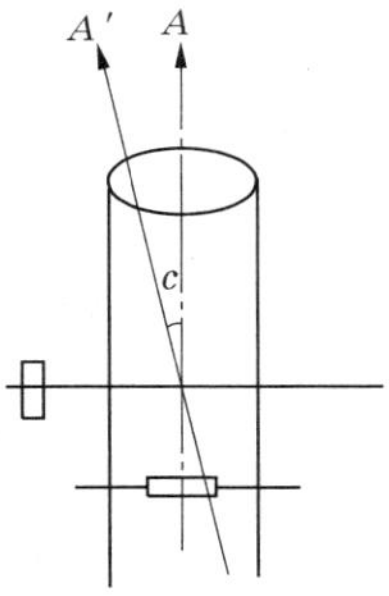

图 3-21　视准轴垂直于横轴的检验

螺旋使水平度盘的读数为 $M'_{右}$，此时十字丝交点已偏离目标点 A。取下十字丝环的保护罩，调节十字丝环的左右两个校正螺丝，使十字丝交点重新照准目标点。检校应反复进行，直到 c 值不大于 1′为止。

需要说明的是：对于单指标的 DJ_6 型（或 DJ_6 型以下）的仪器，当度盘偏心差较大时，$2c$ 值中包含了较大的偏心差，校正时将得不到正确的结果。此时可改用四分之一法进行检校，本书不再详述。

5. 横轴垂直于竖轴的检验与校正

1）检验

如图 3-22 所示，在距一较高墙壁 20～30 m 处安置仪器，在墙上选择仰角大于 30°的一目标点 P，先盘左瞄准 P 点，然后将望远镜放平，在墙上定出一点 P_1；倒转望远镜以盘右位置再次瞄准 P 点，再将望远镜放平，在墙上又定出一点 P_2。如果 P_1 和 P_2 重合，表明仪器横轴垂直于竖轴，否则应进行校正。

2）校正

在墙上定出 P_1P_2 的中点 P_M，并转动水平微动螺旋使十字丝交点瞄准 P_M 点，然后抬高望远镜，此时十字丝交点必然偏离 P 点。打开支架处横轴一端的护盖，调整支承横轴的偏心轴环，抬高或降低横轴一端，直至十字丝交点瞄准 P 点。由于此项校正技术性很高，故一般由专业维修人员进行修理。

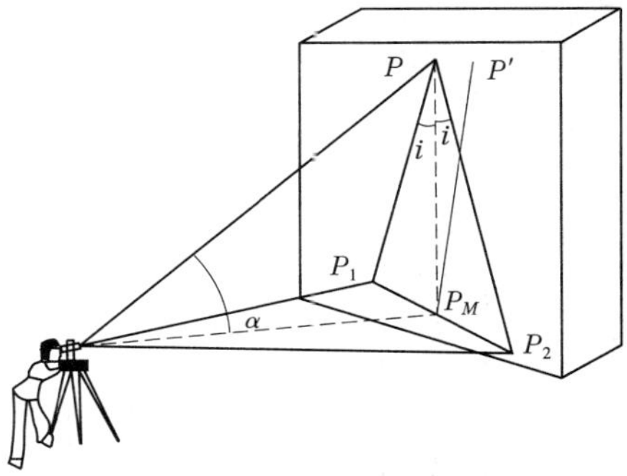

图 3-22　横轴垂直于竖轴的检验

6. 光学对中器的检验与校正

（1）选择一平坦的地面并精确整平仪器，对光学对中器进行调焦，使对中器的分划板和地面均清晰。然后在脚架中央的地面上固定一张白纸，将对中器的分划板中心投在白纸上，然后将照准部旋转 180°并同样将分划板中心投在白纸上，若两次投在白纸上的两点重合，说明条件满足，否则要校正。

（2）校正时先在白纸上定出两点的中点，然后调整对中器的直角棱镜或对中器的分划板，使对中器中心对准中点。此项校正也应反复进行，直到条件满足为止。

7. 竖盘指标差的检验与校正

1）检验

整平仪器后，以盘左、盘右位置先后瞄准同一明显目标，在竖盘指标水准管气泡居中的情况下分别读取竖盘读数 L 和 R，然后按式(3-16)计算指标差 x。若指标差超限，则需进行校正。

2）校正

校正一般是在盘右位置进行的，即在读完盘右的竖盘读数后仪器保持不动，先计算出盘右的正确读数 $R_{正} = R - x$，旋转竖盘指标水准管微动螺旋使竖盘读数为 $R_{正}$，此时竖盘指标水准管气泡不再居中，用校正针调节竖盘指标水准管一端的校正螺丝，使气泡居中。此项检校也应反复进行，直到满足要求为止。

对于竖盘指标是自动归零装置的经纬仪，校正时，先调节望远镜微动螺旋，使竖盘读数由 R 变为 $R_{正}$，再用校正针调节十字丝环的上、下校正螺丝，使十字丝交点对准目标。

习　题

3-1　何谓水平角、竖直角？试绘图说明水平角和竖直角测量的基本原理。

3-2　经纬仪的安置包括哪几个步骤？简述其操作过程。

3-3　对中、整平的目的各是什么？

3-4　计算水平角时为什么要用右方目标读数减左方目标读数？如果不够减应如何计算？

3-5　什么叫竖盘指标差？如何进行检验与校正？如何衡量竖直角观测成果是否合格？

3-6　在测站 A 点观测 B 点、C 点的竖直角，观测数据如表 3-5 所示，试计算竖直角及指标差（注：盘左视线水平时竖盘读数为 90°，视线向上倾斜时竖盘读数是增加的）。

表 3-5　竖直角观测手簿

测站	目标	盘位	竖盘读数 (°　′　″)			半测回竖直角 (°　′　″)	指标差 (″)	一测回竖直角 (°　′　″)
A	B	左	95	12	24			
		右	264	47	30			
	C	左	78	48	36			
		右	281	11	54			

3-7　采用盘左盘右观测取平均值的方法可以消除哪些仪器误差的影响？能否消除因竖轴倾斜而引起的水平角测量误差？为什么？

3-8　经纬仪有哪些主要轴线？它们相互之间应满足什么关系？如果这些关系不满足将会产生什么后果？

3-9　角度观测时有哪些误差？我们在测角时应注意哪些问题？

3-10　方向观测法观测水平角的数据列于表3-6中，试完成表中的各项计算。

表3-6　方向观测法观测手簿

测站	目标	水平度盘读数 盘左 (° ′ ″)			水平度盘读数 盘右 (° ′ ″)			2C=左-(右±180°) (″)	平均读数=1/2[左+(右±180°)] (° ′ ″)	归零后的方向值 (° ′ ″)	各测回归零方向平均值 (° ′ ″)
1	2	3			4			5	6	7	8
O	A	0	01	12	180	01	18				
	B	85	36	24	265	36	24				
	C	160	48	18	340	48	30				
	D	225	24	36	45	24	42				
	A	0	01	06	180	01	06				
	A	90	02	06	270	02	06				
	B	175	37	12	355	37	24				
	C	250	49	00	70	49	06				
	D	315	25	24	135	25	18				
	A	90	02	12	270	02	18				

3-11　电子经纬仪与光学经纬仪有何相似处和不同点？

第四章 距离测量与直线定向

距离测量是确定地面点位置的基本测量工作之一。距离测量方法有钢尺量距、视距测量、电磁波测距和 GPS 测量等。钢尺量距是用钢卷尺沿地面直接丈量距离；视距测量是利用经纬仪或水准仪望远镜中的视距丝及视距标尺按几何光学原理进行测距；电磁波测距是用仪器发射并接受电磁波，通过测量电磁波在待测距离上往返传播的时间解算出距离；GPS 测量是利用两台 GPS 接收机接收空间轨道上 4 颗以上卫星发射的精密测距信号，通过距离空间交会的方法解算出两台 GPS 接收机之间的距离。本章重点介绍前三种距离测量方法。

第一节 钢尺量距

钢尺量距一般用来量取地面上两点间的水平距离。根据精度要求的不同，丈量时所用的工具和方法也不同。

一、量距工具

（一）钢卷尺

钢卷尺是用薄钢带制成的，其长度有 20 m、30 m、50 m 等几种。钢卷尺一般卷放在圆形尺盒内或金属尺架上，如图 4-1 所示。钢卷尺的基本分划为厘米，每 10 cm 处印有数字注记。

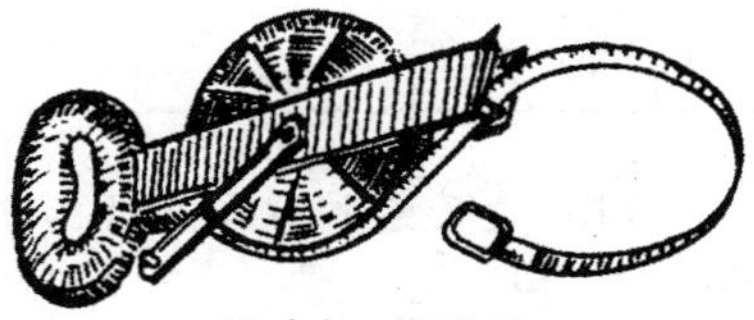

图 4-1 钢卷尺

根据零刻度线的位置不同，钢卷尺分为端点尺和刻线尺两种。端点尺以尺的最外端作为尺的零点，如图 4-2（a）所示；刻线尺以尺前端的某一刻线为尺的零点，如图 4-2（b）所示。

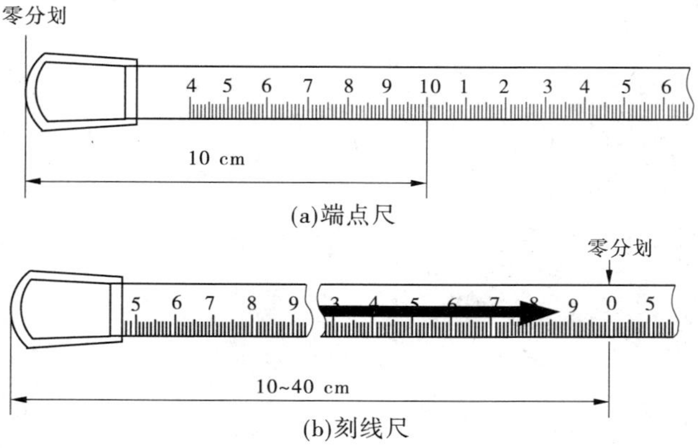

图 4-2 刻线尺与端点尺

（二）辅助工具

丈量距离的辅助工具主要有标杆、测钎、垂球，如图 4-3 所示。测钎用于标定尺段，标杆用于直线定线，垂球用于在不平坦地面丈量时将钢尺的端点垂直投影到地面。其他辅助工具有测定拉力的弹簧秤、测定温度的温度计等。

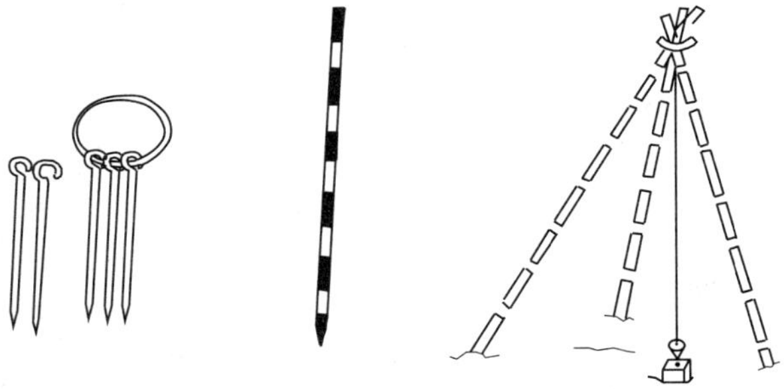

(a)测钎　　(b)标杆　　(c)垂球

图 4-3　辅助工具

二、钢尺量距的一般方法

钢尺量距的步骤如下。

往测：定线—整尺段丈量—计算长度。

返测：定线—整尺段丈量—计算长度。

精度分析：计算相对误差 K 值。

（一）直线定线

当地面两点间的距离大于钢尺的名义长度（称为一个整尺段）时，就需要在直线方向上标定若干分段点，以便于用钢尺分段丈量。直线定线的目的是使这些分段点在待量直线端点的连线上，其方法有以下两种。

1. 目测定线

目测定线适用于钢尺量距的一般方法。如图 4-4 所示，设 A、B 两点互相通视，要在 A、B 两点的直线上标出分段点 C、D。先在 A、B 点上分别竖立标杆，甲站在 A 点标杆后约 1 m 处，指挥乙左右移动标杆，直到甲在 A 点沿标杆的同一侧看到 A、C、B 三支标杆成一条线为止。同法，依次定出直线上的其他点。定线一般由远及近。定线时，乙所持标杆应竖直，利用食指和拇指夹住标杆的上部，稍微提起，利用重心使标杆自然竖直；乙应持标杆站立在直线方向的左侧或右侧。

2. 经纬仪定线

经纬仪定线是用于钢尺量距的精密方法。如图 4-5 所示，设 A、B 两点互相通视，将经纬仪安置在 A 点，用望远镜纵丝瞄准 B 点，制动照准部，将望远镜上下转动，指挥在两点间某一点上的助手，左右移动标杆，直至标杆像的底部被纵丝的单丝所平分，依次确定 1、2

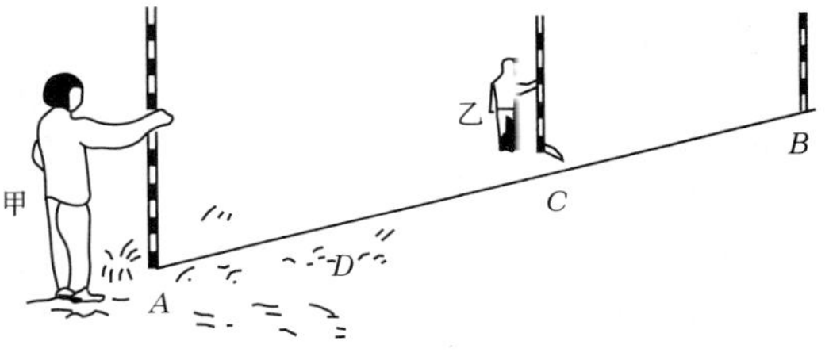

图 4-4　目测定线

点。为了减小照准误差,精密定线时,可以用直径更细的测钎或垂球线代替标杆。

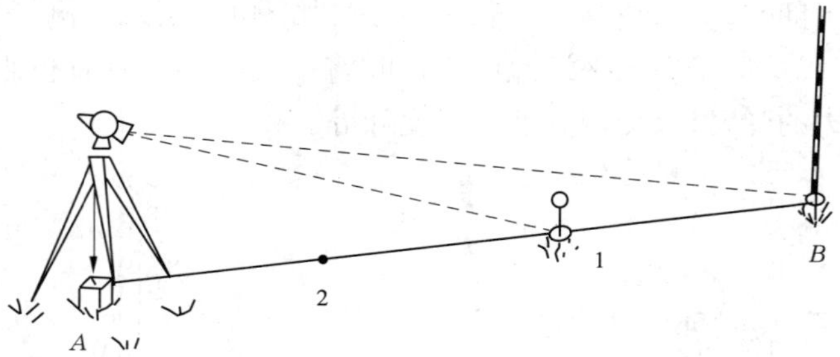

图 4-5　经纬仪定线

(二)平坦地面的距离丈量

丈量工作一般由两人进行,要求整尺段丈量。如图 4-6 所示,清除待量直线的障碍物后,在直线两端点 A、B 处竖立标杆,后尺手持钢尺的零端位于 A 点,前尺手持钢尺的末端和一组测钎沿 AB 方向前进,行至一个整尺段处停下。后尺手用手势指挥前尺手将钢尺拉在 AB 直线上,后尺手将钢尺的零点对准 A 点,当两人同时把钢尺拉紧,使钢尺基本水平后,前尺手在钢尺末端的整尺段长分划处竖直插下一根测钎(在水泥地面上丈量时,可以用粉笔在地面上画线做记号)得到 1 点,即量完一个尺段。前、后尺手抬尺前进,当后尺手到达插测钎或画记号处时停住,重复上述操作,量完第二尺段。后尺手拔起地面上的测钎,依次前进,直到量完 AB 直线的最后一段为止。

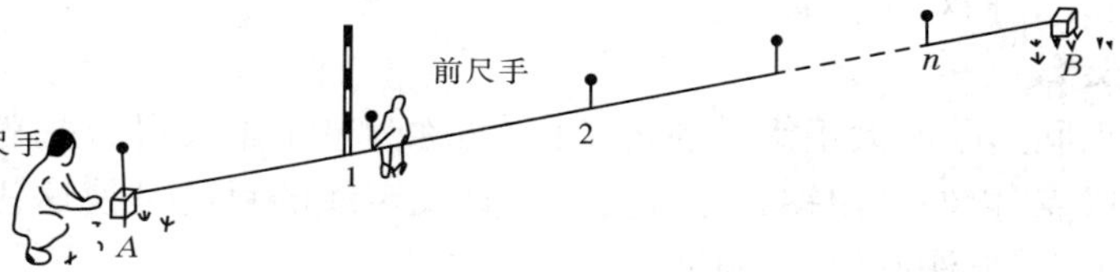

图 4-6　平地量距

最后一段距离一般不会刚好是整尺段的长度,称为余长。丈量余长时,前尺手在钢尺上读取余长值,则最后 A、B 两点间的水平距离为

$$D_{AB} = n \times \text{尺段长} + \text{余长} \tag{4-1}$$

式中　n——整尺段数(即所用测钎数)。

在平坦地面,钢尺沿地面丈量的结果就是水平距离。

为了防止丈量中发生错误和提高量距的精度,需要往、返丈量。上述为往测,返测时,要重新定线。往、返丈量距离较差的相对误差 K 为

$$K = \frac{|D_{AB} - D_{BA}|}{\frac{D_{AB} + D_{BA}}{2}} \tag{4-2}$$

K 值的大小反映距离的精度。在计算距离较差的相对误差时,一般化成分子为 1 的公式,相对误差的分母越大,说明量距的精度越高。对于平坦地区,钢尺量距的相对误差 K 一般不应大于 1/3 000;在量距较困难地区,其相对误差 K 不应大于 1/1 000。

【例 4-1】　用 30 m 的钢卷尺丈量 A、B 两点间的距离,往测水平距离 D_{AB} 为

194.418 m，返测水平距离 D_{BA} 为 194.376 m，则其相对误差 K 为多少？

解：

$$K=\frac{|194.418-194.376|}{\frac{194.418+194.376}{2}}\approx\frac{1}{4\ 600}$$

（三）倾斜地面的距离丈量

1. 平量法

沿倾斜地面丈量距离，当地势起伏不大时，可将钢尺拉平丈量。如图 4-7 所示，丈量由高处 A 点向低处 B 点进行，后尺手甲立于 A 点，指挥前尺手乙将尺拉在 AB 直线方向上。甲将尺的零端对准 A 点，乙将钢尺抬高，并且目估使钢尺水平，然后用垂球尖将尺段的末端投影到地面上，插上测钎。若地面倾斜较大，将钢尺抬平有困难时，可将一个尺段分成几个小段来平量。

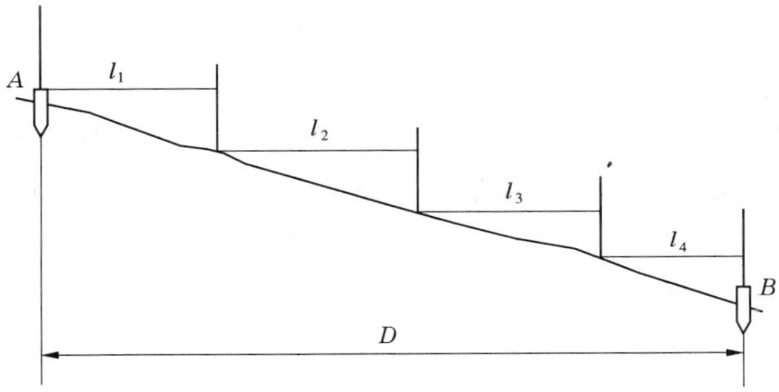

图 4-7　平量法

2. 斜量法

当倾斜地面的坡度比较均匀时，如图 4-8 所示，可以沿着斜坡丈量出 AB 的斜距 l，测出地面倾斜角 α 或两端点的高差 h，然后按下式计算 A、B 的水平距离 D_{AB}：

$$D_{AB}=l\cos\alpha=\sqrt{l^2-h^2} \qquad (4\text{-}3)$$

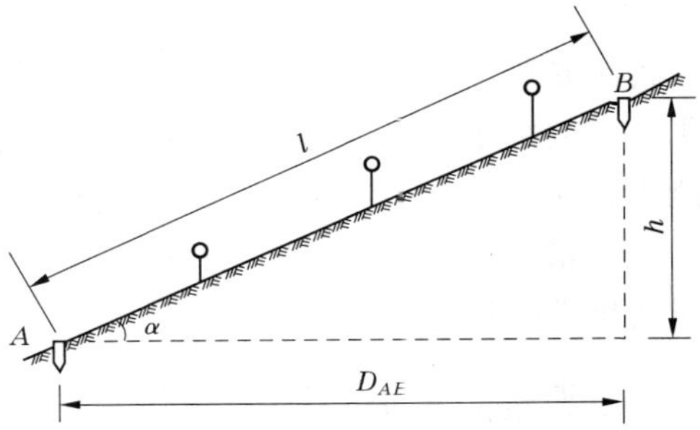

图 4-8　斜量法

三、钢尺量距的误差分析

一般方法量距，其相对误差只能达到 1/5 000 ~ 1/1 000。其丈量过程中产生的误差有以下几种。

（一）尺长误差

如果钢尺的名义长度与实际长度不符，则产生尺长误差。尺长误差是积累的，丈量的距离越长，误差越大。因此，新购置的钢尺必须经过检定，测出其尺长误差改正值。

（二）钢尺倾斜和垂曲误差

在高低不平的地面上采用钢尺水平法量距时，钢尺不水平或中间下垂而成曲线时，都会使量得的长度比实际要大。因此，丈量时必须注意钢尺水平；走向整尺段悬空时，中间要有人托住钢尺，否则会产生不容忽视的垂曲误差。

（三）定线误差

丈量时，钢尺没有准确地放在所量距离的直线方向上，使所量距离不是直线而是一组折线，造成丈量结果偏大，这种误差称为定线误差。丈量 30 m 的距离，当偏差为 0.25 m 时，量距偏大 1 mm。

（四）丈量误差

丈量时，在地面上标志尺端点位置处插测钎不准，前、后尺手配合不佳，余长读数不准等，都会引起丈量误差，这种误差对丈量结果的影响可正可负，大小不定。在丈量中要尽量做到对点准确，配合协调。

四、钢尺的维护

（1）钢尺易生锈，丈量结束后应用软布擦去尺上的泥和水，涂上机油，以防生锈。

（2）钢尺易折断，如果钢尺出现卷曲，切不可用力硬拉。

（3）丈量时，钢尺末端的持尺员应该用尺夹夹住钢尺后手握紧尺夹加力；没有尺夹时，可以用布或纱手套包住钢尺代替尺夹，切不可手握尺盘或尺架加力，以免将钢尺拖出。

（4）在行人和车辆较多的地区量距时，中间要有专人保护，以防钢尺被车辆碾压而折断。

（5）不准将钢尺沿地面拖拉，以免磨损尺面分划。

（6）收卷钢尺时，应按顺时针方向转动钢尺摇柄，切不可逆转，以免折断钢尺。

第二节　视距测量

视距测量是一种间接测距方法，它是利用望远镜内十字丝分划板上的视距丝及刻有厘米分划的视距标尺，根据光学原理同时测定两点间的水平距离和高差的一种快速方法。其测距相对误差为 1/300～1/200，远低于钢尺量距；测定高差的精度低于水准测量和三角高程测量。视距测量的平距和高差的计算原理与全站仪一样。视距测量广泛用于地形测量的碎部测量中。

一、视准轴水平时的视距计算公式

如图 4-9 所示，AB 为待测距离，在 A 点安置经纬仪，B 点竖立视距尺，设望远镜视线水平，瞄准 B 点的视距尺，此时视线与视距尺垂直。

图 4-9 中，p 为望远镜上、下视距丝的间距，l 为上、下视距丝在视距尺上的间距，f 为望远镜物镜焦距，δ 为物镜中心到仪器中心的距离。

由于$\triangle n'm'F \backsim \triangle NMF$，所以有

$$d = \frac{f}{p}l \tag{4-4}$$

由图 4-9 得

$$D = d + f + \delta = \frac{f}{p}l + f + \delta \tag{4-5}$$

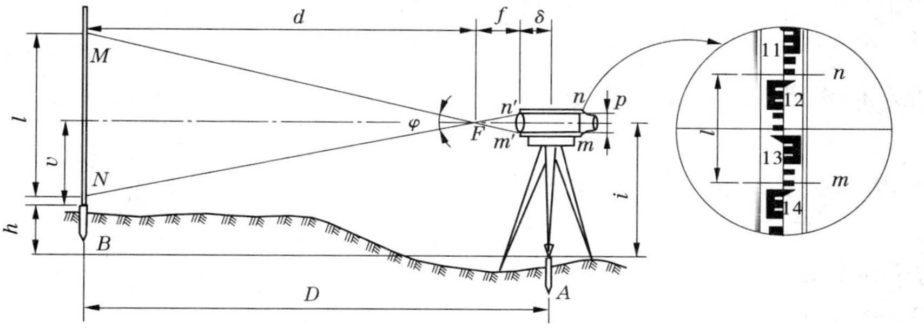

图 4-9　视线水平时视距测量

令 $K=\dfrac{f}{p}$, $C=f+\delta$,则有

$$D = Kl + C \tag{4-6}$$

式中　K、C——视距乘常数和视距加常数。

设计制造仪器时,通常使 $K=100$,C 接近于零。因此,视准轴水平时的视距计算公式为

$$D = Kl = 100l \tag{4-7}$$

如果用中丝在视距尺上读出读数 v,用小钢尺量出仪器高 i,则 A、B 两点的高差为

$$h = i - v \tag{4-8}$$

二、视准轴倾斜时的视距计算公式

如图 4-10 所示,当视准轴倾斜时,由于视线不垂直于视距尺,所以不能直接应用式(4-7)计算。由于 φ 角很小,约为 34′,所以 $\angle MO'M' \approx \alpha$,也即只要将视距尺绕与望远镜视线的交点 O'旋转 α 角后,如图 4-10 所示,就能与视线垂直,并有

$$l' = l\cos\alpha \tag{4-9}$$

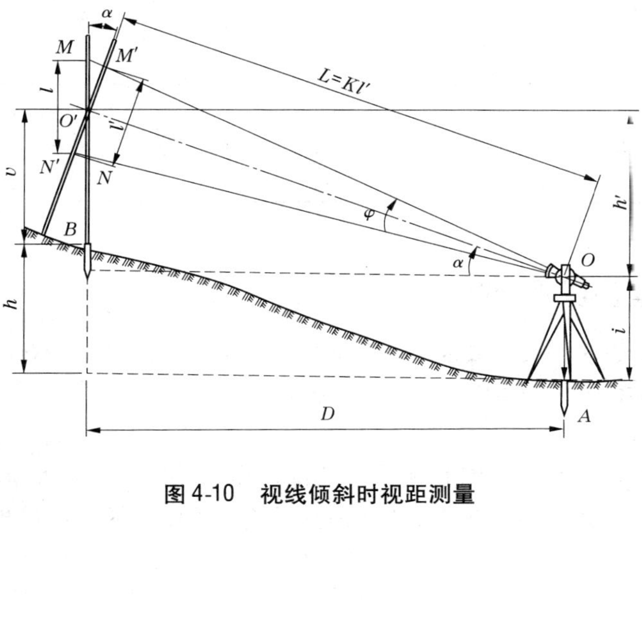

图 4-10　视线倾斜时视距测量

则望远镜旋转中心 O 与视距尺旋转中心 O' 的视距为

$$L = Kl' = Kl\cos\alpha \tag{4-10}$$

由此求得 A、B 两点间的水平距离为

$$D = L\cos\alpha = Kl\cos^2\alpha \tag{4-11}$$

设 A、B 两点间的高差为 h，由图 4-10 得

$$h = D\tan\alpha + i - v \tag{4-12}$$

式中 α——竖直角；

D——水平距离；

i——仪器高；

v——中丝读数。

三、视距测量方法

(1)将经纬仪安置在测站 A，对中整平，如图 4-10 所示。量取仪器高 i(量至厘米即可)。

(2)将视距尺立于 B 点处，观测者转动望远镜瞄准视距尺，依次读取下丝、上丝和中丝读数 v，填入记录表中。

(3)如果有竖盘指标水准管，调节竖盘指标螺旋，使竖盘指标水准管气泡居中。然后在中丝不变的情况下读取竖盘读数，填入记录表。

(4)根据公式对表格中的数据进行计算(见表 4-1)。

表 4-1 视距测量记录表

测站点名称 <u>A</u>　　测站点高程 <u>45.37 m</u>　　仪器高 <u>1.45 m</u>　　仪器型号 <u>DJ_6</u>

观测者________　　记录者______　　观测时间________

测点	下丝读数 上丝读数	视距间隔 l(m)	中丝读数 v(m)	竖盘读数 (° ′ ″)	竖直角 α (° ′ ″)	水平距离 (m)	高 差 (m)	测点高程 (m)
1	2.237 0.663	1.574	1.45	87 41 12	+2 18 48	157.14	+6.35	51.72
2	2.445 1.555	0.890	2.00	95 17 36	−5 17 36	88.24	−8.73	36.64

四、视距测量的误差分析

视距测量的主要误差来源有视距丝在标尺上的读数误差、标尺不竖直的误差、竖直角观测误差及大气折光影响误差等。

(一)读数误差

由于视距乘常数 $K=100$，因此视距丝的读数误差将扩大 100 倍影响所测距离。因此，在标尺上读数前，必须消除视差，读数时应十分仔细，并尽可能同时读取下丝、上丝

读数。

(二)标尺倾斜误差

标尺倾斜对测定水平距离的影响随视准轴竖直角的增大而增大。在山区测量时,要特别注意将标尺竖直。

(三)竖直角观测误差

竖直角观测误差在竖直角不大时对水平距离的影响较小,而主要影响高差。由于视距测量时通常是用竖盘的一个位置(盘左或盘右)进行观测,因此事先必须对竖盘的指标差进行检验和校正,使其尽可能小,或者在计算竖直角时加以改正。

(四)大气折光的影响误差

在进行视距测量时,不要使视线太贴近地面,在成像晃动剧烈或风力较大时,应停止观测。阴天且有微风是观测的最佳气象条件。

第三节 电磁波测距

电磁波测距(简称 EDM)是用电磁波作为载波传输测距信号以测量两点间距离的一种方法。与传统的钢尺量距和视距测量相比,EDM 具有测程长、精度高、作业快、工作强度低、几乎不受地形限制等优点。

一、电磁波测距仪的分类

电磁波测距仪按其所采用的载波可分为:①用微波段的无线电波作为载波的微波测距仪;②用激光作为载波的激光测距仪;③用红外光作为载波的红外测距仪。后两者又统称为光电测距仪。

电磁波测距仪按其测距的大小可分为短程、中程、远程测距仪。短程测距仪一般以红外光作为载波,测程为 3 km 以下;中程测距仪一般用红外光或激光作为载波,测程为 3 ~ 15 km;远程测距仪一般用激光或微波作为载波,测程为 15 km 以上。

二、光电测距仪(相位式)的基本原理

光电测距仪根据测定时间 t 的方式,分为直接测定时间的脉冲测距法和间接测定时间的相位测距法。高精度的测距仪一般采用相位式。

相位式光电测距仪的测距原理(见图 4-11)是:由光源发出的光通过调制器后,成为光强随高频信号变化的调制光。通过测量调制光在待测距离上往返传播的相位差 φ 来解算距离。

(一)测距原理

相位法测距相当于用"光尺"代替钢尺量距,而 $\lambda/2$ 为光尺长度。相位式测距仪中,相位计只能测出相位差的尾数 ΔN,测不出整周期数 N,因此对大于光尺的距离无法测定。为了扩大测程,应选择较长的光尺。为了解决扩大测程与保证精度的矛盾,短程测距仪上一般采用两个调制频率,即两种光尺。例如:长光尺(称为粗尺)f_1 = 150 kHz,$\lambda_1/2$ = 1 000 m,用于扩大测程,测定百米、十米和米;短光尺(称为精尺)f_2 = 15 MHz,$\lambda_2/2$ = 10

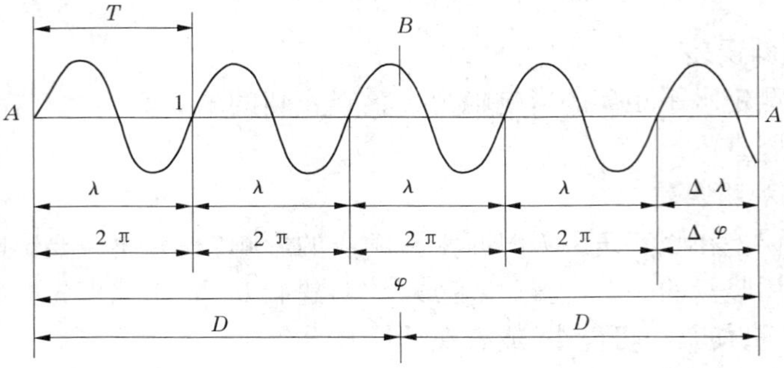

图 4-11 相位或光电测距仪的测距原理示意图

m,用于保证精度,测定米、分米、厘米和毫米。

【例 4-2】 一台测程为 1 km 的相位式光电测距仪中设置有 10 m 和 1 000 m 两个测尺,其对应的调制频率为 15 MHz 和 150 kHz。假设某段距离为 586.486 m,则用 1 000 m 的粗测尺测量的距离为

$$(\frac{1}{2}\lambda_s)_{粗} \times \Delta N_{粗} = 1\ 000 \times 0.587\ 1 = 587.1\ (m)$$

用 10 m 的精测尺测量的距离为

$$(\frac{1}{2}\lambda_s)_{精} \times \Delta N_{精} = 10 \times 0.648\ 6 = 6.486\ (m)$$

精、粗测尺测距结果的组合过程为 586.486 m。

精、粗测尺测距结果的组合过程由测距仪内的微处理器自动完成,并输送到显示窗显示,无须用户干涉。

(二)光电测距仪的标称精度

根据《中、短程光电测距规范》(GB/T 16818—1997)规定,测距仪出厂标称精度表达式为

$$m_D = \pm (A + B \times 10^{-6} \times D) \tag{4-13}$$

式中 m_D——测距中误差,mm;

A——仪器标称精度中的固定误差,mm;

B——仪器标称精度中的比例误差系数,mm/km;

D——被测距离。

三、光电测距仪及其使用方法

(一)仪器结构

主机通过连接器安置在经纬仪上部,经纬仪可以是普通光学经纬仪,也可以是电子经纬仪。利用光轴调节螺旋,可使主机的发射 - 接受器光轴与经纬仪视准轴位于同一竖直面内。另外,测距仪横轴到经纬仪横轴的高度与觇牌中心到反射棱镜的高度一致,从而使经纬仪瞄准觇牌中心的视线与测距仪瞄准反射棱镜中心的视线保持平行。

在使用光电测距仪进行精密测距时,必须在测线的另一端安置一个反射器(如

图 4-12所示)，使发射的调制光经它反射后，被仪器接收器接收。用做反射器的棱镜是用光学玻璃精细制作的四面锥体，如三个棱面互成直角而底面成三角形平面，三个互相垂直的面上镀银，作为反射面，另一平面是透射面。它对于任意入射角的入射光线，在反射棱镜的两个面上的反射是相等的，所以通常反射光线与入射光线是平行的。因此，在安置棱镜反射器时，要把它大致对准测距仪，对准方向偏离在20°以内，就能把发射出的光线经它折射后仍按原方向反射回去，使用十分方便。根据距离远近，可选用单棱镜(1 500 m 内)或三棱镜(2 500 m 内)，棱镜安置在三脚架上，根据光学对中器和长水准管进行对中整平。

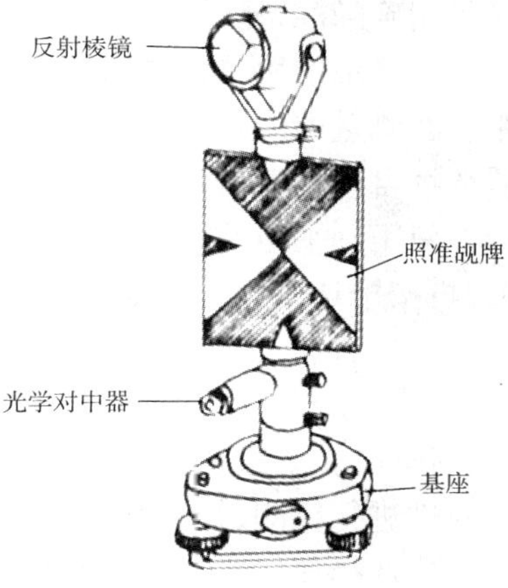

图 4-12　反射棱镜及觇牌

(二)仪器主要技术指标及功能

南方测绘公司生产的 ND3000 短程红外光电测距仪的最大测程为 2 500 m，测距精度可达 $\pm(3\ \text{mm}+2\times10^{-6}\times D)$(其中 D 为所测距离)；最小读数为 1 mm；仪器设有自动光强调节装置，在复杂环境下测量时也可人工调节光强；可输入温度、气压和棱镜常数自动对结果进行改正；可输入垂直角自动计算出水平距离和高差；可通过距离预置进行定线放样；若输入测站坐标和高程，可自动计算观测点的坐标和高程。测距方式有正常测量和跟踪测量，其中正常测量所需时间为 3 s，还能显示数次测量的平均值；跟踪测量所需时间为 0.8 s，每隔一定时间间隔自动重复测距。

(三)仪器操作与使用

(1)安置仪器：如图 4-13 所示，先在测站上安置好经纬仪，对中、整平后，将测距仪主机安装在经纬仪支架上，用连接器固定螺丝锁紧，将电池插入主机底部、扣紧。在目标点安置反射棱镜，对中、整平，并使镜面朝向主机。

(2)观测竖直角、气温和气压：用经纬仪十字横丝照准觇板中心，测出竖直角 α。同时，观测和记录温度与气压计上的读数。观测竖直角、气温和气压，目的是对测距仪测量出的斜距进行倾斜改正、温度改正和气压改正，以得到正确的水平距离。

(3) 测距准备：按电源开关键“PWR”开机，主机自检并显示原设定的温度、气压和棱镜常数值，自检通过后将显示“good”。

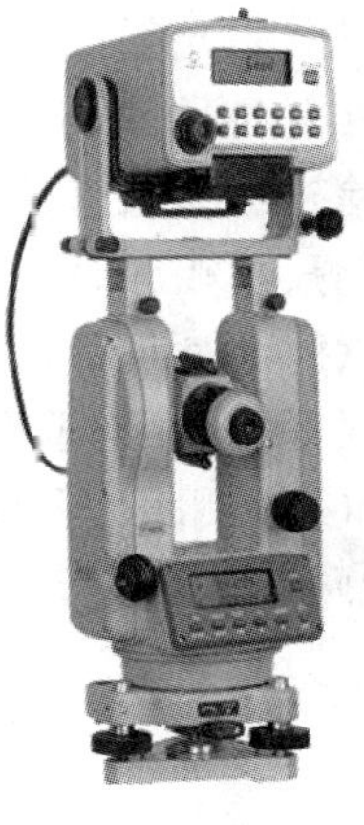
图 4-13　测距仪与电子经纬仪连接

若修正原设定值，可按“TPC”键后输入温度、气压值或棱镜常数(一般通过“ENT”键和数字键逐个输入)。一般情况下，只要使用同一类的反光镜，棱镜常数不变，而温度、气压每次观测均可能不同，需要重新设定。

(4) 距离测量：调节主机照准轴水平调整手轮(或经纬仪水平微动螺旋)和主机俯仰微动螺旋，使测距仪望远镜精确瞄准棱镜中心。在显示“good”状态下，精确瞄准也可根据蜂鸣器声音来判断，信号越强声音越大，上下左右微动测距仪，使蜂鸣器的声音最大，便完成了精确瞄准,显示“ * ”。

精确瞄准后,按“MSR”键,主机将测定并显示经温度、气压和棱镜常数改正后的斜距。在测量中,若光速受挡或大气抖动等,测量将暂被中断,此时“ * ”消失,待光强正常后继续自动测量;若光束中断 30 s,须光强恢复后,再按“MSR”键重测。

斜距到平距的改算,一般在现场用测距仪进行,方法是:按“V/H”键后输入竖直角值,再按“SHV”键显示水平距离。连续按“SHV”键可依次显示斜距、平距和高差。

四、光电测距的注意事项

作业前,要根据需要的充电时间为电池充电,并按规范规定的项目,对测距仪及其主要附件进行检测,符合要求方可作业。

要选择良好的气象条件和有利的观测时间进行测距作业。操作要求如下:

(1)测距应在大气稳定和成像清晰的气象条件下进行,雾、雨、雪天和大气透明度很差情况下不应作业。

(2)在测距过程中,当遇大风或大气湍流影响严重时,应停止观测。

(3)在平原或丘陵地区,晴天无云雾时,各等级测距的最佳时间是上午日出后 0.5 h 至 1.5 h,下午日落前 3 h 至 0.5 h。而在山地沟通谷地区则应选在下午日落前的时间观测。阴天、有微风可以全天观测。

(4)测线应尽量离开地面障碍物 1.3 m 以上,避免通过发热体和较宽水面的上空。

(5)测线应避开强电磁场干扰的地方,例如测线不宜接近变压器、高压线等。

(6)镜站的后面不应有反光镜和其他强光源等背景的干扰。

(7)要严防阳光及其他强光直射接收物镜,避免光线经镜头聚焦进入机内,将部分元件烧坏,阳光下作业应撑伞保护仪器。

(8)测距仪与反射镜必须配套使用。更换反射镜时,必须重新测定仪器的加、乘常数,检查经纬仪望远镜光轴和测距仪光轴间的距离,与反射镜中心到觇标中心间的距离是否相等,不相等时,应进行校正或考虑测距结果的修正。

(9)测距时,宜根据测程范围采用规定的反射棱镜个数。

(10)测距时应暂停无线电通话,以免干扰测距。

(11)测距作业前应预先打开温度计,待 10 min 后方能正式读数。在测量前后,应在测线两端点上测定温度和气压数据。等外控制各类边长,可只在测站上测定。

第四节　直线定向

确定直线方向与标准方向之间的关系称为直线定向。在测量工作中以子午线方向为标准方向。子午线分真子午线、磁子午线和轴子午线三种。

一、标准方向分类

(1)真子午线方向——地面上任一点在其真子午线处的切线方向。

(2)磁子午线方向——地面上任一点在其磁子午线处的切线方向。

(3)轴子午线（坐标纵轴）方向——地面上任一点与其高斯平面直角坐标系或假定坐标系的坐标纵轴平行的方向。

二、方位角(Azimuth)

(一)定义

由子午线北端顺时针方向量到测线上的夹角,称为该直线的方位角。其范围为 0° ~ 360°。

(二)分类

(1)真方位角:以真子午线方向为标准方向(简称真北)的方位角称为真方位角,用 A 表示。

(2)磁方位角 :以磁子午线方向为标准方向(简称磁北)的方位角称为磁方位角,用 A_m 表示。

(3)坐标方位角 :以坐标纵轴方向为标准方向(简称轴北)的方位角称为坐标方位角,以 α 表示。

(三)几种方位角之间的关系

1. 真方位角与磁方位角之间的关系

过地面上某点的真子午线方向与磁子午线方向常不重合,两者之间的夹角称为磁偏角,如图 4-14 中的 δ。磁针北端偏向真子午线以东称东偏,δ 为正,偏向真子午线以西称西偏,δ 为负。

直线的真方位角与磁方位角之间可用下式进行换算:

$$A = A_m + \delta$$

式中的 δ 值,东偏取正值,西偏取负值。我国磁偏角的变化为 -10° ~ +6°。

2. 坐标方位角与真、磁方位角之间的关系

如图 4-15 所示,地面点 M 、N 两点的真子午线方向与中央子午线之间的夹角,称为子午线收敛角,用 γ 表示。γ 角有正有负。在中央子午线以东地区,各点的坐标纵轴偏在真子午线的东边,γ 为正值;在中央子午线以西地区,γ 为负值。

(1)坐标方位角 α 与真方位角 A 之间的关系:

$$A_{MN} = \alpha_{MN} + \gamma$$

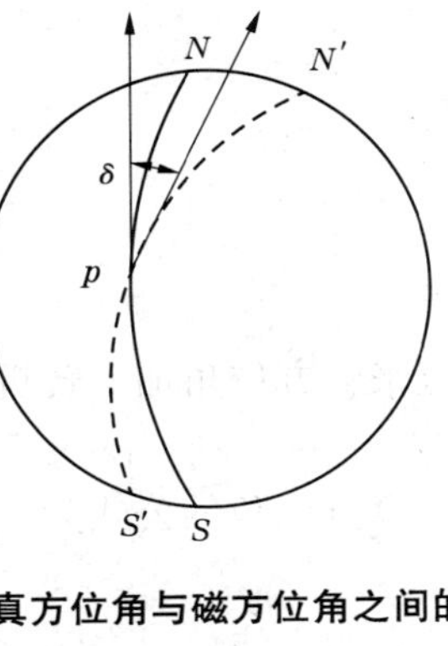

图 4-14　真方位角与磁方位角之间的关系

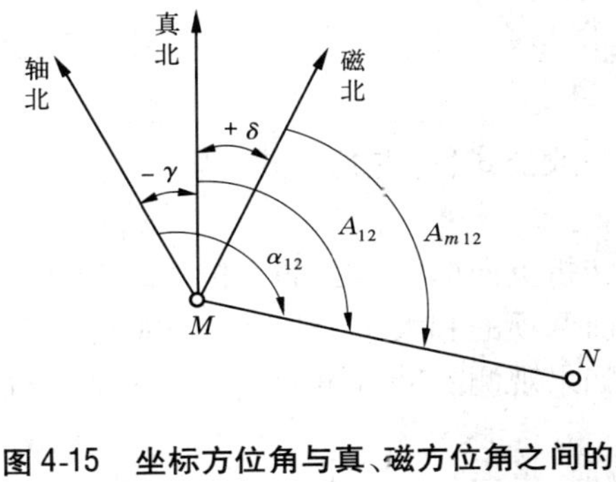

图 4-15　坐标方位角与真、磁方位角之间的关系

(2)坐标方位角与磁方位角的关系。若已知某点的磁偏差 δ 与子午线收敛角 γ，则坐标方位角 α 与磁方位角 A_m 之间的换算式为

$$\alpha = A_m + \delta - \gamma$$

(四)正反坐标方位角

每条直线段都有两个端点，若直线段从起点 A 到终点 B 为直线的前进方向，则在起点 A 处的坐标方位角 α_{AB} 为正方位角，在终点 B 处的坐标方位角为反方位角。从图 4-16 中可看出同一直线段的正、反坐标方位角相差为 180°。即

$$\alpha_{AB} = \alpha_{BA} \pm 180° \tag{4-14}$$

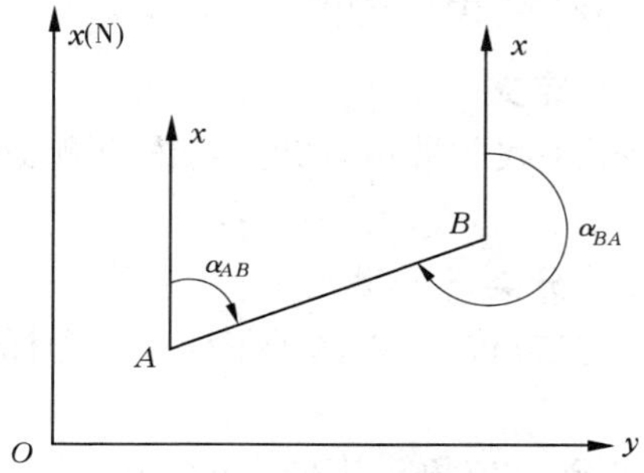

图 4-16　正反坐标方位角示意图

【例 4-3】　已知 $\alpha_{CD} = 78°20'24''$，$\alpha_{JK} = 326°12'30''$。求 α_{DC}、α_{KJ}。

解：$\alpha_{DC} = 258°20'24''$，　$\alpha_{KJ} = 146°12'30''$。

(五)坐标方位角的推算

在独立测区，通常只测定起始边的方位角，其他各边的方位角则根据相关的水平角进行推算。

如图 4-17 所示，从 A 至 4 是一条折线。设已知起始边 AB 的方位角为 α_{AB}，并在转折点 B、1 用经纬仪观测了折线（从 A 到 1）左边的水平角 β_{AB1}、β_{B12}(β_{AB1}、β_{B12} 又称为左角)，则由图 4-17 可以看出，$B1$ 边和 12 边的方位角为

$$\alpha_{B1} = \alpha_{BA} - \beta_{1BA} = (\alpha_{AB} + 180°) - (360° - \beta_B) = \alpha_{AB} + \beta_B - 180°$$

$$\alpha_{12} = \alpha_{1B} - \beta_{21B} = \alpha_{B1} + 180° - \beta_{21B} = \alpha_{B1} + \beta_1 - 180°$$

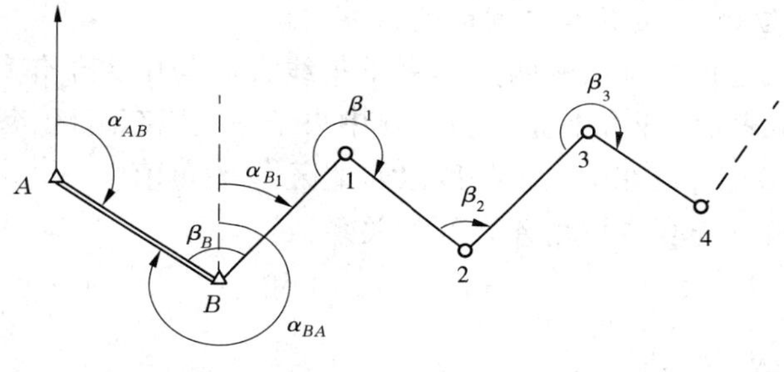

图 4-17　坐标方位角的推算

一般公式(即左角公式)为

$$\alpha_{前} = \alpha_{后} + \beta_{左} \pm 180° \tag{4-15}$$

即从转折点向前一点去的方位角，等于从后一点到转折点来的方位角加上转折点的左角；如果前两项的和大于 180°则减 180°，反之，加 180°。

如果观测的转折角为 β_{1BA}、β_{21B}(称为右角)，则右角推算方位角的公式为

$$\alpha_{前} = \alpha_{后} - \beta_{右} \pm 180° \tag{4-16}$$

即从转折点向前一点去的方位角，等于从后一点到转折点来的方位角减去转折点的左角；

如果前两项的和大于 180°则减 180°，反之，加 180°。

三、方位角测量

真方位角——可用天文观测方法或用陀螺经纬仪来测定。

磁方位角——可用罗盘仪(Compass)来测定，不宜作精密定向。

坐标方位角——由两个已知点坐标经坐标反算求得。

第五节　平面坐标的正反算

一、平面坐标正算

根据已知点到未知点的水平距离和方位角计算未知点平面直角坐标的方法称为坐标正算。

如图 4-18 所示，设 A 点的坐标 x_A、y_A 已知，测得 A、B 两点间的水平距离为 D_{AB}，坐标方位角为 α_{AB}，则 B 点的坐标 x_B、y_B 可用下列公式计算：

$$\left.\begin{aligned}\Delta x_{AB} &= D_{AB}\cos\alpha_{AB}\\ \Delta y_{AB} &= D_{AB}\sin\alpha_{AB}\\ x_B &= x_A + \Delta x_{AB}\\ y_B &= y_A + \Delta y_{AB}\end{aligned}\right\}\qquad(4\text{-}17)$$

式中　Δx_{AB}、Δy_{AB}——A 点到 B 点的纵、横坐标增量。

Δx_{AB}、Δy_{AB}的符号分别由 α_{AB}的余弦、正弦函数确定。

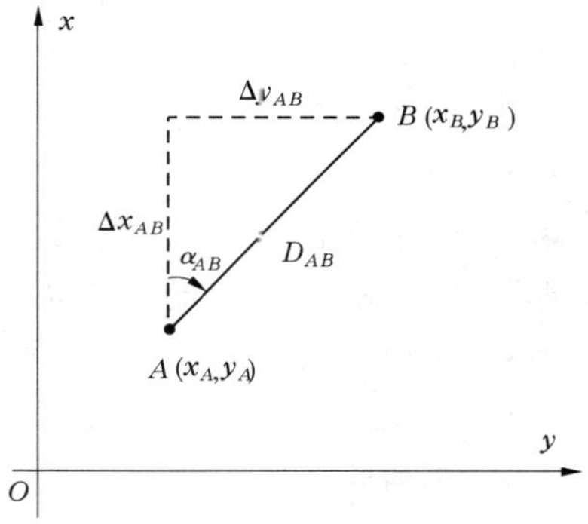

图 4-18　坐标的正、反算

二、平面坐标反算

根据两点的平面直角坐标，反过来计算它们之间水平距离和方位角的方法，称为坐标反算。

在图 4-18 中，假定 A、B 两点的坐标已知，则方位角 α_{AB}和距离 D_{AB}可按下列公式计算。

(1)计算坐标增量 Δx_{AB}、Δy_{AB}：

$$\left.\begin{aligned}\Delta x_{AB} &= x_B - x_A\\ \Delta y_{AB} &= y_B - y_A\end{aligned}\right\}\qquad(4\text{-}18)$$

(2)计算象限角 R_{AB}：以直线端点的子午线北端或南端起算，量至直线的锐角，称为该直线的象限角，常用 R 表示。

$$R_{AB} = \arctan\frac{|\Delta y_{AB}|}{|\Delta x_{AB}|}\qquad(4\text{-}19)$$

(3)计算方位角 α_{AB}：根据 Δx_{AB}、Δy_{AB} 的符号，按表 4-2 中所列确定 R_{AB} 所在的象限，并以相应的公式计算方位角 α_{AB}。

表 4-2　坐标方位角和象限角换算表

Δx_{AB}	Δy_{AB}	R_{AB} 所在象限	α_{AB} 计算公式
+	+	Ⅰ	$\alpha_{AB} = R_{AB}$
−	+	Ⅱ	$\alpha_{AB} = 180° - R_{AB}$
−	−	Ⅲ	$\alpha_{AB} = 180° + R_{AB}$
+	−	Ⅳ	$\alpha_{AB} = 360° - R_{AB}$

(4)计算水平距离 D_{AB}：

$$D_{AB} = \sqrt{\Delta x_{AB}^2 + \Delta y_{AB}^2} \tag{4-20}$$

习　题

4-1　测量上常用的测量方法主要有哪几种？

4-2　“三北”方向指的是哪几个方向？

4-3　坐标方位角是如何定义的？

4-4　视距测量的精度如何？

4-5　如何推算直线方位角？

第五章　测量误差的基本知识

第一节　测量误差概述

一、测量误差的概念

在实际测量中，不管使用多么精密的测量仪器，也无论观测者多么细心，对同一个量进行多次观测，其结果往往有差异。例如，对一个角、一段距离或者两点间高差进行多次观测，会发现每次测量的结果通常都不一致；又如对三角形三个内角进行观测，每次测得的内角和通常也不会恰好等于180°。但是只要不出现错误，每次的观测结果是非常接近的，它们的值与所观测量的真值相差无几。我们把观测值与其真值或应有值之间的差异称为真误差，即

$$真误差 = 观测值 - 真值$$

在实际工作中，人们往往要对一未知量在相同条件下进行若干次观测，去检查观测中是否有错误，以及根据误差的大小来判定结果的可靠程度。一般来说，误差是不可避免的，但可研究观测误差的来源及其规律，采取各种措施来减小误差的影响。

二、测量误差的来源

由于任何测量都是由人操作仪器工具在一定条件下进行的，因此测量误差的产生可归纳为三方面原因：

(1)仪器误差。测量工作主要是利用测量仪器来进行的，而仪器的制造和校正不可能十分完善，如仪器各种轴线之间的几何关系不完全满足要求，尽管经过了检验和校正，但仍然有残余误差。另外，不同类型的仪器有着不同的精度，使用不同精度的仪器引起的误差大小也不相同，因而使观测值的精度受到一定的影响，不可避免地存在误差。

(2)观测误差。人们的感官(视觉)有一定的局限性，在仪器的操作过程中会给测量成果带来误差。同时，在观测过程中操作的熟练程度、习惯都有可能给测量成果带来误差。

(3)外界条件的影响。外界条件，如温度、亮度、湿度、风力和气压等是随时变化的，这些因素都会影响测量的结果，带来一定的误差。

综上所述，任何测量工作都会受到以上三方面的影响，我们把这三方面的因素综合起来称为观测条件。

在测量过程中，有时还会出现粗差，亦称过失或错误。例如，钢尺丈量距离时读错钢尺上注记的数字或记错整尺段。粗差是由观测者粗心大意造成的，这在测量中是绝对不允许的，而测量中的误差则是不可避免的。要严格区分误差和粗差的界限。

三、测量误差的分类

根据测量误差的性质，可将测量误差分为系统误差和偶然误差两类。

（一）系统误差

在相同的观测条件下对某一量进行一系列观测，如果观测误差在大小或符号上表现出系统性，按一定的规律变化，这种误差称为系统误差。产生系统误差的原因很多，主要是使用的仪器不够完善及外界条件所引起的。例如，尺长误差 Δ_l 的存在，使每量一尺段距离就会产生一个 Δ_l 的误差，量的尺段越多误差的积累也就越大。又如，水准测量中所用的水准仪的水准管轴不严格平行于视准轴，使尺上读数总是偏大或偏小，水准仪到水准尺距离越远误差也就越大。这些都会使观测值带有系统误差。

系统误差具有积累性，不能相互抵消，因而对观测结果的影响较大。在找到了系统误差的规律之后，可以采取一定的方法加以消除或减小。例如，水平角测量中经纬仪的视准轴与横轴、横轴与竖轴不垂直的误差可以用盘左、盘右两个位置观测水平角取平均值加以消除；三角高程测量中地球曲率和大气折光对高差的影响可以采用正觇、反觇加以消除。但也有一些系统误差无法消除，则应通过细心操作使其减小到最低限度。

（二）偶然误差

在相同的条件下对某一量进行一系列的观测，如果观测误差在大小和符号上都表现出偶然性，即误差的大小不等，符号不同，但总体又服从于一定的统计规律，这种误差称为偶然误差，也叫随机误差。

产生偶然误差的原因很多，如仪器精度的限制、环境的影响、人们的感觉器官的局限等。例如，距离测量和水准测量中在尺子上估读末位数字总是忽高忽低，水平角观测中对中误差、瞄准误差、读数误差都是偶然误差。观测中应力求使偶然误差减小到最低限度，但是偶然误差必定客观存在着。

在观测中偶然误差和系统误差是同时产生的，当对系统误差采取了适当的方法加以消除或减小以后，决定观测精度的关键就是偶然误差。所以，在测量误差理论中主要是讨论偶然误差。如何处理这些带有偶然误差的观测值，求出其最可靠的结果，并分析观测值的可靠程度是本章要解决的问题。

第二节　偶然误差的特性

偶然误差就其单个误差的大小和符号而言是没有规律的，但在相同条件下对某量进行多次观测，就会发现所得到的大量偶然误差呈现出一定的规律性，并且误差的个数越多，这种规律越明显。下面通过实例说明其规律性。

在相同的条件下独立地观测了 358 个三角形的全部内角，由于观测值中存在偶然误差，三角形的三个内角观测值之和不等于理论值 180°。设三角形内角和的真值为 x，三角形内角和的观测值为 L_i，则观测值与真值 x 之差称为真误差 Δ_i，用下式计算：

$$\Delta_i = L_i - x \tag{5-1}$$

由式(5-1)计算出 358 个三角形内角之和的真误差，将 358 个真误差取误差区间

$d\Delta=3''$，并按其绝对值大小排列于表 5-1 中。从表 5-1 中可以看出，该组误差分布呈现如下规律：小误差比大误差出现的机会多，绝对值相等的正、负误差出现的个数相近，最大误差不超过一定限值。大量的试验统计结果表明，偶然误差具有如下特性。

表 5-1　三角形内角和真误差分布表

误差区间 $d\Delta('')$	负误差		正误差		总和	
	个数 k	频率 k/n	个数 k	频率 k/n	个数 k	频率 k/n
0～3	45	0.126	46	0.128	91	0.254
3～6	40	0.112	41	0.115	81	0.227
6～9	33	0.092	33	0.092	66	0.184
9～12	23	0.064	21	0.059	44	0.123
12～15	17	0.047	16	0.045	33	0.092
15～18	13	0.036	13	0.036	26	0.072
18～21	6	0.017	5	0.014	11	0.031
21～24	4	0.011	2	0.006	6	0.017
24 以上	0	0	0	0	0	0
总计	181	0.505	177	0.495	358	1.000

(1)有界性：在一定观测条件下的有限次观测值中，偶然误差的绝对值不超过一定的界限。

(2)集中性：绝对值小的误差比绝对值大的误差出现的机会多。

(3)对称性：绝对值相等的正、负误差出现的机会大致相等。

(4)抵消性：当观测次数无限增多时，偶然误差的算术平均值趋近于零。即

$$\lim_{n\to\infty}\frac{\Delta_1+\Delta_2+\cdots+\Delta_n}{n}=\lim_{n\to\infty}\frac{[\Delta]}{n}=0 \tag{5-2}$$

式中　$[\Delta]$——取括号中数值的代数和。

为了更直观形象地表示偶然误差的上述特性，以偶然误差的大小为横坐标，以其相应出现在误差区间的误差相对个数为纵坐标建立坐标系并绘图，该图称为直方图，用直方图的形式来表示误差分布情况。图 5-1 形象地表示了该组误差的分布情况。当误差个数 $n\to\infty$ 时，如果把误差间隔 $d\Delta$ 无限缩小，则图 5-1 中的各长方形顶点折线就变成了一条光滑的曲线，如图 5-2 所示。该曲线称为误差分布曲线，即正态分布曲线。图中曲线形状越陡峭，表示误差分布越密集，观测质量越高；曲线越平缓，表示误差分布越离散，观测质量越低。

误差分布曲线的方程为

$$f(\Delta)=\frac{1}{\sqrt{2\pi}\sigma}e^{-\frac{\Delta^2}{2\sigma^2}} \tag{5-3}$$

式中　π——圆周率；

e——自然对数的底；

σ——标准偏差。

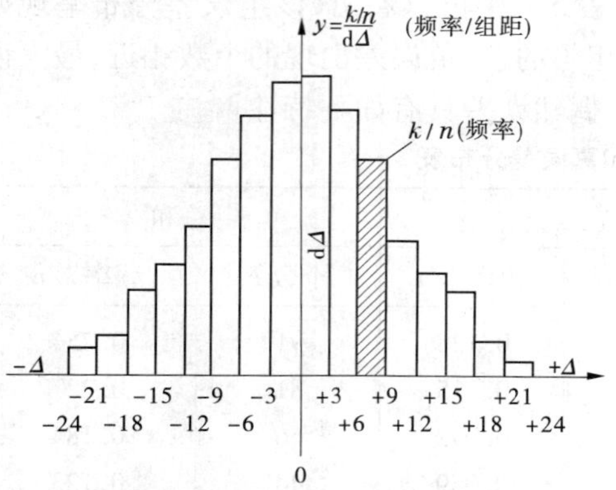

图 5-1 直方图

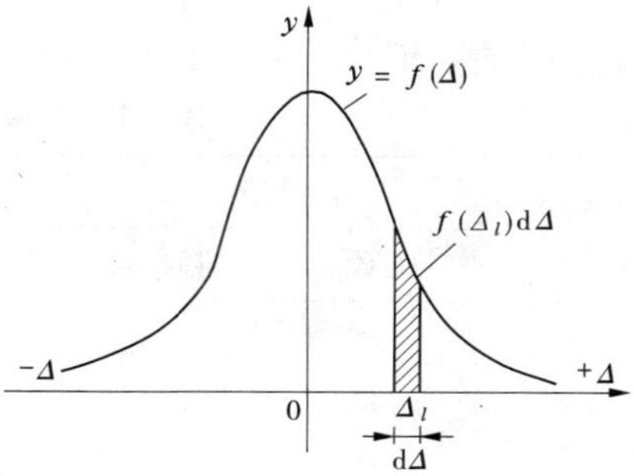

图 5-2 误差分布曲线

从正态分布图中可以看出,曲线中间高、两端低,表明小误差出现的可能性大,大误差出现的可能性小;曲线对称,表明绝对值相等的正、负误差出现的机会均等;曲线以横轴为渐近线,即最大误差不会超过一定限值。

第三节 衡量精度的标准

所谓精度,就是指误差分布的密集或离散的程度。在实际测量工作中,有些测量成果可以直接观测来获得,但有些测量成果是由其他观测值间接计算出来的。无论是直接的还是间接的,都必须建立一个统一的衡量精度标准来衡量测量成果的精度。下面介绍衡量精度的常用标准。

一、中误差

在一定条件下,对某一量进行 n 次观测,各观测值真误差平方和的平均值的平方根,称为中误差,以 m 表示,即

$$m=\pm\sqrt{\frac{\Delta_1^2+\Delta_2^2+\cdots+\Delta_n^2}{n}}=\pm\sqrt{\frac{[\Delta\Delta]}{n}} \tag{5-4}$$

观测值中误差 m 不是个别观测值的真误差,它与各真误差的大小有关,它描述了这一组真误差的离散程度,突出了较大误差与较小误差之间的差异,使较大误差对观测结果的影响表现出来,因而它是衡量观测精度的可靠标准。

【例 5-1】 有两个测量组对某个已知值的角度同时进行了 5 次观测,各次观测的真误差分别为:A 组 $-4''$、$-3''$、$0''$、$+2''$、$+4''$;B 组 $-6''$、$-1''$、$0''$、$+1''$、$+5''$。试评价这两组的测量精度。

解:若直接评价 A、B 两组的测量精度是难以说明的,若计算出两组中误差就可以说明问题:

$$m_A=\pm\sqrt{\frac{(-4'')^2+(-3'')^2+(0'')^2+(2'')^2+(4'')^2}{5}}=\pm3.0''$$

$$m_B = \pm\sqrt{\frac{(-6'')^2+(-1'')^2+(0'')^2+(1'')^2+(5'')^2}{5}} = \pm 3.5''$$

因为 $m_A < m_B$，说明 A 组的观测精度比 B 组高。因此，中误差较小则精度高，反之精度低。

在测量中假设一次测量的偶然误差正好为 0，也不能说明精度就很高，它的精度仍是相同条件下的中误差精度。例如，一次观测三角形三个内角和正好是 180°，并不能说明观测各角精度就高，只是各内角的偶然误差有抵消偶然为 0 而已。

二、极限误差

中误差是反映误差分布的密集或离散程度的，不是代表个别误差大小的，因此要衡量某一观测值的质量，决定其取舍，还要引入极限误差的概念。极限误差又称允许误差，简称限差，是一定观测条件下规定的测量误差的限值。在观测中，由于各种因素的影响，偶然误差的存在是不可避免的；但根据偶然误差的特性，它的绝对值不会超过一定界限。从大量的测量实践得出，在一组等精度测量的误差中，绝对值超过 1 倍中误差的偶然误差的几率为 32%，超过 2 倍的几率为 4.5%，超过了 3 倍的仅为 0.3%。因此，在有限的观测次数中，大于 3 倍中误差的偶然误差基本不会出现。所以，通常以 3 倍中误差作为偶然误差的极限值，即

$$\Delta_{限} = 3m \tag{5-5}$$

当要求较高时，也常采用 2 倍中误差作为极限误差：

$$\Delta_{限} = 2m \tag{5-6}$$

在测量规范中，对每次测量工作，根据所用的仪器和测量方法，分别规定了相应的允许误差，如果观测值的误差超过了允许误差，成果质量就不合要求，必须进行重测，这是测量工作必须遵守的准则。

三、相对误差

在测量工作中，有时不能用绝对误差的大小来说明测量精度的高低。例如，分别丈量了 1 000 m 和 200 m 两段距离，中误差均为 ±0.2 m，不能说两段距离的丈量精度相同。因为误差大小和各自的长度有关，所以必须采用另一种标准来衡量，这就是相对误差。即

$$K = \frac{|m|}{D} = \frac{1}{M} \tag{5-7}$$

相对误差等于观测值中误差的绝对值与观测值之比，用分子为 1 的形式表示。例如上例中，两者的相对误差分别为 0.2/1 000 = 1/5 000，0.2/200 = 1/1 000。说明前者比后者精度高。

第四节　误差传播定律

在实际工作中，有些未知量并不是直接测定的，而是用直接观测值通过一定的函数关系式计算出来的，这些量称为间接观测值。间接观测值是直接观测值的函数。直接观测

值的误差必然会传递给间接观测值。本节主要研究观测值中误差与其函数的中误差之间的传播关系,阐述观测值中误差与函数值中误差之间的关系的定律,称为误差传播定律。下面我们对几种函数形式分别加以讨论。

一、观测值的和或差的函数中误差

设有函数:

$$z = x \pm y \tag{5-8}$$

式中 z 是 x、y 的和或差的函数,x、y 为独立观测值,已知它们的中误差为 m_x、m_y,现在求 z 的中误差 m_z。

设 x、y、z 的真误差分别为 Δ_x、Δ_y、Δ_z,由式(5-8)可以得出

$$\Delta_z = \Delta_x \pm \Delta_y$$

当对 x、y 均观测了 n 次,则有

$$\Delta_{z_i} = \Delta_{x_i} \pm \Delta_{y_i} \qquad (i = 1,2,\cdots,n)$$

将上式平方,得

$$\Delta_{z_i}^2 = \Delta_{x_i}^2 + \Delta_{y_i}^2 \pm 2\Delta_{x_i}\Delta_{y_i}$$

按上式求和,并除以 n,得

$$\frac{[\Delta_z^2]}{n} = \frac{[\Delta_x^2]}{n} + \frac{[\Delta_y^2]}{n} \pm 2\frac{[\Delta_x\Delta_y]}{n} \tag{5-9}$$

由于 Δ_x、Δ_y 均为偶然误差,其乘积 $\Delta_x\Delta_y$ 也都是偶然误差。根据偶然误差的特性,当 n 趋近于无穷大时,则

$$\lim_{n\to\infty}\frac{[\Delta_x\Delta_y]}{n} = 0$$

又从中误差定义得到

$$m_z^2 = \frac{[\Delta_z^2]}{n};m_x^2 = \frac{[\Delta_x^2]}{n};m_y^2 = \frac{[\Delta_y^2]}{n}$$

所以

$$m_z^2 = m_x^2 + m_y^2$$

则

$$m_z = \pm\sqrt{m_x^2 + m_y^2} \tag{5-10}$$

即两观测值和或差的中误差,等于观测值中误差的平方和的平方根。

如果函数 z 不是一组观测值,而是 n 个观测值的和或差,即

$$z = x_1 \pm x_2 \pm \cdots \pm x_n$$

根据前面的推导方法,可得出 z 的中误差为

$$m_z^2 = m_{x_1}^2 + m_{x_2}^2 + \cdots + m_{x_n}^2$$

$$m_z = \pm\sqrt{m_{x_1}^2 + m_{x_2}^2 + \cdots + m_{x_n}^2} \tag{5-11}$$

即 n 个观测值代数和(差)的中误差,等于 n 个观测值中误差的平方和的平方根。

在等精度观测条件下,其观测值的中误差均为 m,则有

$$m_z = m\sqrt{n} \tag{5-12}$$

例如用长为 L 的卷尺量距,共丈量了 n 个尺段,每段量距的中误差都为 m_i,求全长 S

的中误差 m_s。

$$S = l_1 + l_2 + \cdots + l_n$$

$$m_s = m_i \sqrt{n}$$

应该指出：本例不能采用 $S = nL$ 计算，因为共有 n 个尺段，而每个尺段都是一个独立观测值。

在水准测量中为了求得 A、B 两点的高差，在 A、B 之间经过 n 站，各站观测高差之和即为 A、B 两点间高差，即

$$h_{AB} = h_1 + h_2 + \cdots + h_n$$

而每站高差的误差 $m_{站}$ 是同精度的，因此

$$m_{h_{AB}} = m_{站}\sqrt{n} \tag{5-13}$$

即水准测量高差的中误差与测站数的平方根成正比。

同理，水准测量高差的中误差与距离 S 的平方根成正比。

二、观测值倍数函数的中误差

设函数为

$$z = kx \tag{5-14}$$

式中：x 为观测值，中误差为 m_x；k 为常数；z 为观测值的函数，其中误差 m_z，则设 x 和 z 的真误差分别为 Δ_x 和 Δ_z。由式(5-14)可以知道 Δ_x 和 Δ_z 的关系为

$$\Delta_z = k\Delta_x$$

若对 x 共观测了 n 次，则

$$\Delta_{z_i} = k\Delta_{x_i} \quad (i = 1,2,\cdots,n)$$

将上式平方，得

$$\Delta_{z_i}^2 = k^2\Delta_{x_i}^2 \quad (i = 1,2,\cdots,n)$$

按上式求和，并除以 n 得

$$\frac{[\Delta_z^2]}{n} = \frac{k^2[\Delta_x^2]}{n} \tag{5-15}$$

按中误差定义可知

$$m_z^2 = \frac{[\Delta_z^2]}{n}$$

$$m_x^2 = \frac{[\Delta_x^2]}{n}$$

式(5-15)可以写为

$$m_z^2 = k^2 m_x^2$$

$$m_z = \pm k m_x \tag{5-16}$$

即观测值与常数乘积的中误差，等于观测值中误差乘以常数。

【例 5-2】 在 1∶1 000 比例尺地图上，量得 A、B 两点距离 $S_{AB} = 28.5$ mm，其中误差 $m_{ab} = \pm 0.2$ mm。求 A、B 间的实地距离 S'_{AB} 及其中误差 m_{AB}。

解：$S'_{AB} = 1\ 000 \times S_{AB} = 28.5$ m

由式(5-15)可得出

$$m_{AB} = 1\ 000 \times m_{ab} = 1\ 000 \times (\pm 0.2\ \text{mm}) = \pm 200\ \text{mm} = \pm 0.2\ \text{m}$$

$$S'_{AB} = (28.5 \pm 0.2)\ \text{m}$$

三、观测值线性函数的中误差

设函数为

$$z = k_1 x_1 \pm k_2 x_2 \pm \cdots \pm k_n x_n$$

式中:$k_1, k_2, \cdots, k_n$ 为常数,$x_1, x_2, \cdots, x_n$ 为独立观测值,其中误差分别为 $m_1, m_2, \cdots, m_n$,则综合式(5-11)和式(5-16)得到

$$m_z^2 = (k_1 m_1)^2 + (k_2 m_2)^2 + \cdots + (k_n x_n)^2$$

即

$$m_z = \pm \sqrt{k_1^2 m_1^2 + k_2^2 m_2^2 + \cdots + k_n^2 m_n^2} \tag{5-17}$$

四、一般函数的中误差

设有函数

$$z = f(x_1, x_2, \cdots, x_n) \tag{5-18}$$

式中:$x_1, x_2, \cdots, x_n$ 为独立观测值,其中误差分别为 $m_{x_1}, m_{x_2}, \cdots, m_{x_n}$。现要求其函数 z 的中误差,推导如下。

对函数求全微分,得

$$\mathrm{d}z = \frac{\partial f}{\partial x_1}\mathrm{d}x_1 + \frac{\partial f}{\partial x_2}\mathrm{d}x_2 + \cdots + \frac{\partial f}{\partial x_n}\mathrm{d}x_n \tag{5-19}$$

设观测值 $x_1, x_2, \cdots, x_n$ 的真误差分别为 $\Delta x_1, \Delta x_2, \cdots, \Delta x_n$,由这些真误差所引起的函数 z 的真误差为 Δ_z。由于真误差一般很小,式(5-19)可用下式代替,即

$$\Delta_z = \frac{\partial f}{\partial x_1}\Delta x_1 + \frac{\partial f}{\partial x_2}\Delta x_2 + \cdots + \frac{\partial f}{\partial x_n}\Delta x_n \tag{5-20}$$

式中:$\frac{\partial f}{\partial x}$为函数对自变量 x 的偏导数,当函数关系确定时,它们均为常数。

设

$$\frac{\partial f}{\partial x_1} = k_1, \frac{\partial f}{\partial x_2} = k_2, \cdots, \frac{\partial f}{\partial x_n} = k_n$$

因此,式(5-20)为线性函数的真误差关系式,则由式(5-17)可得

$$m_z^2 = k_1^2 m_{x_1}^2 + k_2^2 m_{x_2}^2 + \cdots + k_n^2 m_{x_n}^2$$

即

$$m_z = \pm \sqrt{\left(\frac{\partial f}{\partial x_1}\right)^2 m_{x_1}^2 + \left(\frac{\partial f}{\partial x_2}\right)^2 m_{x_2}^2 + \cdots + \left(\frac{\partial f}{\partial x_n}\right)^2 m_{x_n}^2} \tag{5-21}$$

通过以上推导可以看出,观测值线性函数中误差关系式是非线性函数中误差关系式的特殊形式。

【例 5-3】 已知矩形的宽 $x = 30$ m,其中误差 $m_x = \pm 0.010$ m,矩形的长 $y = 40$ m,其中误差 $m_y = \pm 0.012$ m,计算矩形面积 A 及其中误差 m_A。

解:已知计算矩形面积公式

$$A = xy$$

对各观测值取偏导数

$$\frac{\partial f}{\partial y} = x, \quad \frac{\partial f}{\partial x} = y$$

根据误差传播定律,得

$$m_A = \pm \sqrt{\left(\frac{\partial f}{\partial y}\right)^2 m_y^2 + \left(\frac{\partial f}{\partial x}\right)^2 m_x^2} = \pm \sqrt{x^2 m_y^2 + y^2 m_x^2}$$

矩形面积为 $A = xy = 30 \times 40 = 1\,200\ (\mathrm{m}^2)$

面积 A 的中误差 $m_A = \pm \sqrt{(40)^2 \times (0.010)^2 + (30)^2 \times (0.012)^2}$

$$= \pm \sqrt{0.289\,6} = \pm 0.54\ (\mathrm{m}^2)$$

通常写成 $A = 1\,200\ \mathrm{m}^2 \pm 0.54\ \mathrm{m}^2$

【例 5-4】 设沿倾斜面上 A、B 两点间量得距离 $D = 32.218\ \mathrm{m} \pm 0.003\ \mathrm{m}$,并测得两点之间的高差 $h = 2.35\ \mathrm{m} \pm 0.05\ \mathrm{m}$。求水平距离 D_0 及其中误差 m_{D_0}。

解:$D_0 = \sqrt{D^2 - h^2} = \sqrt{(32.218)^2 - (2.35)^2} = 32.132\ (\mathrm{m})$

对 $D_0 = \sqrt{D^2 - h^2}$ 求全微分,得

$$\mathrm{d}D_0 = \frac{\partial f}{\partial D}\mathrm{d}D + \frac{\partial f}{\partial h}\mathrm{d}h = \frac{D}{\sqrt{D^2 - h^2}}\mathrm{d}D - \frac{h}{\sqrt{D^2 - h^2}}\mathrm{d}h$$

$$= \frac{D}{D_0}\mathrm{d}D - \frac{h}{D_0}\mathrm{d}h$$

$$\frac{D}{D_0} = \frac{32.218}{32.132} = 1.002\,7, \quad \frac{h}{D_0} = \frac{2.35}{32.132} = 0.073\,1$$

根据式(5-21)可得

$$m_{D_0} = \pm \sqrt{(1.002\,7)^2 \times (0.003)^2 + (-0.073\,1)^2 \times (0.005)^2}$$

$$= \pm 0.003(\mathrm{m})$$

即 $D_0 = 32.132\ \mathrm{m} \pm 0.003\ \mathrm{m}$

五、应用误差传播定律求观测值函数中误差的计算步骤

(1)根据题意,列出具体的函数关系式 $z = f(x_1, x_2, \cdots, x_n)$。

(2)如果函数是非线性的,则对各观测值求偏导数 $\frac{\partial f}{\partial x_1}, \frac{\partial f}{\partial x_2}, \cdots, \frac{\partial f}{\partial x_n}$。

(3)写出函数中误差与观测值中误差的关系式:

$$m_z = \pm \sqrt{\left(\frac{\partial f}{\partial x_1}\right)^2 m_{x_1}^2 + \left(\frac{\partial f}{\partial x_2}\right)^2 m_{x_2}^2 + \cdots + \left(\frac{\partial f}{\partial x_n}\right)^2 m_{x_n}^2}$$

(4)代入已知数据,计算相应函数值的中误差。

习 题

5-1 测量误差的来源有哪些方面?

5-2　偶然误差和系统误差有什么不同？各有什么特点？

5-3　在相同的观测条件下，对同一量进行了若干次观测，问这些观测值的精度是否相同？此时能否将误差小的观测值理解为比误差大的观测值的精度高？

5-4　中误差和相对中误差是怎么定义的？

5-5　设在相同的观测条件下，对一距离进行了六次观测，其结果为 341.752 m、341.784 m、341.766 m、341.773 m、341.795 m、341.774 m。试求其算术平均值、算术平均值中误差和相对中误差。

5-6　在水准测量中，若水准尺上每次读数中误差为 ±2.0 mm，则每站高差中误差是多少？

5-7　若一方向的观测中误差为 ±6″，且每个角度都是作为两个方向之差求得的，求五边形中 5 个内角和的中误差。

5-8　用经纬仪观测某角 4 个测回，如果一个测回测角中误差为 ±6″，求该角的中误差。

5-9　在同精度观测中，对某角观测 4 个测回，得其平均值的中误差为 ±15″，若使平均值的中误差小于 ±10″，至少应观测多少测回？

5-10　x、y、z 的关系式为 $z=3x+4y$，现独立观测 x、y，它们的中误差分别为 $m_x=\pm 3$ mm，$m_y=\pm 4$ mm，求 z 的中误差 m_z。

第六章　小区域控制测量

第一节　概　述

为了防止误差累积和提高测量工作的精度及速度，在测量工作中必须遵守“从整体到局部，先控制后碎部”的测量工作原则。即在进行测图或施工放样前，先在测区内选定少数控制点，构成一定的几何图形或一系列的折线，然后以较高的观测精度测出这些点的平面位置和高程，以作为后续碎部工作的依据，这项工作就称为控制测量。

控制测量分为平面控制测量和高程控制测量两种。测定控制点平面位置(x,y)的控制测量称为平面控制测量；测定控制点高程(H)的控制测量称为高程控制测量。无论是平面控制还是高程控制，所选的控制点都必须按一定规则相互连接起来组成网络，以实施观测、检核及坐标或高程的推算，这样的网络称为控制网。

根据控制网的范围和大小可分为国家控制网和小区域控制网；根据控制网的作用不同可分为平面控制网和高程控制网；根据小区域平面控制测量的精度不同可分为首级控制网和图根控制网。

一、平面控制网的布设

(一)平面控制网的建立方法

建立平面控制网的常用方法有：

(1)三角测量法。如图6-1所示，在地面上选择若干个有控制意义的点(称为控制点)组成一系列三角形(三角形的顶点称为三角点)，观测三角形的内角，并精密测定起始边(基线)的边长和方位角(如图6-1中的D_{AB}和α_{AB})，应用三角学中正弦定理解算出各边的边长和方位角，进而根据起始点平面坐标(如图6-1中点A的坐标x_A,y_A)、起始边方位角和各边边长，解算出各三角点的平面坐标。这种测量方法称为三角测量法。

(2)导线测量法。如图6-2所示，将选定的控制点连接成一系列折线形式(称为导线)，观测导线各折线边(称为导线边)的边长和转折角，根据起始边方位角(如图6-2中

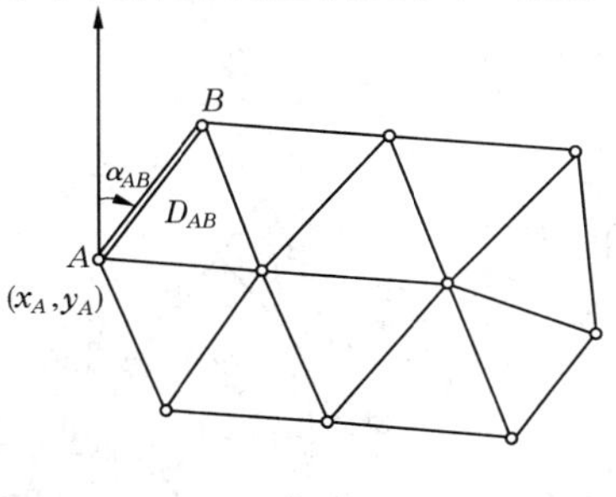

图6-1　三角测量

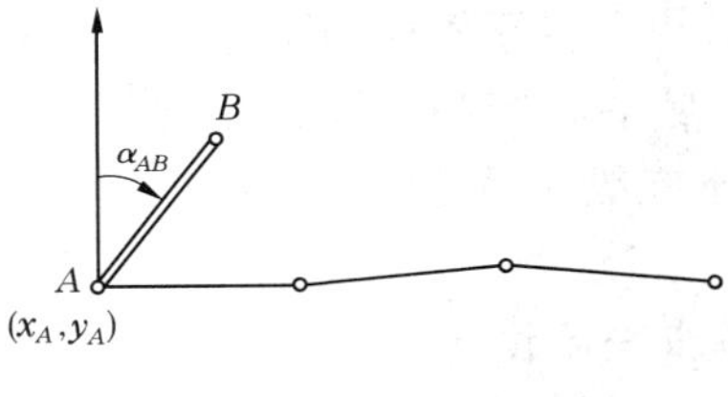

图6-2　导线测量

的 α_{AB}）解算出各边方位角，进而根据起始点平面坐标（如图6-2中点A的坐标x_A，y_A）解算出各点（称为导线点）的平面坐标。这种测量方法称为导线测量法。

(3)三边测量法。在三角网中，如果不观测三角形内角，改为观测各三角形的边长，根据三角形的边角关系推算出各三角形的内角和各边的方位角，进而推算出各点坐标，这种测量方法称为三边测量法。

(4)边角同测法。在三角网中，如果既测边又测角，那么这种测量方法就称为边角同测法。

在过去电磁波测距仪没有普及的时候，三角测量法控制的范围大，是建网的主要方法。随着电磁波测距仪的问世，测距工作效率大大提高，单线推进、扩展迅速的导线测量法已经上升为建网的主要方法。

（二）国家平面控制网的布设

国家平面控制网主要采用三角测量法建立，青藏高原等特殊困难地区采用导线测量法。国家平面控制网按精度从高到低依次分为一、二、三、四等四个等级，如图6-3所示。一等三角以锁的形式沿经纬方向布设，是国家平面控制网的骨干；二等三角以网的形式在一等锁网内加密，是国家平面控制网的全面基础；三、四等三角是以插网或插点的形式在二等控制网的基础上进一步加密建立的，一般作为地形图的测绘和施工控制测量依据。各等级三角网的主要技术指标见表6-1。

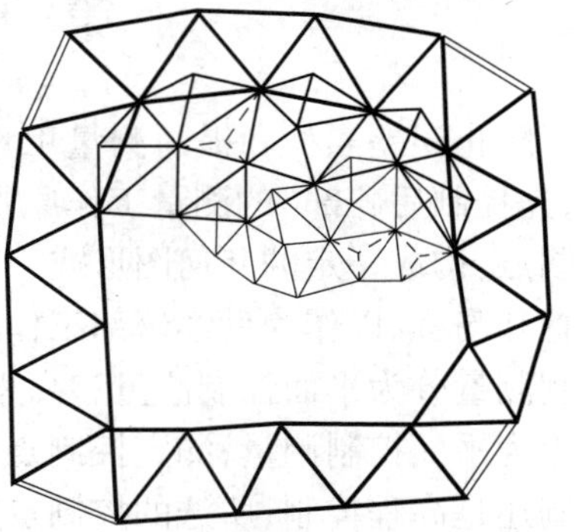

图6-3　国家平面控制网

表6-1　国家三角网主要技术指标

等级	平均边长（km）	测角中误差（″）	三角形最大闭合差（″）	起始边相对中误差	最弱边相对中误差
一	20～25	±0.7	±2.5	1/350 000	1/150 000
二	13	±1.0	±3.5	1/250 000	1/150 000
三	8	±1.8	±7.0	1/150 000	1/80 000
四	2～6	±2.5	±9.0	1/100 000	1/40 000

国家等级的三角点或导线点统称大地点。选定的大地点必须按规范要求埋设永久性标石作为标志，同时建立觇标作为照准标志，如图6-4所示。

（三）小区域平面控制网的布设

小区域平面控制网通常是在国家平面控制网的基础上分首级平面控制网和图根平面控制网两级布设。

1. 首级平面控制网

首级平面控制网通常采用五等三角或五等导线

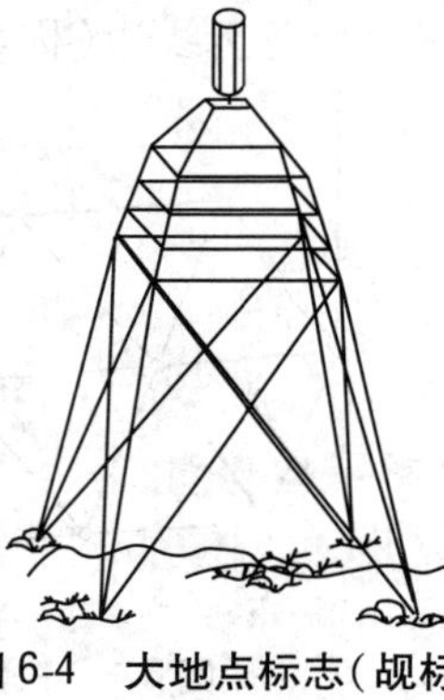

图6-4　大地点标志（觇标）

的方法布设，主要技术指标见表6-2、表6-3。

表6-2　五等三角网主要技术指标

级别	测角中误差（″）	三角形最大闭合差（″）	最小求距角（°）	平均边长（km）		起始边相对中误差	最弱边相对中误差
				建筑区或枢纽区	一般地区		
一级	±5	±15	30	1	2	1/40 000	1/20 000
二级	±10	±30	30	0.5	1	1/20 000	1/10 000

表6-3　五等导线主要技术指标

级别	测角中误差（″）	导线闭合差（″）	导线长度（m）	最多折角数				边长两次丈量不符值（cm）	导线全长相对闭合差
				1∶500 1∶1 000	1∶2 000	1∶5 000	1∶10 000		
一级	±5	$\pm 10\sqrt{n}$	2.5M	6	15	20	25	$10\sqrt{k}$	1/14 000
二级	±10	$\pm 20\sqrt{n}$	1.5M	5	8	10	15	$15\sqrt{k}$	1/10 000

注：表中n为导线转折角个数，M为测图比例尺分母，k为导线边长（单位取km）。

2. 图根平面控制网

图根平面控制网通常采用导线测量、小三角测量和交会法布设，是在首级控制网基础上对控制点的进一步加密。图根控制网中的控制点称为图根点，它的密度应满足测图的需要，具体规定见表6-4。图根控制测量的特点是范围小、边长较短、精度要求相对较低，图根点的标志采用木桩或埋设简易混凝土标石即可满足要求，可用标旗作为觇标，如图6-5所示。

表6-4　图根点密度表

测图比例尺	每平方千米的控制点数	每幅图的控制点数	相邻控制点最大边长（m）
1∶5 000	4	20	540
1∶2 000	15	15	280
1∶1 000	40	10	170
1∶500	120	8	100

根据实际工作需要，图根控制网可以附合于国家高级控制点上，形成统一的坐标系统；也可布设成独立控制网，假定一点坐标并测定起始边的方位角，推算其他图根点的坐标，形成假定的坐标系统。

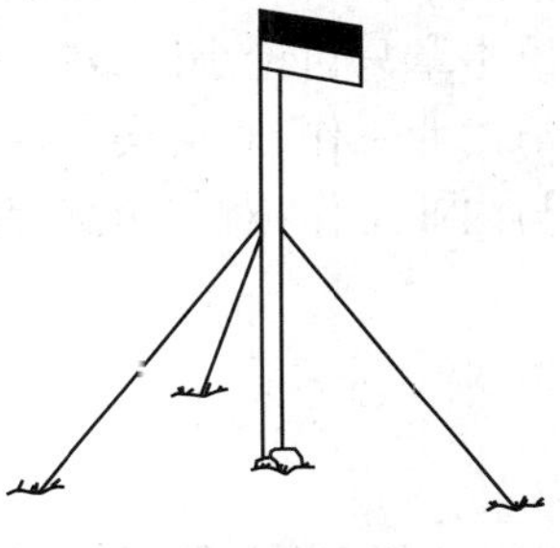

图6-5　图根点标志

二、高程控制网的布设

（一）高程控制网的建立方法

建立高程控制网的常用方法有：

（1）水准测量法。即利用水准仪和水准尺测定地面两点间的高差，进而推算高程的方法。水准测量精度高，是建网常用且主要的方法。

（2）三角高程测量法。它是通过测定地面两点间的水平距离和竖直角，解算出高差，进而推算出高程的方法。三角高程测量方法简单，不受地形条件限制，但精度较低，适用于低精度的高程控制。

（二）国家高程控制网的布设

国家高程控制网采用水准测量法建立，故高程控制网又称水准网，选定的高程控制点又称为水准点。与平面控制网相对应，国家高程控制网也分为一、二、三、四等四个等级。一等水准网是国家高程控制的骨干，也是研究地壳垂直形变等科学问题的依据；二等水准网布设在一等水准网内，是国家高程控制的全面基础。一、二等水准路线一般沿铁路、公路或河流布设，形成闭合水准网或附合水准网；三、四等水准路线是在一、二等水准网的基础上进一步加密建立的，用于地形测量和工程测量的高程控制，一般布设成闭合路线或附合水准路线，如图 6-6 所示。

为便于保存和使用，各级水准点都必须按规范要求埋设固定的永久性标志，四等水准点标石如图 6-7 所示。

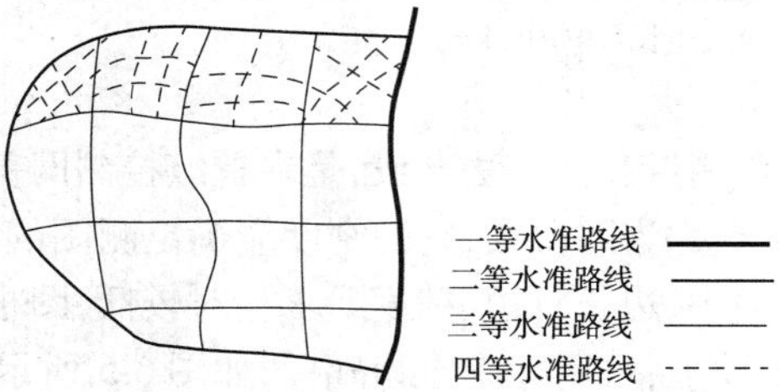

图 6-6　国家高程控制网

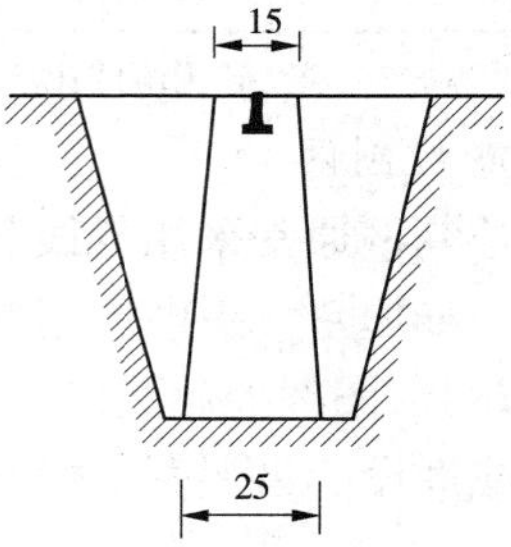

图 6-7　四等水准点标石　（单位：cm）

（三）小区域高程控制网的布设

小区域平面控制网通常分基本高程控制网（国家四等或四等以上的水准网）和加密高程控制网两级布设。

加密高程控制网可采用五等水准测量或三角高程测量法建立。加密高程控制点通常不需埋设标石，只是在地面上打一大木桩或在坚固地基表面上用红漆标定点位即可。地形测量中，图根平面控制点往往同时又是高程控制点，故亦可称其为平高点。

本章只讨论小区域控制测量的有关内容。平面控制部分重点讲解图根导线测量的外业与内业工作，对交会定点进行简单介绍；高程控制部分重点讲解三、四等水准测量的外业与内业工作，对三角高程测量进行简单介绍。

第二节　导线测量

一、导线的布设形式

导线的布设形式有闭合导线、附合导线和支导线三种。

(1)闭合导线。起止于同一个已知控制点的导线称为闭合导线。如图 6-8(a)所示,从已知控制点 A 出发,顺序连接各未知导线点 1、2、3,最后又回到出发点 A,构成一闭合多边形。

(2)附合导线。布设在两个已知控制点之间的导线称为附合导线。如图 6-8(b)所示,从已知控制点 A 出发,顺序连接各未知导线点 1、2、3,最后附合到另一个已知控制点 D,构成一附合导线。

(3)支导线。从一个已知控制点出发,顺序连接各未知导线点,最后既不回到原出发点,也不附合到另一个已知控制点的导线称为支导线。如图 6-8(c)所示。

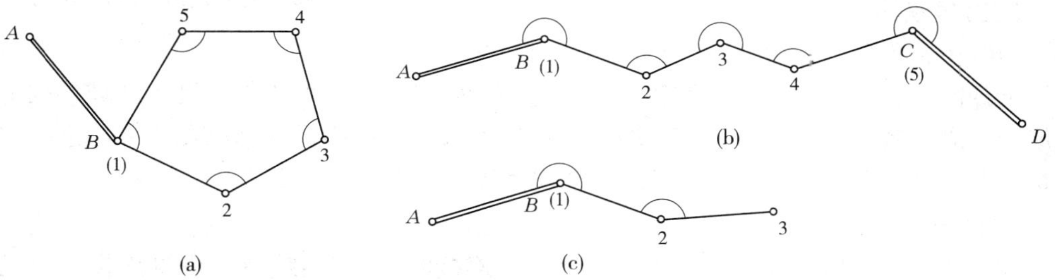

图 6-8　导线的布设形式

以上三种导线形式中,闭合导线与附合导线均具有严格的几何条件供校核,在实际工作中应用广泛;支导线由于没有校核条件,一般不采用,特殊情况必须采用时,规范规定支导线中未知点数量不得超过两个。

二、导线测量的外业工作

(一)导线点的选择

导线踏勘之前,应首先了解测区的范围、地形、已知控制点的情况及测图比例尺对图根点的密度要求,在已有的地形图上初步拟订控制点的位置和导线的布设方案,然后到实地进行踏勘落实并标定点位。对于面积较小的测区,也可直接到实地选点。选点时,应注意以下几点:

(1)导线点应选在土质坚实、便于安置仪器和保存标志的地方。

(2)相邻导线点间必须通视,以便于测角和测距。如采用钢尺量距的方法测定导线边长,则要求两相邻导线点间的地势比较平坦且没有障碍。

(3)导线点处应视野开阔,以便于碎部测量。

(4)导线总长不应超过 $0.8M$ m(M 为测图比例尺分母),边长最短不应小于 50 m,最长不应超过表 6-4 中的规定。

导线点确定后,应在地面上埋设导线点的标记。临时性的导线点,一般在地面上打下大木桩,并在桩顶中心钉一小铁钉,铁钉头表示导线点位置;对于需要长期保存的导线点,则应埋设简易混凝土标石,顶面刻划" + "标记。所有导线点的标志都要依次进行编号(闭合导线应按逆时针方向编号)。为了方便日后寻找,应绘出导线点与附近明显且固定地物点之间的关系草图,注明尺寸,称为点之记图,如图 6-9 所示。

(二)导线转折角的观测

导线的转折角有左、右角之分。在导线前进方向左侧的水平角称为左角,在导线前进方向右侧的水平角称为右角。导线测量一般观测左角。对于闭合导线，由于前进顺序为逆时针方向，故左角又是其封闭多边形的内角。

导线的转折角采用测回法观测。导线的等级不同，使用仪器类型不同，测回数也不同。图根导线转折角一般采用 DJ_6 经纬仪观测一测回，上、下两半测回角值差不应超过 ±40″。

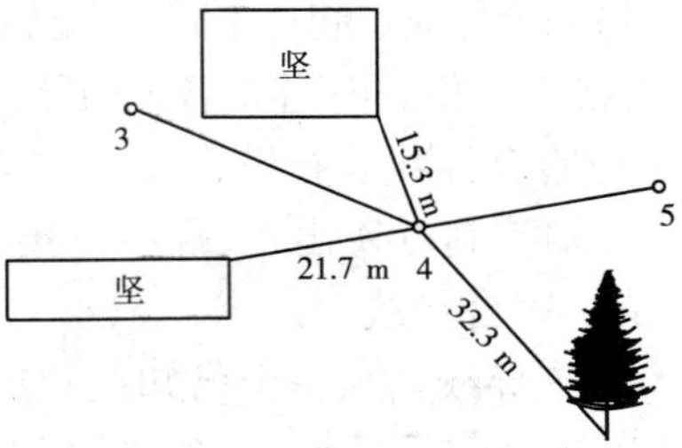

图 6-9 控制点的点之记图

（三）导线边长的测量

导线边长可用电磁波测距仪直接测定，也可采用钢尺量距的方法。若用电磁波测距仪测定，其精度较高，一般均能达到小区域导线测量精度的要求。若用钢尺量距，对于图根控制，应用检定过的钢尺按精密测距方法进行往返丈量，相对较差不超过 1/3 000 时，取其平均值作为最后结果。

（四）导线定向

当导线边与测区内高级或同级已知控制边连接时，应在连接点上观测连接角以进行导线定向，如图 6-8（a）中的∠$AB2$、图 6-8（b）中的∠$AB2$ 及∠$4CD$、图 6-8（c）中的∠$AB2$；当建立的导线为独立导线时，则应用罗盘仪测定起始边的磁方位角进行定向。

三、导线测量的内业计算

（一）计算前的准备工作

（1）全面检查外业观测数据有无遗漏，记录、计算是否正确，成果是否符合精度要求。当发现记录、计算有错时，不要改动原始数据，要认真反复校核。

（2）根据已知数据和外业观测成果绘制导线略图。导线略图是一种示意图，绘图比例、线型粗细没有严格要求，但需注意美观、大方，大小适宜，与实际图形保持相似，与实地方位大体一致。所有已知数据（已知方位角、已知点坐标）和观测数据（转折角、边长）应注记在略图中，如图 6-10 所示。

（3）绘制计算表格，见表 6-5。

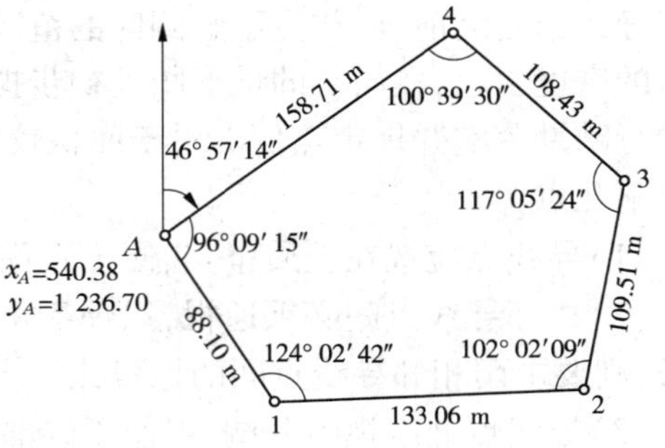

图 6-10 闭合导线计算略图

（二）闭合导线的算例

现以闭合导线计算略图 6-10 所示数据为例，结合表 6-5 介绍闭合导线的计算步骤。计算前先将图 6-10 中的有关数据（点号、观测角、边长、已知方位角和已知坐标）填入表 6-5 中相应栏内，然后按下列步骤进行计算。

1. 角度闭合差的计算与调整

闭合导线是由折线组成的多边形，根据平面几何学原理，n 边形内角和的理论值 $\sum\beta_{理}$ 为

$$\sum\beta_{理} = (n-2)\times 180° \tag{6-1}$$

表 6-5　闭合导线计算表

点号	观测角 (° ′ ″)	改正后角值 (° ′ ″)	坐标方位角 (° ′ ″)	边长 (m)	坐标增量 (m) Δx	坐标增量 (m) Δy	改正后坐标增量(m) Δx	改正后坐标增量(m) Δy	坐标值 (m) x	坐标值 (m) y
1	2	3	4	5	6	7	8	9	10	11
A									540.38	1 236.70
			143 06 29	88.10	−1 −70.46	+1 52.89	−70.47	52.90		
1	+12 124 02 42	124 02 54							469.91	1 289.60
			87 09 23	133.06	−2 6.60	+2 132.90	6.58	132.92		
2	+12 102 02 09	102 02 21							476.49	1 422.52
			9 11 44	109.51	−2 108.10	+2 17.50	108.08	17.52		
3	+12 117 05 24	117 05 36							584.57	1 440.04
			306 17 20	108.43	−1 64.18	+2 −87.40	64.17	−87.38		
4	+12 100 39 30	100 39 42							648.74	1 352.66
			226 57 02	158.71	−2 −108.34	+2 −115.98	−108.36	−115.96		
A	+12 96 09 15	96 09 27							540.38	1 236.70
			143 06 29							
1										
Σ	539 59 00	540 00 00		597.81	−8 0.08	+9 −0.09	0.00	0.00		

计算公式：

$f_\beta = 539°59'00'' - (5-2)\times 180° = -60''$，$f_{\beta允} = \pm 60''\sqrt{5}$

$|f_\beta| < |f_{\beta允}|$，说明符合要求

$f_x = +0.08 \quad f_y = -0.09$

$K = \dfrac{\sqrt{0.08^2 + (-0.09)^2}}{597.81} = \dfrac{1}{4\ 982} < \dfrac{1}{2\ 000}$，说明符合要求

由于观测角不可避免地存在误差，使得实测内角总和 $\sum \beta_{测}$ 不等于理论内角总和 $\sum \beta_{理}$。其差值称为闭合导线的角度闭合差，以 f_β 表示，即

$$f_\beta = \sum \beta_{测} - \sum \beta_{理} = \sum \beta_{测} - (n-2)\times 180° \tag{6-2}$$

角度闭合差 f_β 的大小反映了水平角观测的质量。对于图根导线，角度闭合差允许值 $f_{\beta允}$ 为

$$f_{\beta允} = \pm 60''\sqrt{n} \tag{6-3}$$

如果 $|f_\beta| > |f_{\beta允}|$，说明观测的结果不符合要求，应及时分析原因，进行外业局部或全部重测；如果 $|f_\beta| \leqslant |f_{\beta允}|$，说明观测的结果符合要求，可将角度闭合差按照“反号平均法则”分配到各个观测角中进行调整，即给各个观测角分配一个改正数 v_β：

$$v_\beta = -\frac{f_\beta}{n} \tag{6-4}$$

当f_β的数值不能被内角数n整除而有余数时，可将余数分配在短边的邻角上。各角改正数应填写在表中各相应观测角的上方位置。为避免改正数的计算或分配错误，可按下式进行检核：

$$\sum v_\beta = -f_\beta \tag{6-5}$$

如改正数计算和分配无误，将各角观测值加上相应改正数即得各角改正后角值。改正后角值之和$\sum \beta_{改}$应该等于n边形内角和的理论值$\sum \beta_{理}$，以此可检核改正后角值计算是否正确。

图6-10中：

$$\sum \beta_{测} = 539°59'00''$$

$$f_\beta = \sum \beta_{测} - \sum \beta_{理} = 539°59'00'' - (5-2) \times 180° = -60''$$

$$f_{\beta允} = \pm 60''\sqrt{n} = \pm 60''\sqrt{5}$$

$|f_\beta| \leq |f_{\beta允}|$，观测结果合格，可以进行角度闭合差的调整，各角改正数为

$$v_\beta = -\frac{f_\beta}{n} = -\frac{-60''}{5} = +12''$$

角度闭合差的计算与调整结果见表6-5的第2栏、第3栏。

2. 导线各边方位角的推算

根据导线起始边方位角和改正后各角值，按方位角的计算公式推算导线各边方位角，即

$$\alpha_{前} = \alpha_{后} \pm 180° {}^{+\beta_{左}}_{-\beta_{右}} \tag{6-6}$$

为检验方位角推算的正确性，应从已知方位角的起始边起推算，闭合至起始边止，推算得的方位角应等于其已知值，否则说明方位角推算有误，应重新推算。

图6-10中观测角为左角，12边方位角为

$$\alpha_{12} = \alpha_{A1} \pm 180° + \beta_{左} = 143°06'29'' - 180° + 124°02'54'' = 87°09'23''$$

其余各边方位角的计算结果见表6-5的第4栏。

3. 坐标增量的计算

在计算前，将导线各边的长度填写到表6-5中的第5栏内，然后根据坐标增量计算公式进行计算，即

$$\Delta x_i = D_i \cos\alpha_i, \quad \Delta y_i = D_i \sin\alpha_i \tag{6-7}$$

式中　i——第i条导线边，$i=1,2,\cdots,n$。

本图6-10中，$A1$边坐标增量计算为

$$\Delta x_{A1} = D_{A1}\cos\alpha_{A1} = 88.10 \times \cos143°06'29'' = -70.46(\mathrm{m})$$

$$\Delta y_{A1} = D_{A1}\sin\alpha_{A1} = 88.10 \times \sin143°06'29'' = +52.89(\mathrm{m})$$

其余各边坐标增量的计算结果见表6-5中第6、7栏。计算结果的取位应当和已知点坐标的取位一致。

4. 坐标增量闭合差的计算与调整

从图6-11(a)可以看出，闭合导线各边x、y坐标增量的代数和在理论上应等于零，即

$$\sum \Delta x_{理} = 0, \quad \sum \Delta y_{理} = 0 \tag{6-8}$$

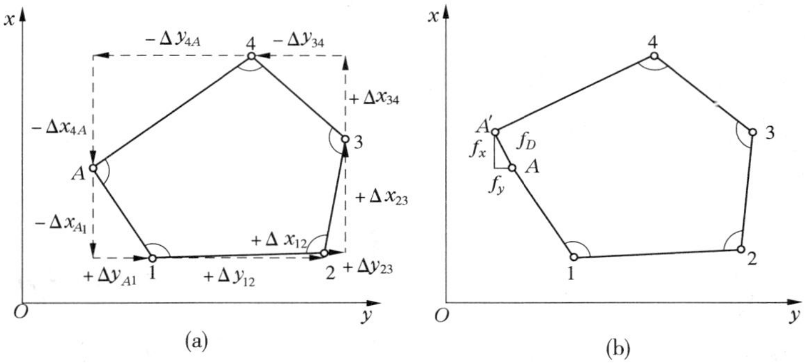

图 6-11　闭合导线坐标闭合差

由于角度和边长的测量均存在误差，尽管角度进行了闭合差的调整，但调整后的角值不一定就是该角的真值，所以由角度和边长计算出的 x、y 坐标增量，其代数和 $\sum \Delta x_{测}$、$\sum \Delta y_{测}$ 一般都不等于零，其值即为 x、y 坐标增量的闭合差，分别以 f_x、f_y 表示，即

$$f_x = \sum \Delta x_{测}, \quad f_y = \sum \Delta y_{测} \tag{6-9}$$

由于 f_x、f_y 的存在，闭合导线由点 A 出发，最后不是闭合到点 A，而是落在点 A'，产生了一段差距 $A'A$，称为闭合导线全长闭合差，以 f_D 表示，如图 6-11(b)所示。从图中可以看出

$$f_D = \sqrt{f_x^2 + f_y^2} \tag{6-10}$$

一般情况下，导线越长，测角和量距的误差积累就越大，全长闭合差也越大，因而单纯用 f_D 还不能正确反映出导线测量的精度。通常采用 f_D 值与导线的总长 $\sum D$ 之比并化成分子为 1 的分数形式来衡量导线测量的精度，称为导线全长相对闭合差，以 K 来表示，即

$$K = \frac{f_D}{\sum D} = \frac{1}{\dfrac{\sum D}{f_D}} \tag{6-11}$$

K 值越小，表示导线测量的精度越高。一般情况下，图根导线的 K 值不应超过 1/2 000，困难地区也不应超过 1/1 000。若 K 值不满足限差要求，首先检查内业计算有无错误，其次检查外业成果，若均不能发现错误，则应进行外业局部或全部重测；若 K 值满足限差要求，即可将坐标增量闭合差反号，按与边长成正比的法则，分配到各边的坐标增量上去，使改正后的坐标增量之和等于其理论值零，即

$$v_{\Delta xi} = -\frac{f_x}{\sum D} D_i, \quad v_{\Delta yi} = -\frac{f_y}{\sum D} D_i \tag{6-12}$$

式中　$v_{\Delta xi}$——第 i 条导线边的 x 坐标增量；

$v_{\Delta yi}$——第 i 条导线边的 y 坐标增量；

D_i——第 i 条导线边的边长。

改正数之和与坐标增量闭合差的相反数相等，可作为计算校核，即

$$\sum v_{\Delta xi} = -f_x,\quad \sum v_{\Delta yi} = -f_y \tag{6-13}$$

由于取舍误差的影响，有时改正数之和与坐标增量闭合差相反数有一微小的差值，可将其分配在较长的导线边上。各边改正数应填写在表中各相应坐标增量的上方位置。如坐标增量改正数经校核无误，将各边坐标增量加上相应改正数即得各边改正后坐标增量。改正后坐标增量之和应该等于其理论值零，以此可检核改正后坐标增量计算是否正确。

图 6-10 中：

$$f_x = +0.08,\quad f_y = -0.09$$

$$f_D = \sqrt{f_x^2 + f_y^2} = \sqrt{0.08^2 + (-0.09)^2} = 0.12,\quad \sum D = 597.81$$

$$K = \frac{0.12}{597.81} = \frac{1}{4\,982}$$

$K \leqslant 1/2\,000$，观测的结果合格，满足限差要求，可以进行坐标增量闭合差的调整，$A1$ 边坐标增量改正值计算为

$$v_{\Delta xA1} = -\frac{f_x}{\sum D}D_{A1} = -\frac{0.08}{597.81}\times 88.10 \approx -0.01$$

$$v_{\Delta yA1} = -\frac{f_y}{\sum D}D_{A1} = -\frac{-0.09}{597.81}\times 88.10 \approx +0.01$$

其余各边坐标增量改正值的计算结果见表 6-5 中第 6、7 栏。图 6-10 中 $f_x = +0.08$，但是 $\sum \Delta x_{测} = -0.01 - 0.02 - 0.01 - 0.01 - 0.02 = -0.07 \neq -f_x = -0.08$，而是多了 0.01，这是由于取舍误差造成的，因此可将 23 边（23 边和 34 边中较长边）的 x 坐标增量改正数减去 0.01，即使 23 边的 x 坐标增量改正数为 -0.02。各边改正后坐标增量的计算结果见表 6-5 中第 8、9 栏。

5. 导线点的坐标计算

坐标增量调整后，即可根据起始点（如本例中的点 A）的坐标和改正后坐标增量，依次推算各导线点的坐标，计算公式为

$$x_{前} = x_{后} + \Delta x_{后前改},\quad y_{前} = y_{后} + \Delta y_{后前改} \tag{6-14}$$

按式（6-14）推算至最后一个点的坐标后，还要再推算出起始点的坐标，看是否与其已知坐标相等，以此来检核坐标计算是否正确。本算例中，各导线点坐标的计算结果见表 6-5 中第 10、11 栏。

（三）附合导线的计算

附合导线的计算步骤与闭合导线基本相同，但由于导线的形式不同，因此其与闭合导线计算有两个不同点。

1. 角度闭合差的计算

在图 6-12 所示的附合导线中，A、B、C、D 为已知点，α_{AB} 和 α_{CD} 为起始边和终边的已知方位角。根据方位角推算公式，有

$$\alpha_{12} = \alpha_{AB} \pm 180^\circ + \beta_1 \tag{6-15}$$

$$\alpha_{23} = \alpha_{12} \pm 180° + \beta_2 = \alpha_{AB} \pm 2 \times 180° + (\beta_1 + \beta_2) \tag{6-16}$$

$$\vdots$$

$$\alpha'_{CD} = \alpha_{(n-1)n} \pm 180° + \beta_n = \alpha_{AB} \pm n \times 180° + \sum \beta_{测} \tag{6-17}$$

式中　n——观测角的个数；

$\sum \beta_{测}$——观测角之和；

α'_{CD}——推算得到的 CD 边(终边)的方位角。

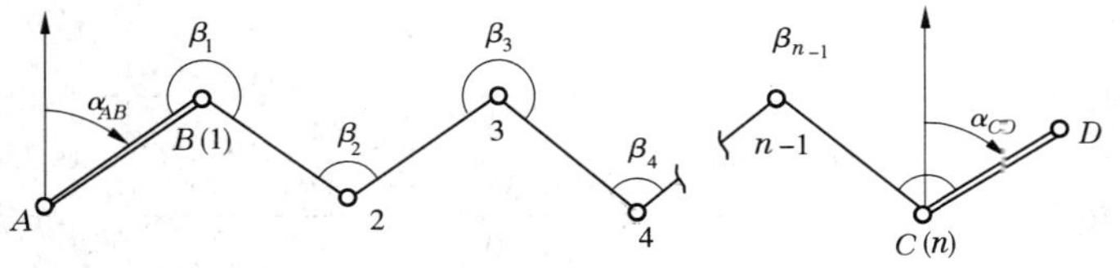

图 6-12　附合导线

测量误差的存在，使得推算得的 CD 边的方位角 α'_{CD} 不一定等于其已知方位角 α_{CD}，两者差值即为附合导线的角度闭合差 f_β，即

$$f_\beta = \alpha'_{CD} - \alpha_{CD} \tag{6-18}$$

附合导线的角度闭合差允许值的计算及角度闭合差的调整方法和闭合导线相同，但改正后角值的检核应按式(6-19)进行：

$$\sum \beta_{改} = \sum \beta_{测} - f_\beta \tag{6-19}$$

式中　$\sum \beta_{改}$——各角改正后角值之和。

2. 坐标增量闭合差的计算

由于附合导线是从一个已知点出发，附合到另一个已知点，所以附合导线的坐标增量代数和的理论值应等于终、起两点的已知坐标值之差。如与理论值不符，其差值即为附合导线的坐标增量闭合差，即

$$f_x = \sum \Delta x_{测} - (x_{终} - x_{起}),\quad f_y = \sum \Delta y_{测} - (y_{终} - y_{起}) \tag{6-20}$$

式中　$x_{起}$、$y_{起}$——导线起点的 x、y 坐标；

$x_{终}$、$y_{终}$——导线终点的 x、y 坐标。

附合导线算例见图 6-13 及表 6-6。

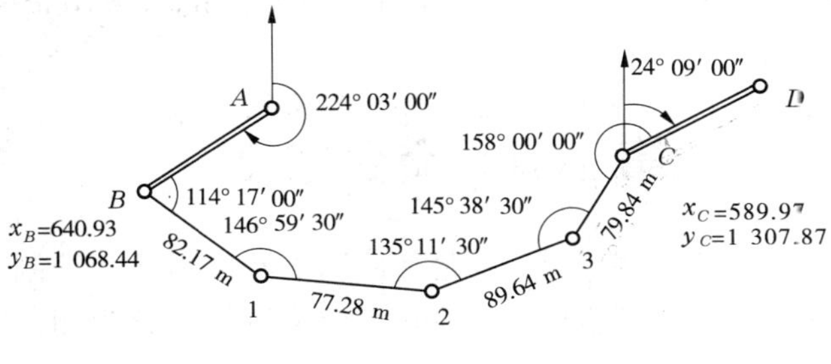

图 6-13　附合导线算例

表 6-6　附合导线计算表

点号	观测角 (°　′　″)	改正后角值 (°　′　″)	坐标方位角 (°　′　″)	边长 (m)	坐标增量(m) Δx	坐标增量(m) Δy	改正后坐标增量(m) Δx	改正后坐标增量(m) Δy	坐标值(m) x	坐标值(m) y
1	2	3	4	5	6	7	8	9	10	11
A										
			224 03 00							
B	-6 114 17 00	114 16 54							640. 93	1 068. 44
			158 19 54	82. 17	0 -76. 36	+1 30. 34	-76. 36	30. 35		
1	-6 146 59 30	146 59 24							564. 57	1 098. 79
			125 19 18	77. 28	0 -44. 68	+1 63. 05	-44. 68	63. 06		
2	-6 135 11 30	135 11 24							519. 89	1 161. 85
			80 30 42	89. 64	-1 14. 78	+2 88. 41	14. 77	88. 43		
3	-6 145 38 30	145 38 24							534. 66	1 250. 28
			46 09 06	79. 84	0 55. 31	+1 57. 58	55. 31	57. 59		
C	-6 158 00 00	157 59 54							589. 97	1 307. 87
			24 09 00							
D										
Σ	700 06 30	700 06 00		328. 93	-1 -50. 95	+5 -239. 38	-50. 96	239. 43		

计算公式：

$f_\beta = 224°03'00'' \pm 5 \times 180° + 700°06'30'' - 24°09'00'' = +30''$

$f_{\beta允} = \pm 60''\sqrt{5}$，　$|f_\beta| < |f_{\beta允}|$，说明符合要求

$f_x = -50.95 - (589.97 - 640.93) = +0.01$

$f_y = 239.38 - (1\,307.87 - 1\,068.44) = -0.05$

$K = \dfrac{\sqrt{0.01^2 + (-0.05)^2}}{328.93} = \dfrac{1}{6\,579} < \dfrac{1}{2\,000}$，说明符合要求

（四）支导线的计算

支导线中没有检核条件，因此没有闭合差产生，导线转折角和计算的坐标增量均不需要进行改正，所以它的计算非常简单，只需推算出各边方位角，计算出各边坐标增量，即可求得各点坐标。

第三节　交会定点

交会法测量是加密图根点的常用方法，尤其适用于测区内已知控制点较多而需要加密图根点较少的局部地区。根据观测元素不同，交会法测量可分为测角交会法和测边交会法两种。这里仅简单介绍测角交会法。

一、交会法的布设形式

交会法的布设形式有前方交会、侧方交会和后方交会三种。

（1）前方交会。如图6-14（a）所示，在两个已知控制点 A 和 B 上，分别对待定点 P 观测水平角 α 和 β，从而求得点 P 的坐标的方法称为前方交会法。

（2）侧方交会。如图6-14（b）所示，在已知控制点 A（或 B）和待定点 P 上，分别观测水平角 α（或 β）和 γ，从而求得点 P 的坐标的方法称为侧方交会法。

（3）后方交会。如图6-14（c）所示，在待定点 P 上，分别对三个已知控制点 A、B、C 观测水平角方向值 R_A、R_B 和 R_C，从而求得点 P 的坐标的方法称为后方交会法。

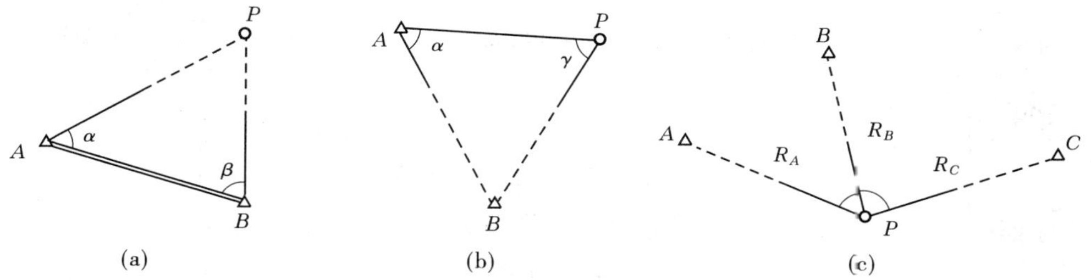

图6-14　交会法布设形式

二、前方交会法

三种交会形式中，以前方交会应用最为广泛。如图6-15所示，设点 A、B 为已知控制点，点 P 为待定点，点 A、B 的坐标分别为 x_A、y_A 和 x_B、y_B，在点 A、B 上分别观测水平角 α 和 β，则点 P 的坐标 x_P、y_P 的计算公式如下：

$$x_P = \frac{x_A\cot\beta + x_B\cot\alpha - y_A + y_B}{\cot\alpha + \cot\beta} \tag{6-21}$$

$$y_P = \frac{y_A\cot\beta + y_B\cot\alpha + x_A - x_B}{\cot\alpha + \cot\beta} \tag{6-22}$$

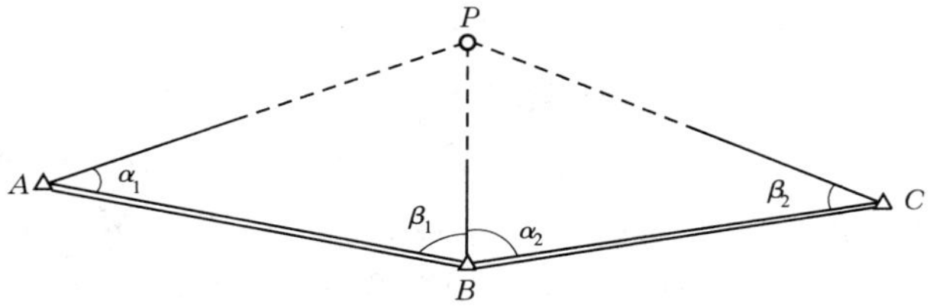

图6-15　前方交会法

为了检核和提高点位精度，待定点 P 可以用两个不同的三角形分别进行交会，当两组坐标计算的点位较差符合要求时，取两组坐标的平均值作为最后结果。点位较差 f 的计算公式为

$$f = \pm\sqrt{(x'_P - x''_P)^2 + (y'_P - y''_P)^2} \tag{6-23}$$

式中　x'_P、y'_P，x''_P、y''_P——两个三角形分别推算出的点 P 坐标。

f 的允许值为 0. 000 2M m（M 为测图比例尺分母）或 0. 000 3M m，前者适用于 1∶5 000 或 1∶10 000 测图，后者适用于 1∶500 ~ 1∶2 000 测图。

前方交会算例如图 6-15 所示，计算过程见表 6-7。

表 6-7　前方交会计算表

已知数据	x_A	116. 944 m	y_A	683. 298 m	x_B	522. 909 m	y_B	794. 647 m
	x_B	522. 909 m	y_B	794. 647 m	x_C	781. 301 m	y_C	435. 166 m
观测值	α_1	59°11′12″	β_1	56°32′54″	α_2	53°48′54″	β_2	57°34′48″
坐标值	x_{P1}	398. 130 m	y_{P1}	413. 193 m	x_{P2}	398. 169 m	y_{P2}	413. 154 m
平均值	x_P		398. 150 m		y_P		413. 174 m	
计算与校核	测图比例尺 1∶500，$f_{允} = \pm 0.3 \times 500 = \pm 150$（mm） $\lvert f \rvert = \left\lvert \pm\sqrt{29^2+61^2} \right\rvert = 55$（mm）$< \lvert f_{允} \rvert = 150$ mm $x_P = 398.150$ m，$y_P = 413.174$ m							

三、侧方交会法

图 6-16 是侧方交会的布设形式，侧方交会的计算只要先解出控制点点 A（或点 B）上的水平角（或 β），即可套用前方交会法的公式计算待定点 P 的坐标。由图可知

$$\alpha = 180° - (\beta + \gamma) \text{ 或 } \beta = 180° - (\alpha + \gamma) \tag{6-24}$$

为了检查侧方交会点点位的精度，应在点 P 上再观测一个已知点 C 的方向，测出 $\angle BPC$ 的大小 $\varepsilon_{测}$，然后通过算得的点 P 的坐标和两已知点 B、C 的坐标反算出 PB、PC 的方位角 α_{PB}、α_{PC} 和距离 D_{PC}，计算 $\varepsilon_{算} = \alpha_{PB} - \alpha_{PC}$，求出 $\varepsilon_{测}$ 和 $\varepsilon_{算}$ 之间的角度差 $\Delta\varepsilon = \varepsilon_{算} - \varepsilon_{测}$。一般测量规范中，要求 $|\Delta\varepsilon|$ 不超过 $0.2M\rho/D_{PC}$（M 为测图比例尺的分母，ρ 为弧度换角度的换算系数，取值为 206 265″，D 的单位取 mm）。

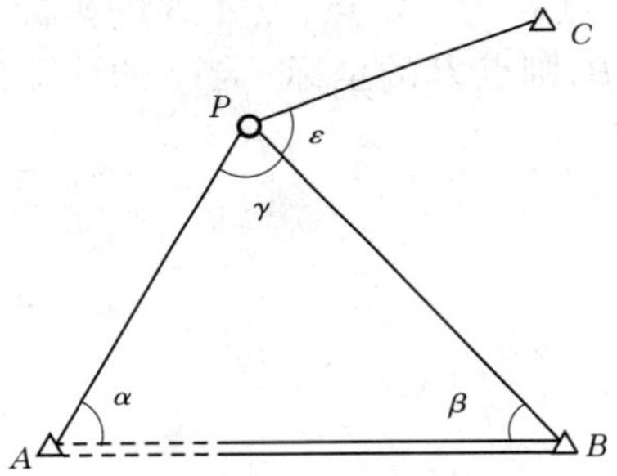

图 6-16　侧方交会法

侧方交会计算格式与前方交会相似，图 6-16 所示后方交会算例计算过程见表 6-8。

表 6-8　侧方交会计算表

点名	已知数据		观测数据	
	x（m）	y（m）		
A	547. 06	545. 19	α	54°26′00″

续表 6-8

点名	已知数据		观测数据	
	x(m)	y(m)		
B	547.06	659.88	β	40°52′36″
C	629.11	656.23	γ	84°41′24″
计算结果				
P	608.38		589.04	
计算检核	α_{PB}	130°52′48″	α_{PC}	72°51′13″
	D_{PC}	70.315 m	$\varepsilon_{算}$	58°01′35″
	$\varepsilon_{测}$	58°02′48″	$\Delta\varepsilon$	01′13″
	比例尺	1:500	$\Delta\varepsilon_{允}$	04′53″

四、后方交会法

设已知控制点 A、B、C 坐标分别为 x_A、y_A，x_B、y_B 和 x_C、y_C，三点所构成的三角形内角分别为 $\angle A$、$\angle B$ 和 $\angle C$，在待定点 P 上分别对 A、B、C 三点观测水平角方向值 R_A、R_B 和 R_C，如图 6-17 所示。

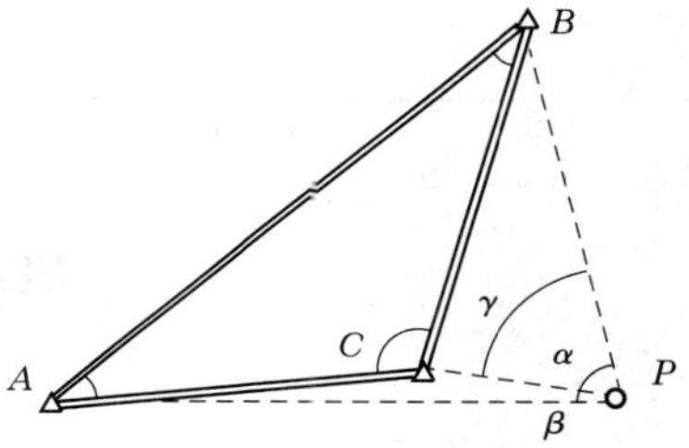

图 6-17　后方交会法

设

$$\alpha = R_C - R_B \tag{6-25}$$

$$\beta = R_A - R_C \tag{6-26}$$

$$\gamma = R_B - R_A \tag{6-27}$$

$$P_A = \frac{1}{\cot\angle A - \cot\alpha} = \frac{\tan\alpha\tan\angle A}{\tan\alpha - \tan\angle A} \tag{6-28}$$

$$P_B = \frac{1}{\cot\angle B - \cot\beta} = \frac{\tan\beta\tan\angle B}{\tan\beta - \tan\angle B} \tag{6-29}$$

$$P_C = \frac{1}{\cot\angle C - \cot\gamma} = \frac{\tan\gamma\tan\angle C}{\tan\gamma - \tan\angle C} \tag{6-30}$$

则待定点 P 的坐标值为

$$x_P = \frac{P_A x_A + P_B x_B + P_C x_C}{P_A + P_B + P_C} \tag{6-31}$$

$$y_P = \frac{P_A y_A + P_B y_B + P_C y_C}{P_A + P_B + P_C} \tag{6-32}$$

图 6-17 所示后方交会算例计算过程见表 6-9。

表 6-9　后方交会计算表

已知点	x	y	Δx	Δy	方位角
A	840. 134	844. 422	161. 408	776. 194	78°15′10″
B	1 001. 542	1 620. 616	−342. 351	−337. 987	224°37′57″
C	659. 191	1 282. 629	180. 943	−438. 207	292°26′12″
A					
$\angle A$	34°11′02″	α	−68°02′36″	$P_A = \dfrac{1}{\cot\angle A - \cot\alpha}$	0. 533 193 3
$\angle B$	33°37′13″	β	−8°24′14″		
$\angle C$	112°11′45″	γ	76°26′50″	$P_B = \dfrac{1}{\cot\angle B - \cot\beta}$	0. 120 878 4
Σ	180°00′00″	Σ	180°00′00″		
$\cot\angle A$	1. 472 345 7	$\cot\alpha$	−0. 403 146 7	$P_C = \dfrac{1}{\cot\angle C - \cot\gamma}$	−1. 540 687 7
$\cot\angle B$	1. 503 965 9	$\cot\beta$	−6. 768 807 6		
$\cot\angle C$	−0. 408 007 6	$\cot\gamma$	0. 241 053 2	$P_A + P_B + P_C$	−0. 886 616 0
P 的坐标	$x_P = \dfrac{P_A x_A + P_B x_B + P_C x_C}{P_A + P_B + P_C} = 503.700$ $y_P = \dfrac{P_A y_A + P_B y_B + P_C y_C}{P_A + P_B + P_C} = 1\,500.078$				

第四节　高程控制测量

一、水准测量

（一）水准测量的技术指标

在地形测图和工程测量中，除了建立必要的平面控制，还要建立基本高程控制和加密高程控制。小区域内的基本高程控制常采用三、四等水准测量方法建立，加密高程控制网可采用图根水准测量或三角高程测量法建立。三、四等及图根水准测量的技术要求见表 6-10。

表 6-10　三、四等及图根水准测量的技术要求

技术项目	等级		
	三等	四等	图根水准
所用仪器	DS_3 水准仪 双面水准尺	DS_3 水准仪 双面水准尺	DS_3 水准仪 双面水准尺
测站观测顺序	后—前—前—后	后—后—前—前	后—后—前—前
最大允许视距（m）	75	100	150
前、后视距差（m）	≤ ±2. 0	≤ ±3. 0	≤ ±5. 0
K + 黑 − 红（mm）	≤ ±2	≤ ±3	≤ ±4

续表 6-10

技术项目	等级		
	三等	四等	图根水准
黑、红面高差之差(mm)	≤ ±3	≤ ±5	≤ ±6
每段前、后视距累积差(m)	≤ ±5	≤ ±10	≤ ±20
路线总长(km)	≤200	≤80	≤30
高差闭合差(mm)	$f_{h允} = \pm 12\sqrt{\sum D}$	$f_{h允} = \pm 20\sqrt{\sum D}$	$f_{h允} = \pm 40\sqrt{\sum D}$

(二)三、四等水准测量的施测方法

三、四等水准测量所使用的仪器、工具相同,作业方法也基本相同,区别主要在于限差不同。详细测量方法参见第二章相关内容。

二、三角高程测量

(一)三角高程测量原理

如图 6-18 所示,在点 A 处安置经纬仪,点 B 处竖立标杆,照准目标高为 v 时,测出的竖直角为 α,量出仪器高为 i。设 A、B 两点间的水平距离为 D,由图 6-18 可知

$$h_{AB} + v = D\tan\alpha + i \qquad (6\text{-}33)$$

$$h_{AB} = D\tan\alpha + i - v \qquad (6\text{-}34)$$

令 $h' = D\tan\alpha$,则式(6-35)可写成

$$h_{AB} = h' + i - v \qquad (6\text{-}35)$$

若点 A 高程为 H_A,则点 B 的高程 H_B 为

$$H_B = H_A + h_{AB} = H_A + h' + i - v \qquad (6\text{-}36)$$

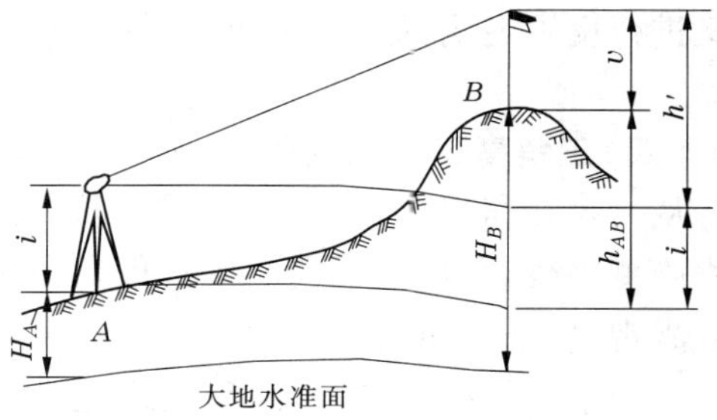

图 6-18　三角高程测量原理

(二)球气差影响及改正方法

三角高程测量中,地球曲率和大气折光的存在,对高差测量影响很大。如图 6-19 所示,MM' 为大气折光对高差的影响,称为气差;EF 为地球曲率对高差的影响,称为球差。

由图 6-19 可知

$$h_{AB} + v + MM' = h' + i + EF \qquad (6\text{-}37)$$

令 $f = EF - MM'$,则式(6-38)可写成

$$h_{AB} = h' + i - v + f \qquad (6\text{-}38)$$

式(6-39)即为受球气差影响的三角高程计算高差的公式。f 为球气差的联合影响,在我国境内一般取值为 $0.43D^2/R$,其中 D 为地面两点间的水平距离,R 为地球平均半径,取 6 371 km。

(三)三角高程测量的施测方法

三角高程测量一般采用直觇和反觇两种方法。如图 6-19 所示,在已知高程点 A 处安

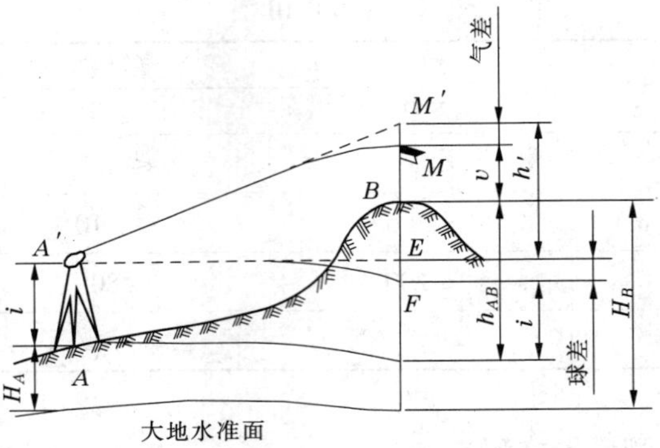

图 6-19　球气差对三角高程的影响

置经纬仪,观测待定点 B,以求得点 B 的高程 H_B,称为直觇。直觇的计算公式为

$$H_B = H_A + h_{AB} = H_A + D\tan\alpha_{AB} + i_A - v_B + f \tag{6-39}$$

在待定点 B 处安置经纬仪,观测已知高程点 A,以求得点 B 的高程 H_B,称为反觇。反觇的计算公式为

$$H_B = H_A - h_{AB} = H_A - D\tan\alpha_{AB} + i_B - v_A + f \tag{6-40}$$

在一条边上只进行直觇或反觇观测,称为单觇或单向观测;在同一条边上,既进行直觇又进行反觇观测,称为复觇或对向观测。为了检核和消除球气差的影响,一般采用复觇观测。

(四)三角高程路线测量

从一已知高程点开始,依次将各待定点连成一条高程施测路线,在每一条边上按三角高程测量方法进行复觇观测,从而推算各点高程,称为三角高程路线测量。为了进行检核,三角高程路线也应布设成闭合或附合路线的形式。三角高程路线算例见图 6-20 及表 6-11。

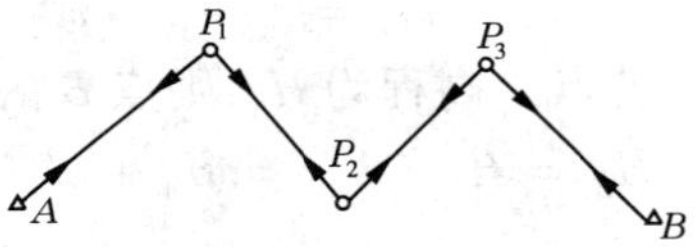

图 6-20　三角高程路线

表 6-11　三角高程路线计算表

所求点	P_1		P_2		P_3		B	
起点	A		P_1		P_2		P_3	
觇法	直	反	直	反	直	反	直	反
D(m)	604.66		632.80		508.67		512.36	
α	1°16′30″	−1°10′00″	2°06′30″	−2°00′12″	−2°30′10″	2°28′30″	1°12′18″	−1°10′20″
i(m)	1.50	1.52	1.47	1.52	1.52	1.50	1.46	1.49
v(m)	2.50	1.70	2.00	2.20	1.50	1.30	2.00	1.30
f(m)	0.02	0.02	0.03	0.03	0.02	0.02	0.02	0.02
h'(m)	13.46	−12.31	23.30	−22.13	−22.23	21.99	10.78	−10.48
h(m)	12.48	−12.47	22.80	−22.78	−22.19	22.21	10.26	−10.27

续表 6-11

所求点	P_1	P_2	P_3	B
$h_{中}$(m)	12.48	22.79	-22.20	10.26
v_h(m)	0.03	0.03	0.03	0.03
$h_{改}$(m)	12.51	22.82	-22.17	10.29
$H_{起}$(m)	279.86	292.37	315.19	293.02
$H_{终}$(m)	292.37	315.19	293.02	303.31

习 题

(一)选择题

6-1 下列不属于高程控制点的是( )。

A. 水准点 B. 三角高程点 C. 三角点 D. 以上答案都不对

6-2 导线的布置形式有( )。

A. 一级导线、二级导线、图根导线 B. 单向导线、往返导线、多边形导线

C. 闭合导线、附合导线、支导线 D. 经纬仪导线、电磁波导线、视距导线

6-3 导线测量的外业工作是( )。

A. 选点、测角、量边 B. 埋石、造标、绘草图

C. 距离丈量、水准测量、角度 D. 测水平角、测竖直角、测斜距

6-4 若两点 C、D 间的坐标增量 Δx 为负,Δy 为正,则直线 CD 的坐标方位角位于第( )象限。

A. Ⅰ B. Ⅱ C. Ⅲ D. Ⅳ

6-5 用导线全长相对闭合差来衡量导线测量精度的公式是( )。

A. $K=M/D$ B. $K=1/(D/|D|)$

C. $K=1/(\sum D/f_D)$ D. $K=1/(f_D/\sum D)$

6-6 导线的坐标增量闭合差调整后,应使纵、横坐标增量改正数之和等于( )。

A. 纵、横坐标增量闭合差,其符号相同 B. 导线全长闭合差,其符号相同

C. 纵、横坐标增量闭合差,其符号相反 D. 导线全长闭合差,其符号相反

6-7 导线的角度闭合差的调整方法是将闭合差反符号后( )。

A. 按角度大小成正比例分配 B. 按角度个数平均分配

C. 按边长成正比例分配 D. 按边长成反比例分配

6-8 导线坐标增量闭合差的调整方法是将闭合差反符号后( )。

A. 按角度个数平均分配 B. 按导线边数平均分配

C. 按边长成反比例分配 D. 按边长成正比例分配

6-9 四等水准测量中,同一站同一水准尺的红、黑面中丝读数差不能超过( )。

A. 3 m　　B. 3 mm　　C. 2 m　　D. 2 mm

6-10　四等水准测量中,平均高差的计算公式是(　)。

A. (黑面高差 + 红面高差)/2　　B. [黑面高差 + (红面高差 ±0.1 m)]/2

C. [黑面高差 + (红面高差 +0.1 m)]/2　　D. [黑面高差 + (红面高差 −0.1 m)]/2

(二)计算题

6-11　某闭合导线,其横坐标增量总和为 −0.35 m,纵坐标增量总和为 0.46 m,如果导线总长度为 1 216.38 m,试计算导线全长相对闭合差和边长每 100 m 的坐标增量改正数。

6-12　已知四边形闭合导线外业测量成果见表 6-12,完成闭合导线内业计算。

表 6-12　闭合导线计算表

点号	观测角 (° ′ ″)	改正后角值 (° ′ ″)	坐标方位角 (° ′ ″)	边长 (m)	坐标增量 (m)		改正后坐标增量(m)		坐标值 (m)	
					Δx	Δy	Δx	Δy	x	y
1	2	3	4	5	6	7	8	9	10	11
A									600.00	600.00
			43 32 06	299.31						
B	75 56 00									
				232.40						
C	107 19 32									
				239.92						
D	87 30 12									
				239.19						
A	89 15 12									
B										
Σ										
计算公式										

第七章　地形图的测绘与应用

第一节　概　述

地面上的道路、河流等自然物体或房屋、桥梁等人工建筑物(构筑物)称为地物,地球表面的山峰、丘陵、平原、盆地、沟壑、峡谷等高低起伏的形态称为地貌,地物和地貌总称为地形。地形图就是将地表一定区域内的地物、地貌按照某种数学法则投影到水平面上,按照规定的符号和比例尺,经过综合取舍绘制而成的图形。仅反映地物的平面位置、不反映地貌变化的图,称为平面图。

地形图按照其载体不同可分为纸质地图和电子地图。传统的纸质地图是以纸张为载体,是三维地形在二维平面上的模拟;电子地图(数字地图)是以数字形式存储在计算机里的。地形图按照表达方式不同可分为线划图和影像图。用各种线划符号和注记说明表示的为线划图,在航拍相片的基础上加工而成并保留有地面影像的为影像图。

一、地形图比例尺及其比例尺精度

(一)地形图比例尺概念及其分类

地形图比例尺是指图上线段长度和实地相应长度之比。

比例尺按照表示方法的不同,可分为数字比例尺、直线比例尺和复式比例尺三种。

1. 数字比例尺

数字比例尺一般是以1作为分子的分数形式表示的,设图上某一直线长度为 d,相应地面线段的水平距离为 D,则图的比例尺为 $d/D=1/M=1/(D/d)$,M 为比例尺分母。

通常将1∶500、1∶1 000、1∶2 000、1∶5 000、1∶10 000称为大比例尺地形图,将1∶2.5万、1∶5万、1∶10万称为中比例尺地形图,将1∶25万、1∶50万、1∶100万称为小比例尺地形图。

数字比例尺分数值越大,即分母越小,则比例尺越大,它在图上表示的地物地貌也越详细。数字比例尺通常标注在图廓下方正中央处。

2. 直线比例尺

直线比例尺又称图式比例尺,为了直接而方便地进行图上与实地相应的水平距离化算和减小图纸伸缩误差,常在图廓下方绘一直线比例尺。绘制时先在图上绘两条平行线,再把它分成若干相等的线段,称为比例尺的基本单位,一般为2 cm,将左端的一段基本单位又分成10等份。如图7-1所示。

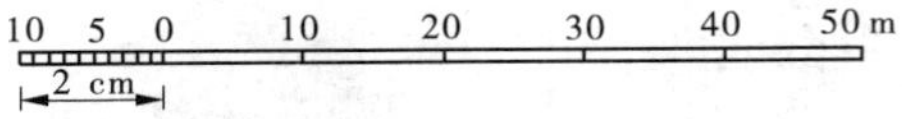

图 7-1　直线比例尺

(二)地形图比例尺精度

通常认为人的肉眼在图纸上的分辨率为 0.1 mm,所以规定图上 0.1 mm 所对应的实地距离叫做比例尺精度,用 δ 表示,则 $\delta = 0.1\ \text{mm} \times M$。例如,1∶2 000 地形图的精度为 0.2 m。几种常见比例尺地形图的比例尺精度见表 7-1。

表 7-1　几种常见比例尺地形图的比例尺精度

比例尺	1∶500	1∶1 000	1∶2 000	1∶5 000	1∶10 000
比例尺精度(m)	0.05	0.1	0.2	0.5	1.0

根据比例尺的精度,可以确定测图时距离量取的精度,例如,测绘 1∶2 000 比例尺地形图时,其比例尺的精度为 0.2 m,故量距的精度只需到 0.2 m,小于 0.2 m 在图上表示不出来。另外,当设计规定需在图上能量出的实地最短长度时,根据比例尺的精度,可以反算从而确定测图比例尺。

比例尺越大,表示的实地地物和地貌情况越详细,精度越高。但是对于同一测区,测绘大比例尺地形图通常要增加测绘工作量和经费,因此采用何种比例尺测图,应从工程实际需要的精度出发,而不应盲目追求更大比例尺的地形图。

二、地物、地貌的表示方法

为了便于测图和用图,规定在地形图上使用许多不同的符号来表示地物和地貌的形状与大小,这些符号总称为《地形图图式》。《地形图图式》是测绘地形图的基本依据之一,是正确识读和应用地形图的重要工具。表 7-2 是常见的地物符号。

(一)地物符号

地形图上表示各种地物的形状大小和位置的符号,叫地物符号。如测量控制点、居民地、独立地物、管线、道路、水系、植被等。根据地物的形状大小和描绘方法的不同,地物符号可以分为以下几种。

1. 依比例尺符号

地物的平面轮廓,依地形图比例尺缩绘到图上的符号,称为依比例尺符号。如房屋、湖泊、农田等。依比例尺符号不仅能反映出地物的平面位置,而且能反映出地物的形状和大小。

2. 不依比例尺符号

有些重要地物其轮廓较小,按测图比例尺缩小在图纸上无法表示出来,而用规定的符号表示,称为不依比例尺符号。如控制点、独立树、电杆、水塔、路灯。不依比例尺符号只表示物体的中心或中线的位置,不表示物体的形状和大小。

表 7-2　常见的地物符号

编号	符号名称	图　　例
1	坚固房屋 4—房屋层数	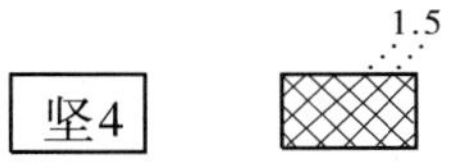
2	普通房屋 2—房屋层数	
3	窑　洞 1.住人的 2.不住人的 3.地面下的	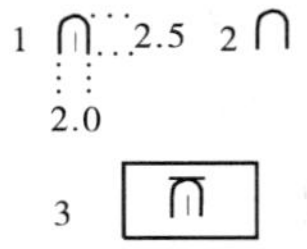
4	台　阶	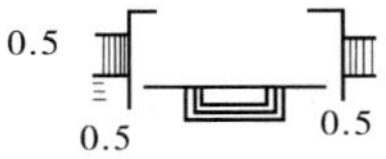
5	花　圃	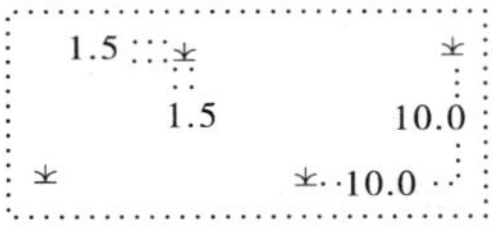
6	草　地	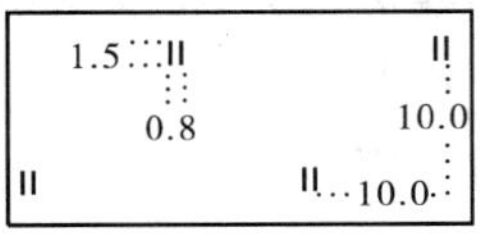
7	经济作物地	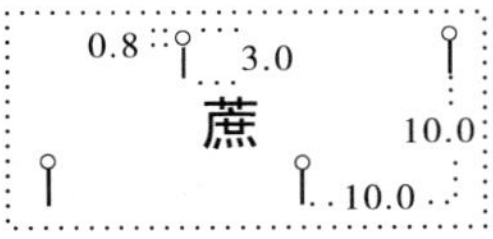
8	水生经济作物地	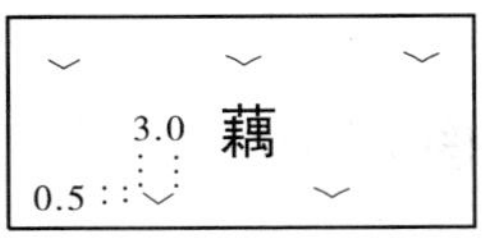
9	水稻田	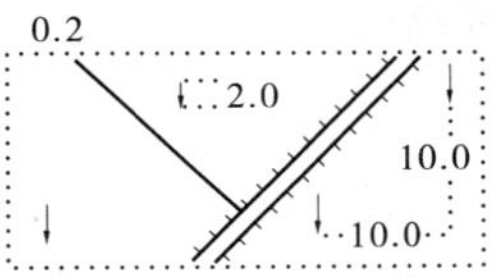
10	旱　地	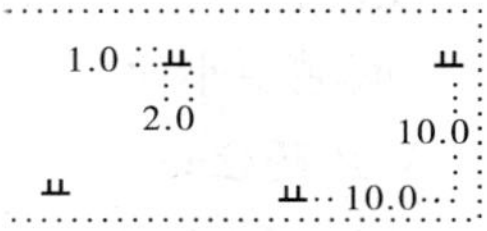
11	灌木林	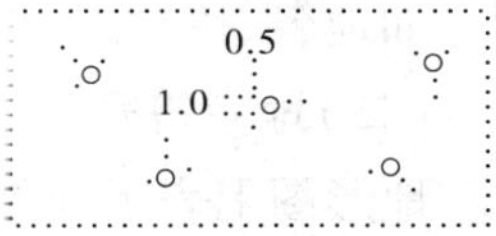
12	菜　地	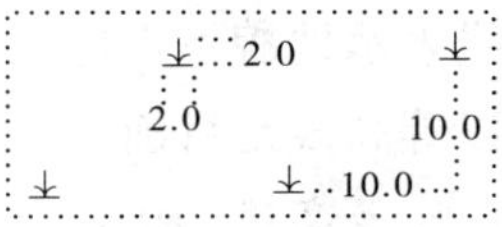
13	高压线	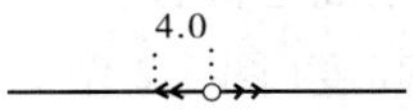
14	低压线	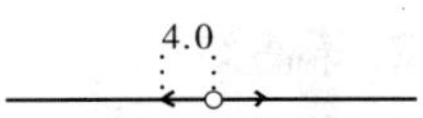
15	电　杆	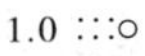
16	电线架	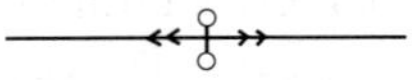
17	砖、石及混凝土围墙	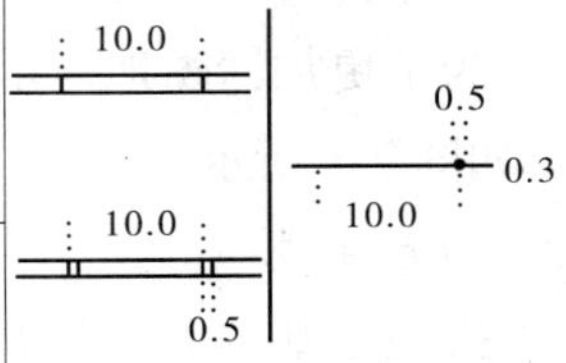
18	土围墙	
19	栅栏、栏杆	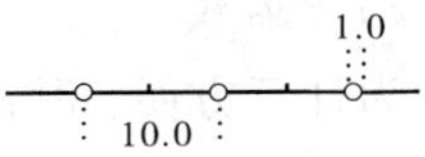
20	篱　笆	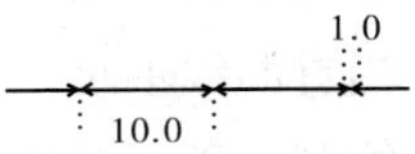

3. 半依比例尺符号

对于一些狭长地物，如管线、围墙、通信线等，其长度依测图比例尺表示，宽度不依比例尺表示，称为半依比例尺符号。

注意：这几种符号的使用不是固定不变的，同一地物，在大比例尺图上采用依比例尺符号，而在中小比例尺图上可能采用不依比例尺符号或半依比例尺符号。

4. 地物注记

地形图上用文字、数字或特定符号对地物的性质、名称、高程等加以说明，称为地物注记。如地名、控制点名、高程、房屋层数、机关名称、河流流向、道路等级等。

（二）地貌符号

地形图上表示地貌的方法很多，普通地貌（山头、山脊、山谷、山坡、鞍部等）通常用等高线表示，典型地貌（陡坎、斜坡、冲沟、悬崖、绝壁、梯田等）通常用特殊符号表示。用等高线表示地貌不仅能表示出地面的起伏形态，而且可以根据它求得地面的坡度和高程等，所以等高线是目前大比例尺地形图表示地貌的主要方法。

1. 等高线

地面上高程相等的各相邻点所连成的闭合曲线称为等高线。如图 7-2 所示。设想以若干高度（图 7-2 中的 100 m、95 m、80 m 等）的平面与某山头相交，再将所有交线依次投影到水平面上，得到一组闭合曲线。显然每条闭合曲线上高程相等，所以称为等高线。

2. 等高距

地形图上相邻两条等高线的高差称为等高距，用 h 表示。同一幅地形图上等高距通常是相同的。等高距是由地形图的比例尺、地面起伏状况、精度要求及用图目的决定的。

3. 等高线平距

相邻两等高线间的水平距离称为等高线平距，用 d 表示。同一幅图中等高距相同，所以等高线平距 d 的大小和地形陡缓程度有关。地面坡度越大，d 越小；反之，地面坡度越小，d 越大；若地面坡度均匀则等高线平距相等。

4. 等高线的分类

为了更加清晰地表示地貌特征，同时方便用图，通常规定地形图上采用如下四种等高线，如图 7-3 所示。

1）首曲线

按规定基本等高距测定的等高线称为首曲线，也称为基本等高线。

2）计曲线

为计算方便，每隔四条首曲线加粗描绘的等高线称为计曲线，也称为加粗等高线。

3）间曲线

当首曲线不足以显示局部地貌特征时，可按 1/2 基本等高距在两条相邻首曲线之间内插绘制一条等高线，这样绘制的等高线称为间曲线，也称为半距等高线，常以长虚线表示，描绘时可不闭合。

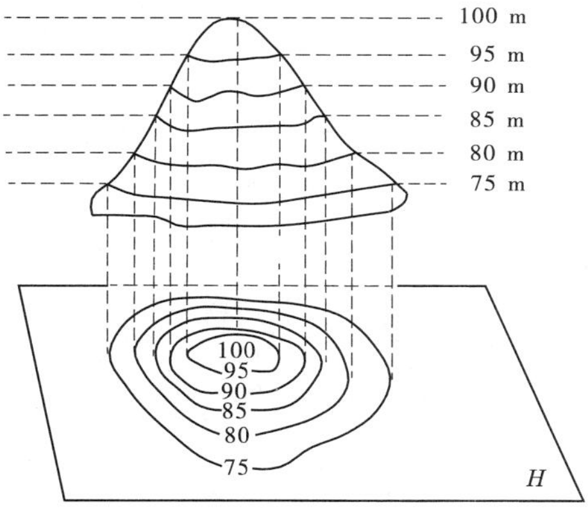

图 7-2　等高线示意图

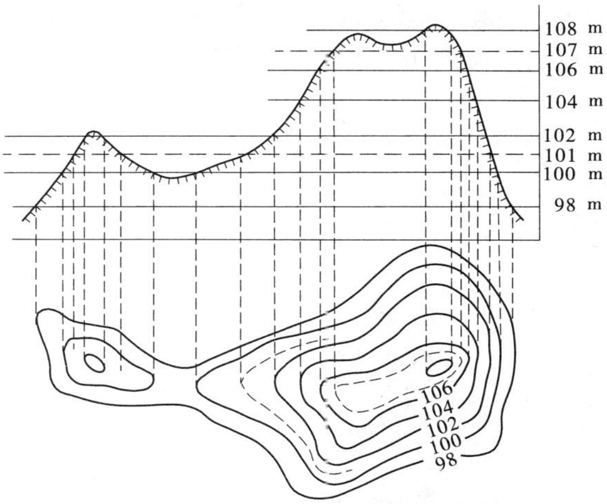

图 7-3　首曲线、计曲线、间曲线示意图

4)助曲线

当添加计曲线后仍不足以显示局部地貌特征时,可按 1/4 基本等高距在相邻首曲线与间曲线之间内插绘制等高线,这样绘制的等高线称为助曲线,也称为辅助等高线。常以短虚线表示,描绘时也可不闭合。

5. 几种典型地貌的等高线

1)山头与洼地的等高线

山地是指中间突起而高程高于四周的高地。高大的山地称为山岭,矮小的山地称为山丘。山的最高处称为山顶。地表中间部分的高程低于四周的低地,称为洼地,大的洼地叫做盆地(见图 7-4)。

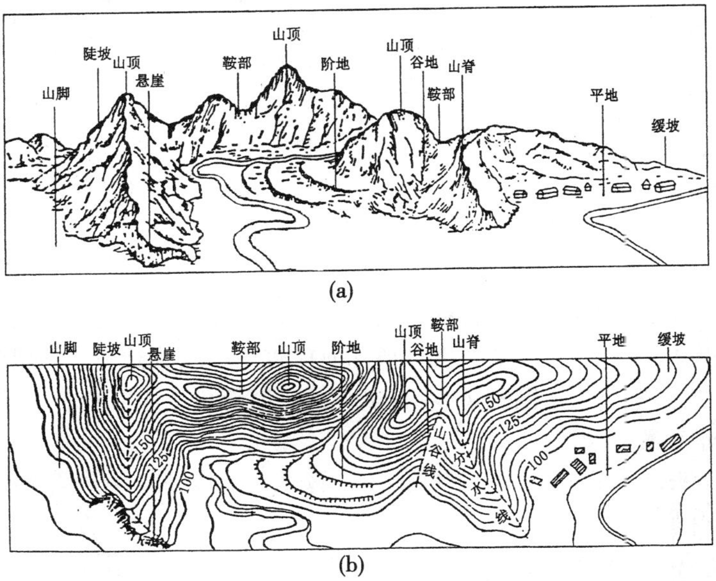

图 7-4　几种典型地貌的等高线

山头和洼地的等高线形状相似，都是一组闭合的曲线，区分方法是根据等高线上注记的高程判断，如果从里向外高程依次增大，则为洼地，反之则为山头。如图 7-5 和图 7-6 所示。

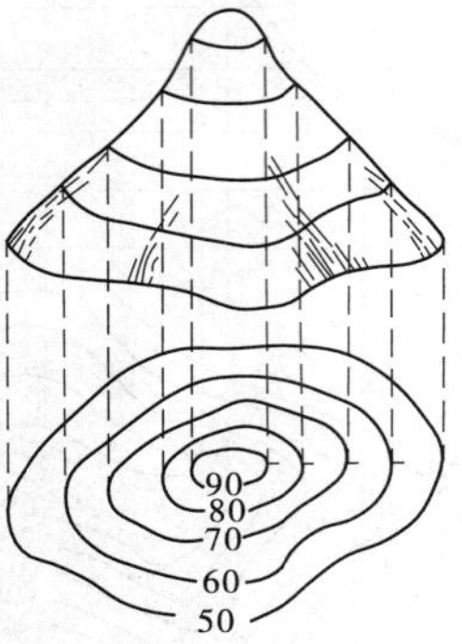

图 7-5　山头等高线

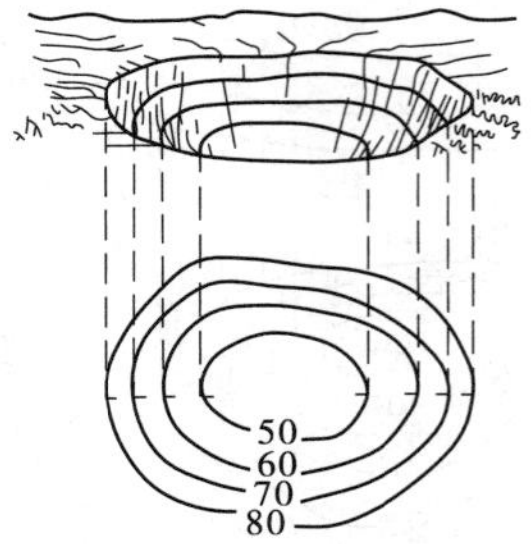

图 7-6　洼地等高线

如果等高线上无高程注记，则在等高线的斜坡下降方向绘一短线，来表示坡度降低方向，这些短线称为示坡线。

2）山脊与山谷的等高线

从山顶向山脚延伸并突起的部分称为山脊，其等高线是一组凸向低处的等高线。山脊上最高点与最低点的连线称为山脊线或分水线，如图 7-7 所示。

两个山脊之间向一个方向延伸的低凹部分称为山谷，其等高线是一组凸向高处的等高线。山谷中最高点与最低点的连线称为山谷线或合水线，如图 7-8 所示。

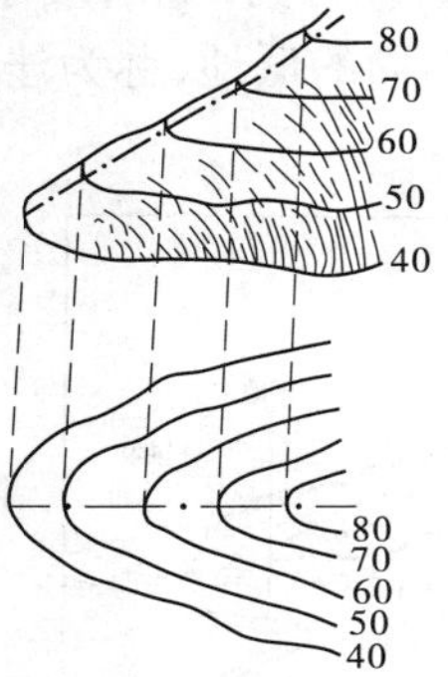

图 7-7　山脊线示意图

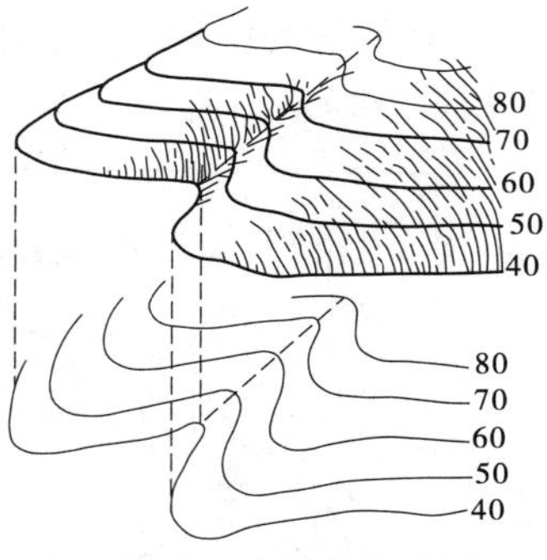

图 7-8　山谷线示意图

山脊线和山谷线是表示地貌特征的线，又称为地形线。地形线是构成地貌的骨架，测图时应尽可能在地形线上多采集点，软件成图时应将地形线放到一个图层中，构建三角网时应考虑地形线，并避免三角网的边线跨越地形线，以防止地形失真。

3）鞍部的等高线

相邻两个山头之间的低洼部分形状如同马鞍，故称为鞍部，其等高线是两组闭合曲线的组合（如图 7-9 所示）。

4）峭壁、悬崖的表示法

接近垂直的陡壁称为峭壁，如果用等高线表示峭壁，则等高线大部分将重合，导致等高线非常密集，所以采用特殊符号来表示。

上部向外凸出、中间凹进的地形叫做悬崖，其上部等高线与下部等高线的投影将产生相交，所以下部凹进的等高线用虚线表示，如图7-10所示。

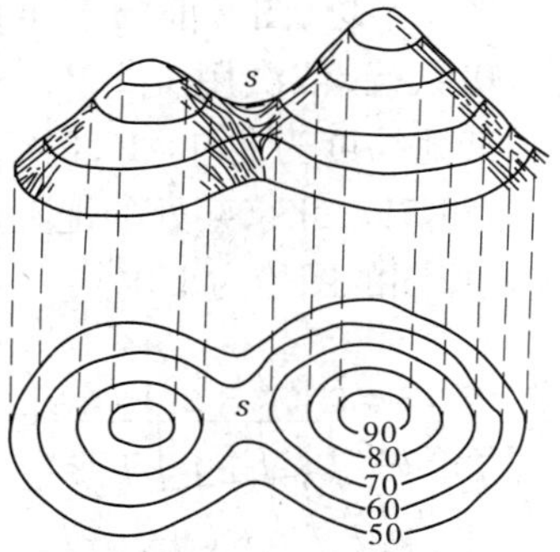

图7-9　鞍部等高线示意图

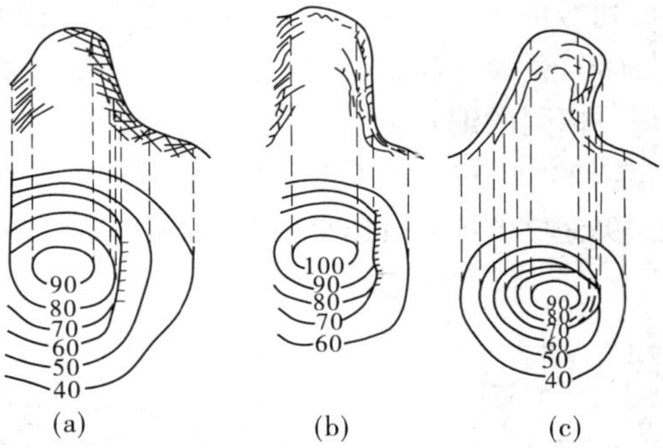

图7-10　悬崖峭壁等高线示意图

6. 等高线的特性

按上述等高线的表示方法，可以总结出下列等高线的特性：

(1)等高性。同一等高线上各点高程必相等。

(2)闭合性。等高线为一闭合曲线，如不在本幅图内闭合，则在相邻的其他图幅内闭合。等高线不能在图幅内中断。

(3)非交性。除悬崖峭壁外，不同高程的等高线不能相交。

(4)正交性。山脊与山谷的等高线分别与山脊线和山谷线正交。

(5)反比性。在同一图幅内，等高线平距大，表示地面坡度小，反之则地面坡度大。等高线平距相等则地面坡度相等。倾斜平面上的等高线是间距相等的平行直线。

三、地形图的分幅与编号

为了不遗漏、不重复地测绘各地区的地形图，也为了能科学管理、使用大量的各种比例尺地形图，必须将不同比例尺的地形图按照国家统一规定进行分幅和编号。

所谓地形图分幅和编号，就是以经纬线（或坐标格网线）按规定的方法，将地球表面划分成整齐的、大小一致的、一系列梯形（矩形或正方形）的图块，每一图块叫做一个图幅，并给以统一的编号。地形图的分幅分为两类：一类是按经纬线分幅的梯形分幅法，也称国际分幅法；另一类是按坐标格网分幅的矩形分幅法。前者用于中、小比例尺的国家基本图分幅，后者用于城市大比例尺图的分幅。

（一）梯形图幅分幅与编号

地形图的梯形分幅由国际统一规定的经线为图的东西边界，统一规定的纬线为南北边界。由于各条经线（子午线）向南、北极收敛，所以整个图形略呈梯形。其划分方法和编号，随比例尺的不同而不同。为了便于计算机检索和管理，1992年国家标准局发布了《国家基本比例尺地形图分幅和编号》（GB/T 13989—92）国家标准，自1993年7月1日起实施。

1. 1:100万地形图的分幅与编号

1:100万地形图的分幅与编号是国际统一的，是其他比例尺地形图分幅和编号的基础。如图 7-11 所示。1∶100 万地形图采用正轴等角圆锥投影编绘方法成图。分幅、编号采用国际 1∶100 万地图分幅标准,从赤道开始,纬度每 4°为一列,依次用字母 A,B,C,…,V 表示,列号前冠以 N 或 S,以区别北半球和南半球(我国地处北半球,图号前的 N 全部省略);从 180°经线算起,自西向东 6°为一纵行,将全球分为 60 纵行,依次用 1,2,3,…,60 表示,每一幅图的编号由其所在的行号和列号组成。如:沈阳某地纬度为北纬 41°50′43″、经度为东经 123°24′37″,则其所在 1∶100 万比例尺地形图的图号为 K51。北京某处的地理坐标为北纬 39°56′23″、东经 116°22′53″,则所在的 1∶100 万比例尺地形图的图号为 J50。

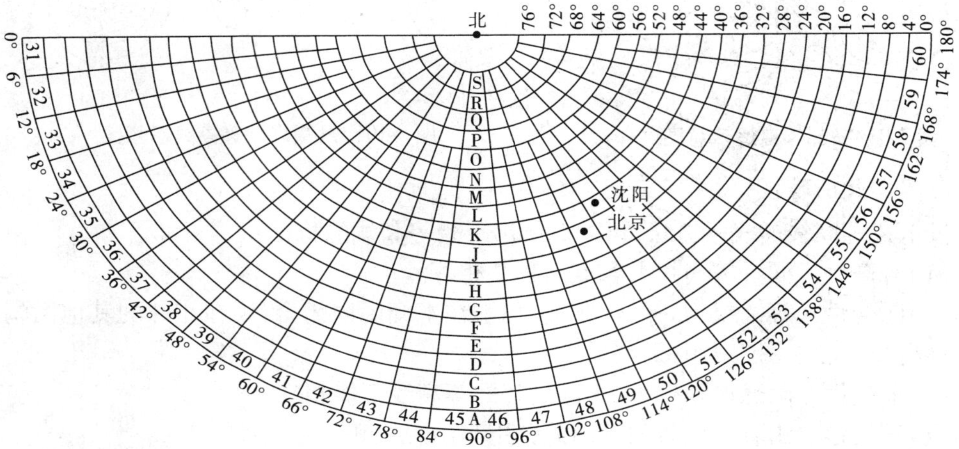

图 7-11　1∶100 万地形图的分幅和编号

2. 1∶50 万 ~ 1∶5 000 比例尺地形图的分幅与编号

大于 100 万比例尺的地形图分幅与编号都是在 1∶100 万地形图图幅的基础上,分别以不同的经差和纬差将 1∶100 万图幅划分为若干行和列,所得行数、列数及各个比例尺地形图的经差、纬差、比例尺代号等见表 7-3。

表 7-3　各种比例尺地形图梯形分幅

比例尺	图幅大小		比例尺代号	1∶100 万图幅包含该比例尺地形图的图幅数(行数×列数)	某地图图号
	经差	纬差			
1∶500 000	3°	2°	B	2×2=4(幅)	K51 B 002002
1∶250 000	1°30′	1°	C	4×4=16(幅)	K51 C 004004
1∶100 000	30′	20′	D	12×12=144(幅)	K51 D 012010
1∶50 000	15′	10′	E	24×24=576(幅)	K51 E 020020
1∶25 000	7.5′	5′	F	48×48=2 304(幅)	K51 F 047039
1∶10 000	3′45″	2′30″	G	96×96=9 216(幅)	K51 G 094079
1∶5 000	1′52.5″	1′15″	H	192×192=36 864(幅)	K51 H 187157

每一图幅的编号如图 7-12 所示。

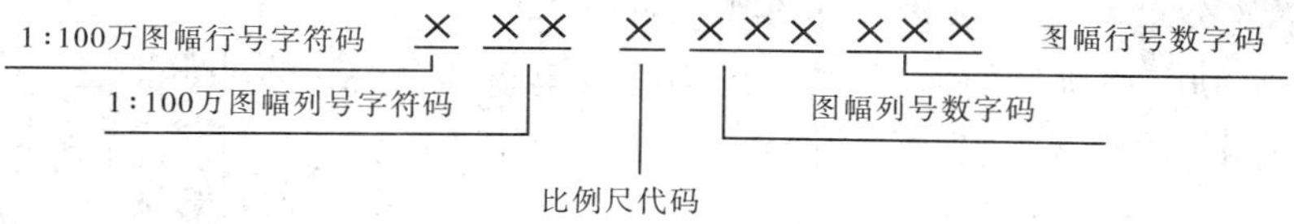

图 7-12　1:50 万～1:5 000 比例尺地形图图号的数码构成

例如,某地经度为 123°24′,纬度为北纬 41°50′,求其所在的 1:10 000 比例尺的地形图的编号。

由表 7-3 可知,此地在 1:100 万地形图上的图号为 K51,其西侧经线经度为 120°,南侧纬线纬度为 40°。因为 1:10 000 图是由 1:100 万图划分成 96×96 而组成的,其每列经差、每行纬差分别为 3′45″和 2′30″,由该地距 1:100 万图的西、南图边线的经、纬差除以相应每列、行的经、纬差,就可计算得到此地所在 1:10 000 图的行号和列号。计算如下:

123°24′－120°＝3°24′,　3°24′/3′45″＝54.4,即列号为 055;

41°50′－40°＝1°50′,　1°50′/2′30″＝44。

因为北半球纬度由南往北增加,所以求得的 44 是指倒数第 44 行,即正数行号为 053。所以,此地所在 1:10 000 地形图的图幅编号为 K51 G 053055。

(二)正方形或矩形图幅的分幅与编号

为满足规划设计、工程施工等需要而测绘的大比例尺地形图,大多数采用正方形或矩形分幅法,它按统一的坐标格网线整齐行列分幅。图幅大小见表 7-4。

表 7-4　几种大比例尺图的图幅大小

比例尺	正方形分幅		矩形分幅	
	图幅大小(cm^2)	实地面积(km^2)	图幅大小(cm^2)	实地面积(km^2)
1:5 000	40×40 或 50×50	4 或 6.25	50×40	5
1:2 000	50×50	1	50×40	0.8
1:1 000	50×50	0.25	50×40	0.2

常见的图幅大小为 50 cm×50 cm、50 cm×40 cm 或 40 cm×40 cm,每幅图中以 10 cm×10 cm 为基本方格。一般规定,对 1:5 000 比例尺的地形图的图幅,采用纵、横各 40 cm 的图幅,即实地为 2 km×2 km＝4 km^2 的面积;对 1:2 000、1:1 000 和 1:500 比例尺的图幅,采用纵、横各 50 cm 的图幅,即实地为 1 km^2、0.25 km^2、0.062 5 km^2 的面积。以上均为正方形分幅,也可采用纵距为 40 cm、横距为 50 cm 的分幅,总称为矩形分幅。图幅编号与测区的坐标值联系在一起,便于按坐标查找图幅。地形图按矩形分幅时,常用的编号方法有图幅西南角坐标公里数编号法和原点置于图幅中心的编号方法。

1. 图幅西南角坐标公里数编号法

此编号法即采用图幅西南角坐标公里数,x 坐标在前,y 坐标在后。其中 1:1 000、1:2 000比例尺图幅坐标取至 0.1 km(如 245.0—112.5),而 1:500 图幅则取至 0.01 km

(如12.80—27.45)。以每幅图的图幅西南角坐标值 x、y 的公里数作为该图幅的编号,如图7-13所示为1:1 000比例尺的地形图,按图幅西南角坐标公里数编号法编号。其中画阴影线的两幅图的编号分别为2.5—1.5和3.0—2.5。

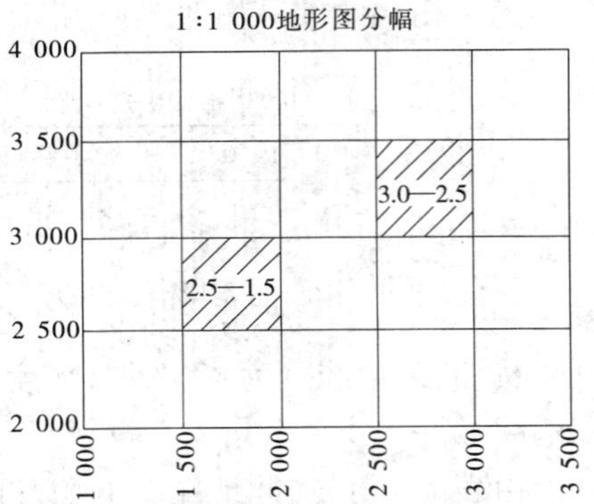

图7-13 图幅西南角坐标公里数编号法

2.原点置于图幅中心编号法(基本图幅编号法)

将坐标原点置于城市中心,用 x、y 坐标轴将城市分成Ⅰ、Ⅱ、Ⅲ、Ⅳ四个象限,如图7-14(a)所示。以城市地形图最大比例尺1:500图幅为基本图幅,图幅大小为50 cm×40 cm,实地范围为东西250 m、南北200 m。行号按坐标的绝对值 $x=0\sim200$ m编号为1,$x=200\sim400$ m编号为2…;列号按坐标的绝对值 $y=0\sim250$ m编号为1,$y=250\sim500$ m编号为2…;依次类推。x,y 编号中间以斜杠(/)分割,成为图幅号。

如图7-14(b)所示为1:500比例尺图幅在第一象限中的编号;每4幅1:500比例尺的图构成1幅1:1 000比例尺的图,因此同一地区1:1 000比例尺的图幅的编号如图7-14(c)所示。每16幅1:500比例尺的图构成一幅1:2 000比例尺的图,因此同一地区1:2 000比例尺的图幅的编号如图7-14(d)所示。

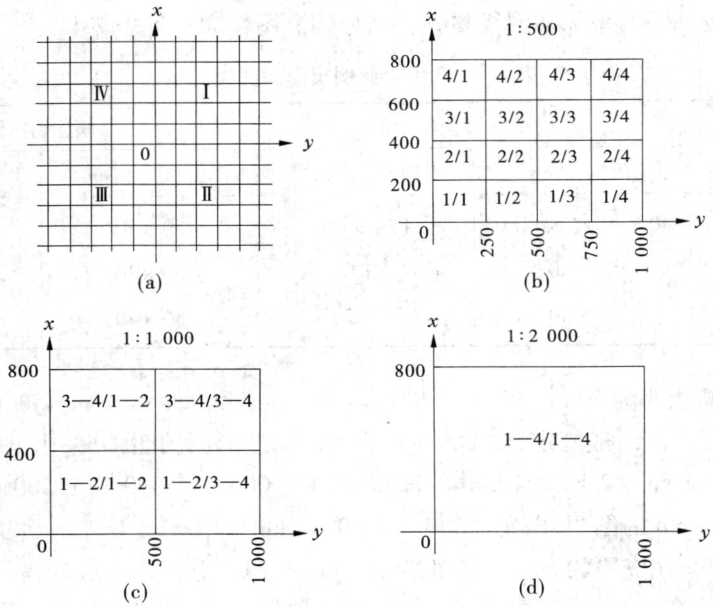

图7-14 基本图幅编号法

这种编号方法的优点是:看到编号就可知道图的比例尺,其图幅的坐标值范围也很容易计算出来。例如有一幅图编号为Ⅱ39—40/53—54,知道为一幅1:1 000比例尺的图,位于第Ⅱ象限(城市的东南区),其坐标值的范围是:

x: $-200\ \text{m}\times(39-1)\sim-200\ \text{m}\times40=-7\ 600\sim-8\ 000\ \text{m}$

y: $250\ \text{m}\times(53-1)\sim250\ \text{m}\times54=13\ 000\sim13\ 500\ \text{m}$

另外已知某点坐标，即可推算出其在某比例尺的图幅编号。如某点坐标为(7 650，-4 378)，可知其在第Ⅳ象限，由其所在的1∶1 000比例尺地形图图幅的编号可以算出

N1 = [int(abs(7 650))/400] ×2 +1 =39

M1 = [int(abs(-4 378))/500] ×2 +1 =17

所以，其在1∶1 000比例尺图上的编号为Ⅳ39—40/17—18。

例如，某测区测绘1∶1 000地形图，测区最西边的y坐标线为74.8 km，最南边的x坐标线为59.5 km，采用50 cm×50 cm的正方形图幅，则实地500 m×500 m，于是该测区的分幅坐标线为：由南往北是x值为59.5 km，60.0 km，60.5 km…的坐标线，由西往东是y值为75.3 km，75.8 km，76.3 km…的坐标线。所以，正方形分幅划分图幅的坐标线须依据比例尺大小和图幅尺寸来定。

3. 其他图幅编号方法

如果测区面积较大，则正方形分幅一般采用图廓西南角坐标公里编号法，而面积较小的测区则可选用流水编号法或行列编号法。

(1)流水编号法：即从左到右，从上到下以阿拉伯数字1，2，3…编号，如图7-15中第13图可以编号为：××—13(××为测区名称)。

(2)行列编号法：一般以代号(如A，B，C…)为行号，从上到下排列；以阿拉伯数字1，2，3…作为列代号，从左到右排列。图幅编号为：行号—列号，如图7-16所示的B—5。

1	2	3	4	5	6
7	8	9	10	11	12
13	14	15	16	17	18

图7-15 流水编号法

A—1	A—2	A—3	A—4	A—5	A—6
B—1	B—2	B—3	B—4	B—5	B—6
C—1	C—2	C—3	C—4	C—5	C—6

图7-16 行列编号法

第二节 大比例尺地形图测绘

一、图纸准备

测绘地形图的图纸应该选用纸质细致、结实坚韧、颜色洁白且伸缩性小的纸张，通常使用的图纸为绘图纸或聚酯绘图薄膜。使用绘图纸时，为了减少图纸的伸缩，可将图纸裱糊在铝板或胶合木板上。聚酯薄膜属于近代合成树脂产品，它具有透明度好、伸缩性小、不怕潮湿、牢固耐用、可以水洗清洁图面以及可直接在底图上着墨复晒蓝图等优点，所以在生产中得到了广泛应用。但聚酯薄膜易燃、易折和易老化，故在使用过程中应注意防火防折，并注意妥善保管。测绘地形图，应选用0.07～0.1 mm厚度且表面磨毛后的聚酯薄膜。

二、绘制坐标格网

图纸准备好以后，首先要在图纸上精确绘制直角坐标方格网。绘制坐标方格网是为

了准确地将控制点展绘到图纸上。绘制方格网的方法有对角线法、坐标格网尺法和坐标仪法等。下面只介绍对角线法。

一般大比例尺地形图图幅为50 cm×50 cm或40 cm×50 cm，通常要绘制10 cm×10 cm的方格网。现以绘制50 cm×50 cm的坐标方格网为例，说明对角线法绘制坐标方格网的方法。

如图7-17所示，首先沿图纸的对角画出两条对角线，设其交点为M。用钢板尺从M点沿对角线上量取MA、MB、MC、MD四段相等的长度（略大于图幅对角线长度的一半）定出A、B、C、D四点，用直线顺序相连得矩形$ABCD$。从A点起分别沿直线AB和AD每隔10 cm定点，每条边上定出5个点；再分别从B点和D点起沿直线BC和DC每隔10 cm定点，同样每条边上定出5个点。连接对边的相应点，即得50 cm×50 cm的方格网。

坐标格网通常采用4H～6H绘图铅笔绘制，线粗0.1 mm。坐标格网绘制的技术要求是：图幅边长误差不得超过0.2 mm；对角线长度误差不得超过0.3 mm；各方格边长误差不得超过0.1 mm；对角线方向和平行于对角线方向各方格顶点应位于同一直线上，如图7-17中ab线所示，其偏离值不得超过0.2 mm。坐标格网绘好后，应立即进行检查，若不合要求，必须重新绘制。方格网绘制完毕，应擦去辅助线条。

三、展绘控制点

坐标网格绘制好以后，可将控制点按其坐标值展绘到坐标格网纸上，这项工作称为展点。

展点前，首先应根据分幅图将本图幅坐标格网的坐标值注在相应坐标格网边线的外侧，如图7-18所示。

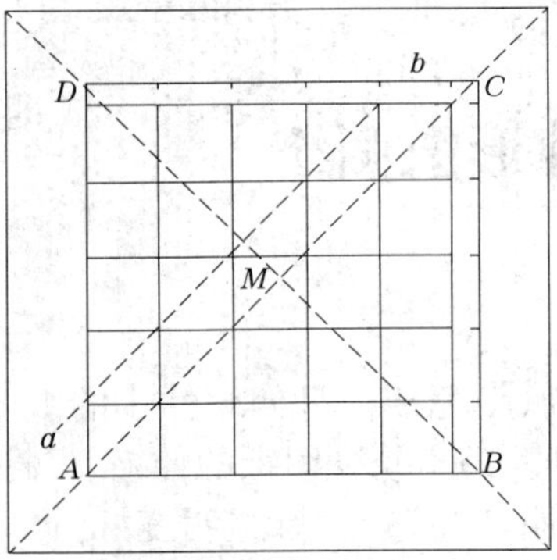

图7-17　坐标格网绘制方法

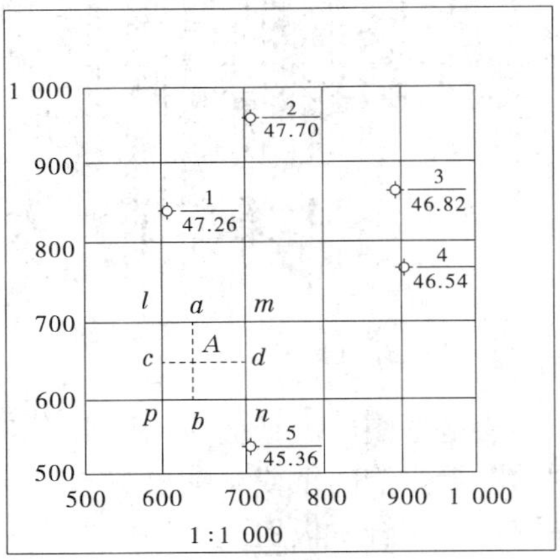

图7-18　控制点展点方法

展点时，首先根据图根点的坐标确定其所在的方格。如A点的坐标为$x_A=647.43$ m，$y_A=634.52$ m，可以确定其位置在$plmn$方格内。它与此格左下角点p的坐标差为：$\Delta x=47.43$ m，$\Delta y=34.52$ m，于是，分别从角顶点p和l起，沿方格网向右按测图比例尺量取一段34.52 m的长度，定出a、b两点；再由p、n两点起分别向上量取47.43 m得c、d两点；连接 ab、cd，则两直线的交点即为 A 点。用同样的方法将其他控制点展绘在图纸上。

最后用比例尺量取相邻两点间的长度，与相应的实际距离比较，其差值不得超过图上 0.3 mm。若不符合要求，应重新展绘。

展点经检查合格后，在控制点的右边画一条 8 mm 的横线，上方注明点号（或点名），下方标注高程，并将控制点按规定的符号整饰或绘"+"字形符号表示。

四、碎部点的选择

地面上地物和地貌的特征点统称为碎部点。地形（地物和地貌的总称）测图就是以碎部点为依据来勾绘成图的。

要使地形图能准确反映地形现状，碎部点的选择至关重要。

对于地物，碎部点应选在地物轮廓线的方向变化处，如房角点，道路转折点、交叉点，河岸线转弯点及独立地物的中心点等。连接这些特征点，便得到与实地相似的地物图形。对于形状极不规则的地物，一般规定主要地物的凹凸部分在图上大于 0.4 mm 时均应表示出来；小于 0.4 mm 时，可直接用直线连接。

对于地貌，碎部点应选在最能反映地貌特征的山脊线、山谷线等地形线上，如山顶、鞍部、山脚及坡地的方向和坡度变化处。根据这些地貌特征点的位置和高程内插勾绘等高线，即可将实际地貌在图上表示出来。

为了能准确地用等高线表示地貌形态，碎部点应有一定的密度。在平坦或坡度无显著变化地区，碎部点间的最大间距应符合国家统一规范的规定。

五、一个测站上的测绘工作

（一）测站上的准备工作

（1）如图 7-19 所示，将经纬仪安置在测图控制点 A 上，对中、整平，量取仪器高 i（量至厘米）。在测站附近适当位置安置图板（注意图板方位与实地方位应大体保持一致）。

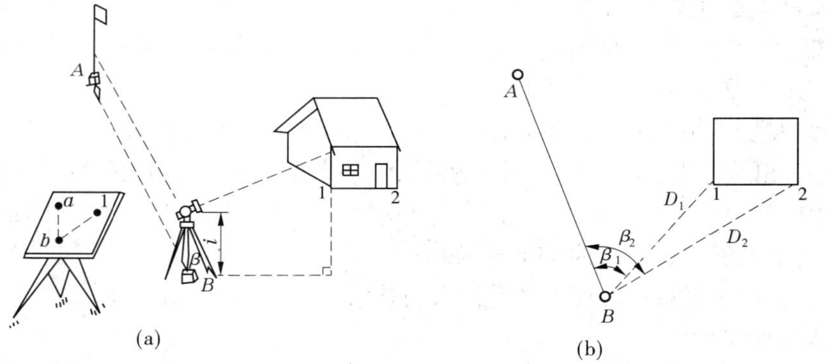

图 7-19　经纬仪测图法

（2）测站定向。正镜照准另一控制点 B，将水平度盘读数配置为 0°00′00″。

（3）如图 7-20 所示，在图上绘出相应控制点 B、A 的连线，并适当延长，作为该站的起始方向线（又称为定向线或零方向线）；然后在 A 点上刺入小针，将量角器圆心的小孔套在小针上。

（二）碎部点的施测

（1）立尺员立尺于待测点上。

（2）观测员转动望远镜，以十字丝纵丝照准标尺中央，读取水平角 β（读至分）。

（3）转动垂直微动螺旋使上丝或下丝与标尺上某一整刻划相重合，读取视距长度 kl（读至0.1 m）。

（4）读取中丝读数 v（读至厘米）。

（5）调整指标水准管气泡居中，读出竖盘读数 L（读至分），并换算出相应的竖直角 α。

（6）由测得的视距及竖直角，按视距公式计算出相应的水平距离（取至0.1 m）和高差（取至厘米），并根据测站高程计算出被测点的高程（取至厘米）。碎部测量的观测手簿见表7-5。

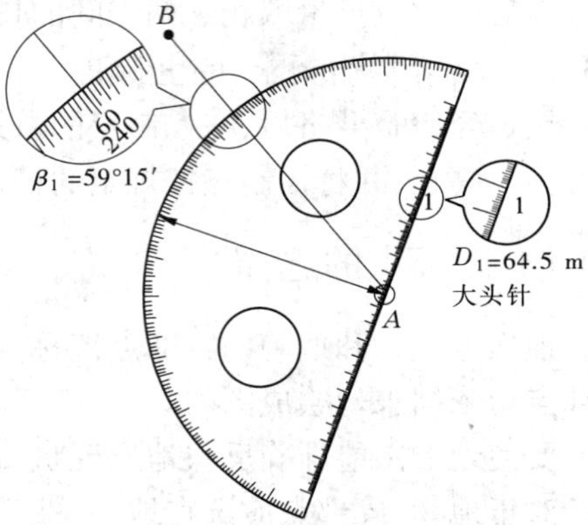

图7-20　碎部点的展绘

表7-5　碎部测量手簿

观测者：____记录者：____测站：　B　后视点：　A　测站高程：554.060 m　仪器高 $i=1.470$ m

点号	水平角（°　′）	竖盘读数	竖直角	视距（m）	中丝	平距（m）	高差（m）	高程（m）	备注
1	23　17	87°07′	+2°53′	38.4	0.47	38.3	+2.92	556.98	房角
2	54　32	90°58′	−0°58′	47.3	1.49	47.3	−0.81	553.25	房角
3	86　43	87°36′	+2°24′	59.0	1.47	58.9	+2.45	556.51	路边
4	95　37	92°18′	−2°18′	20.0	2.47	20.0	−1.81	552.25	路边

（三）碎部点的展绘

在碎部点施测的同时，绘图员应根据测得的水平角和计算出来的水平距离，用量角器，把已测得的碎部点展绘到图纸上。

展点时，如图7-20所示，使图上定向线对准量角器上等于水平角 β 的刻划线，沿量角器的直尺边量出按测图比例尺缩小后的水平距离，即可得到图上相应碎部点的位置；然后在点位右侧或其他位置侧注高程（注记字头一律朝北；基本等高距为0.5 m时，高程注记至厘米，等高距大于0.5 m时注记至分米）。

点位展出后，绘图员应参照实地情况及时连线绘图，并勾绘出等高线。

（四）地物的描绘

对于用比例符号表示的地物，应按图式规定的线型、线粗描绘其轮廓线，并按要求填绘说明符号；对于用半比例符号表示的地物，应按规定的线型、线粗或符号宽度描绘符号；对于用非比例符号表示的地物，应按图式规定的规格在其点位上描绘规定符号。

（五）地貌的描绘

能用等高线表示的地段，应先轻轻地描绘出山脊线、山谷线等地形线，然后按测点的高程勾绘出等高线。不能用等高线表示的地段，如悬崖、峭壁、陡坎、冲沟、雨裂等地貌，则按图式规定的符号绘出。

等高线是根据所测碎部点的高程勾绘出来的。等高线的高程是等高距的整倍数，而测得的碎部点高程往往不是等高距的整倍数，因此必须在相邻碎部点之间用内插法定出等高线通过的位置。由于地貌特征点是选在地面坡度变化处，因此可把相邻两点间的坡度看成是均匀坡度，这样即可按照两点间的平距与高差成正比的关系定出两点间各条等高线通过的位置。

如图 7-21 所示，A、B 两点的高程分别为 30.9 m 和 37.6 m，设等高距为 1 m，则 A、B 两点间必有高程为 31 m、32 m、33 m、34 m、35 m、36 m、37 m 七条等高线通过。首先确定 31 m 和 37 m 等高线通过的位置，即图 7-21(a) 中的 c 点和 i 点，从图 7-21 中不难看出

$$\frac{ac}{ab}=\frac{31-30.9}{37.6-30.9}=\frac{0.1}{6.7}=\frac{1}{67},\quad \frac{ib}{ab}=\frac{37.6-37}{37.6-30.9}=\frac{0.6}{6.7}=\frac{6}{67}$$

即

$$ac=\frac{1}{67}ab,\quad ib=\frac{6}{67}ab$$

式中　ab——A、B 两点间的图上平距，可用比例尺量得。

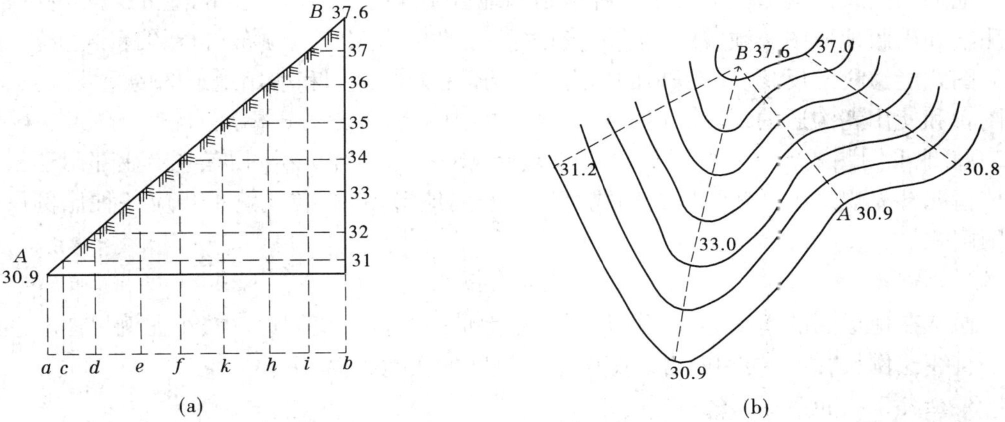

图 7-21　等高线的插绘

算出 ac、ib 的距离后，即可定出 c 和 i 在图上的位置；然后将 ci 六等分，即得 32 m、33 m、34 m、35 m、36 m 等高线的通过点 d、e、f、g、h。

同法求出其他相邻两点间的等高线位置，将同名高程的等高线位置点用光滑曲线依次相连，就是所要描绘的等高线，如图 7-21(b) 所示。

上面所述是插绘等高线的基本原理。实际工作中，都是根据上述原理用目估的方法来插绘的。目估的方法可归纳为："取头定尾、中间等分"，即判定两地形点间通过的等高线根数后，目估确定两端等高线的通过点，然后将这两条等高线之间的长度等分，从而确定其他等高线的通过点。

第三节　地形图的识读与应用

各种工程建设都需要在图上进行规划和设计,地形图是全面、客观地反映地面情况的可靠资料,所以正确、熟练地识读和应用地形图是工程技术人员必备的素质。

一、地形图的识读

(一)地形图识读的基本原则

(1)识读地形图要从图外到图内,从整体到局部,逐步深入到要了解的内容。

(2)地形图图式是地形绘图和识图的依据。

(3)熟悉各种地物、地貌的表示方法。

(4)熟悉各要素符号之间关系的处理原则。

(5)熟悉各种注记配置及图廓的整饰要求。

(二)地形图识读的基本内容

1. 图名、图式

地形图图名通常采用本幅图内最有代表性的地名来表示,标注于图幅上方中央。

地形图图式是地形图上表示各种地物和地貌要素的符号、注记和颜色的规则与标准,是测绘和出版地形图必须遵守的基本依据之一,是由国家统一颁布执行的标准。统一标准的图式能够科学反映实际场地的形态和特征,是人们识别和使用地形图的重要工具,是测图者和使用者沟通的语言。以前颁布实施的国家地形图图式标准有:1∶500、1∶1 000、1∶2 000地形图图式等。不同比例尺地形图所规定的图式有所不同,有些专业部门还根据具体情况补充规定了一些特殊的图式符号。使用地形图时,必须熟悉相应各种比例尺地形图图式。

2. 比例尺

通常在地形图的南图廓外正中位置注记地形图的数字比例尺,中、小比例尺图上还绘有一直线比例尺,以方便用图者测定图上两点间的实地距离。

3. 坐标系统和高程系统

我国大比例尺地形图一般采用国家统一规定的高斯平面直角坐标系统。城市地形测图一般采用该城市的坐标系统。工程建设也有采用工矿企业独立坐标系的。

高程系统最初使用的是“1956 黄海高程系”,1987 年开始使用“1985 国家高程基准”,使用时应注意两者之间的换算。

4. 图的分幅与编号

测区较大时,地形图是分幅测绘的,使用时应根据拼接示意图了解每幅图上、下、左、右的相邻图幅的编号,以便拼接使用。

5. 地物的识读

地形图上所有地物都是按照地形图图式上规定的地物符号和注记符号表示的,首先要熟悉图式上的一些常用符号,在此基础上进一步了解图上符号和注记的确切含义,根据这些来了解地物的种类、特征、分布状态等,如公路铁路等级、河流分布及流向、地面植被的分布及范围等。

6. 地貌的识读

普通地貌在图上是用等高线表示的,典型地貌是用专用符号表示的,因此在正确理解等高线特征和典型地貌符号特征的基础上,结合示坡线、高程点和等高线注记等,根据图上等高线判读出山头、山脊、山谷、山坡、鞍部等普通地貌,以及陡坎、斜坡、冲沟、悬崖、绝壁、梯田等典型地貌。同时根据等高距、等高线平距和坡度的关系,分析地面坡度变化及地形走势,从而了解地貌特征。

二、地形图的应用

(一)地形图的精度

地形图的精度指它的数学精度,即地形图上各点的平面位置和高程的精度。

《水利水电测量规范》规定:地物点平面位置中误差,在平原、丘陵地区一般不大于图上 ±0.6 mm,在山区不大于图上 ±0.8 mm。等高线的高程中误差在平原、丘陵地区一般不大于 1/3、1/2 基本等高距,在山区不大于 1 个基本等高距。

(二)选用地形图的若干问题

1. 水利水电工程建设各阶段的用图

对地形图的使用,首先是对图的选取。应根据工程规划设计对图纸上平面位置和高程精度的要求,结合不同地形图的精度进行分析、比较,来选取适当比例尺和等高距的地形图。

在水利水电工程的规划、设计、施工各阶段中,都要使用不同比例尺的地形图,一般来说:作流域规划时,选用 1∶5万或 1∶10 万比例尺地形图,以计算流域面积,研究流域的综合开发利用;在修建水库时,要用 1∶1万或 1∶2.5 万比例尺地形图,以便计算库容;用于工程布置及地质勘探时,选用 1∶5 000 或 1∶10 000 比例尺地形图;对于水工建筑物的设计,选用 1∶1 000、1∶2 000或 1∶5 000 比例尺地形图;在施工阶段,一般要选用 1∶100、1∶200、1∶500 比例尺的施工详图。

2. 点位精度要求决定用图比例尺

地物点平面位置的精度与地形图比例尺的大小有关。设计对象的位置有一定的精度要求,若比例尺不当,就会影响设计质量。所以,设计人员应根据实际需要的平面位置精度来选用适当比例尺的地形图。

3. 根据点的高程精度要求确定等高距

在规划设计时,由地形图确定点的高程,是根据相邻两条等高线按比例内插求得的。因而,点的高程误差主要受两项误差的影响,一是等高线高程中误差,二是图解点的平面位置时产生的误差所引起的高程误差。

4. 按点位和高程的精度要求选用地形图

某些工程在选用地形图时,既要从点的平面位置精度来考虑,又要从高程精度来考虑。

(三)地形图应用的基本内容

1. 在地形图上确定图上某点的坐标和高程

图上一点的位置,通常采用量取坐标的方法来确定。大比例尺地形图上,都绘有纵、横坐标方格网(或在交点处绘一十字线),图框边线上的数字就是坐标格网的坐标值,它们是量取坐标的依据。

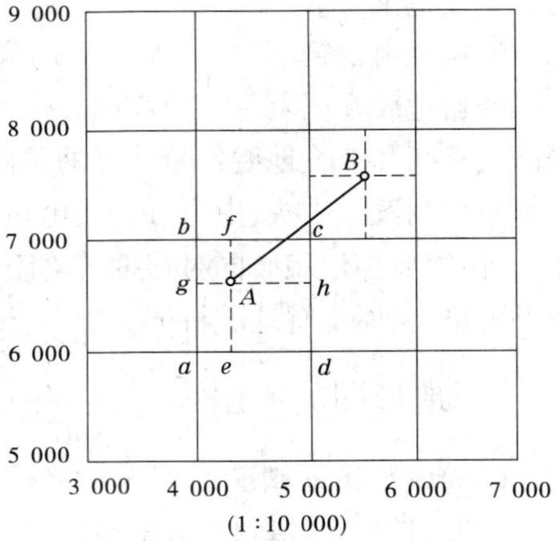

图 7-22　点的坐标量测示意图

欲求图 7-22 中 AB 线两端点 A 和 B 的坐标,可过 A 点作平行于 x 轴和 y 轴的直线 ef 和 gh,用比例尺1:10 000分别量出 $ag=739$ m,$ae=300$ m,则

$$xA = xa + ag = 6\ 000 + 739 = 6\ 739(\text{m})$$

$$yA = ya + ae = 4\ 000 + 300 = 4\ 300(\text{m})$$

还应量出 gb 和 ed 的距离,作为校核。

数字地形图中量测点的坐标非常方便,能够获得精确的坐标值。应用 CAD 中的 id (Identify)命令即可量测得到点的三维坐标。量测时需要用鼠标扑捉点位,扑捉方式用 snap 命令进行设置。

2. 在地形图上确定某条线段的长度和方向

1)直接量取法

当所量线段较短且精度要求不高时,可用比例尺或直尺直接在图上量得实际距离,而方位角则用量角器量取。

2)坐标反算法

当所量线段很长,甚至跨越图幅或要求精度较高时,可图解得到端点坐标再反算距离和方位角。

对于数字地形图,使用 CAD 的 dist 命令即可量测指定两点间的三维坐标增量(若为平面图则只有二维坐标增量)、水平距离和坐标方位角值。在量测距离和方位角时,也要使用鼠标捕捉功能捕捉线段的两端点。此外,由于长度和角度单位涉及表示类型与精度问题,所以量测前要使用 units 命令设置好有关的单位和表示类型。

3. 在地形图上确定某点的高程

地形图上某点的高程可以根据等高线来确定。等高线上的点,其高程均等于等高线所注的高程。当某点位于两等高线之间时,可用内插法求得。

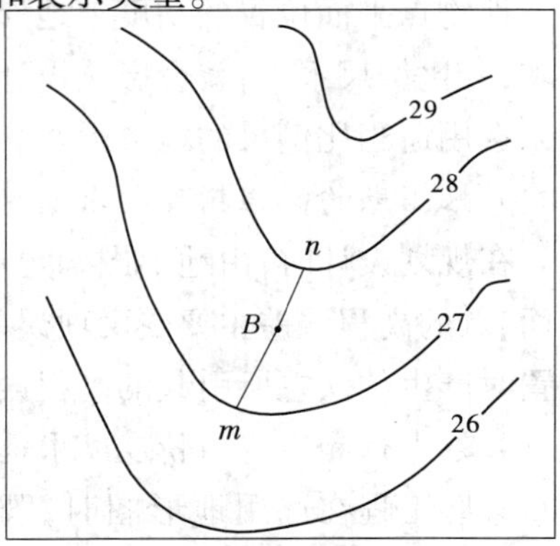

图 7-23　点的高程量测示意图

如图 7-23 所示,从图上量出 mn 及 mB 的距离,根据等高距 h,可求得 B 点高程:$H_B = H_m + (mB/mn)h$。

4. 在地形图上确定一直线的坡度

设斜坡上两点水平距离为 d,高差为 h,则两点连线坡度为

$$i = \tan\alpha = h/(dM)$$

式中　α——直线的倾斜角；

i——以百分数或千分数表示的坡度；

M——地形图的比例尺分母。

如果是数字地形图，在屏幕上量测两点间的水平距离时，也得到两点间的三维坐标差，因此可按下式计算两点间的地面坡度和倾角：

$$i = \tan\alpha = \Delta Z/D,\quad \alpha = \arctan(\Delta Z/D)$$

三、在地形图上按设计坡度选择最短线

在山地或丘陵地区进行道路、管线、渠道等工程设计时，都要求在不超过某一坡度 i 的条件下，选择一条最短路线或等坡度线。

如图 7-24 所示，A、B 为一段线路的两端点，要求从 A 点按 5% 的坡度选两条路线到达 B，以便进行分析、比较，从中选择一条便于施工、费用低的最短路线。

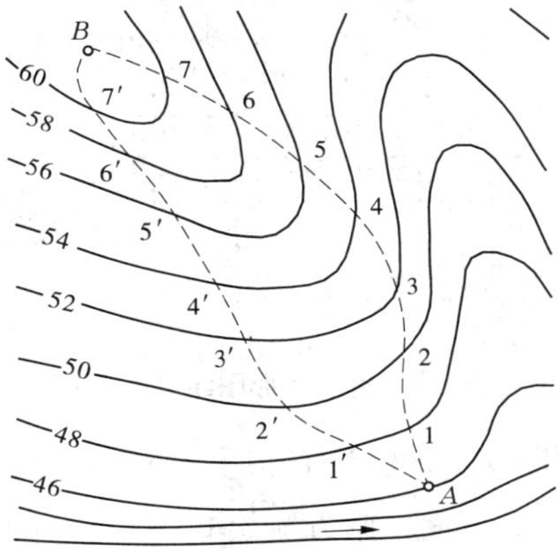

图 7-24　选择等坡度线

首先按限定坡度 i、等高距 h、图比例尺分母 M，求得该路线通过图上相邻等高线之间的平距 d，即 $d = h/(iM)$。

设等高距为 2 m，比例尺为 1∶5 000，则 $d = 2/(0.05\times5000) = 0.008$ (m)。然后，以 A 为圆心，d 为半径画弧，交 48 m 等高线于点 1，再以点 1 为圆心，d 为半径画弧，交 50 m 等高线于点 2，依次直到终点 B。连接 A，1，2，…，B，便在图上得到符合限定坡度的路线。

第四节　地形图在水利工程规划设计工作中的应用

在水利工程中，地形图常用来绘制纵横断面图及进行汇水面积的确定、库容大小的计算、大坝坡脚线的确定，选择渠道、道路路线等，是进行水利工程规划的重要资料。

一、绘制指定方向的断面图

在各种线路工程设计中，为了进行填挖方量的概算，以及合理确定线路的纵坡，都需

要了解沿线路方向的地面起伏情况，所以常需利用地形图绘制沿指定方向的纵断面图。

如图 7-25 所示，欲在 AB 方向绘制断面图，先标出直线 AB 与图 7-25 上各条等高线的交点 $b,c\cdots$。绘断面图时，以横坐标 AQ 代表水平距离，纵坐标 AH 代表高程，如图 7-25(b)所示。然后沿 AB 方向量取 $b,c,\cdots,p,B$ 各点至 A 点的水平距离；将这些距离按比例尺展绘在横坐标轴 AQ 线上，得 $A,b,c,\cdots,p,B$ 各点；通过这些点作 AQ 的垂线，并按高程比例尺分别截取 $A,b,c,\cdots,p,B$ 各点高程。将各垂线上的高程点连接起来，就得到直线 AB 方向上的断面图。

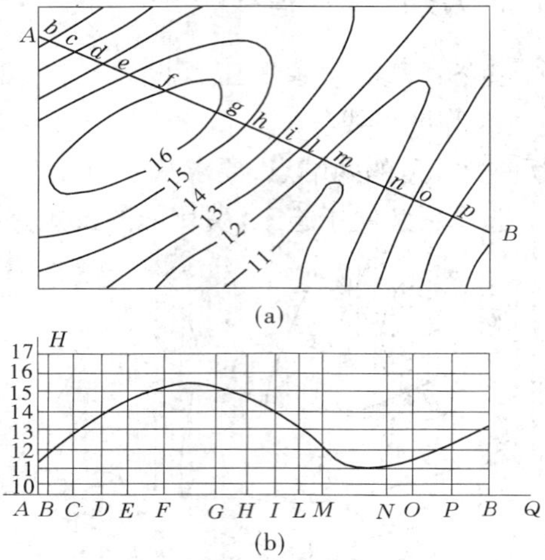

图 7-25　利用地形图绘制断面图

使用专业测绘软件绘制断面图的方法有很多，如依据已知的坐标文件或者依据图面上的等高线都可以绘制断面图，下面以南方测绘 CASS7. 1 为例说明断面图的绘制方法。

首先用 PLINE 线在图上确定出欲绘制断面图的线路，然后选择工程应用菜单下的绘断面图子菜单，再选择按坐标文件绘图，则弹出如图 7-26(a)所示的窗口，输入纵横比例尺等必要参数后就可以绘出如图 7-26(b)所示的断面图，图中下部的折线即为线路，上部即为该线路方向的断面图。

二、确定汇水面积

当铁路公路跨越河流或峡谷，或者在修建水库大坝时，都需要建造桥梁或涵洞。而桥梁、涵洞孔径的大小，水坝的设计位置与坝高，水库的蓄水量等，都要根据汇集于这个地区的水流量来确定。所以，在设计时需要知道坝、桥、涵等的上游汇水面积的大小，以便确定来水量。汇水面积是指河道和河谷某断面以上分水线所包围的面积。为此，要确定汇水面积，首先应掌握勾绘分水线的方法，其勾绘特点是：汇水范围的边界线是由一系列的分水线连接而成的，由河沟的指定点出发，最后又回到原来的指定点，形成一条闭合曲线；边界处应通过山脊、山顶和鞍部等部位的最高点；边界线要处处与等高线垂直；边界线只有

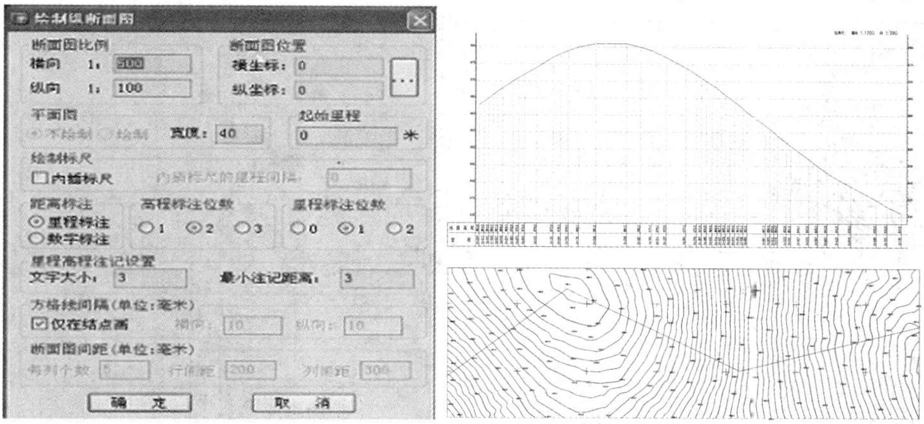

(a)　　　　　　　　　　　　(b)

图 7-26　CASS 软件绘制断面图示意图

在山顶处才能改变方向。如图 7-27 所示即为汇水范围边界线的确定方法。

在数字地图上可以先将 CAD 格式的地形图使用三维分析模型生成不规则三角网(TIN)数据,再转成规则格网(GRID),然后建立起数字高程模型(DEM),进而直观地分析汇水边界线并计算出汇水面积。

三、计算水库的淹没面积与库容

进行水库设计时,常需要计算一定水位时库容的大小,绘出水位—库容关系曲线或水位—面积关系曲线,为规划设计提供依据。

计算库容一般用等高线法。所谓库容,即是水库可以蓄水的体积。计算时先用求积仪或其他方法求得各条等高线与坝轴线所围成的面积,再取相邻两面积的平均值乘以高差,即为这两条等高线之间的体积,其总和即为水库的库容。

四、在图上绘坝脚线

土石坝坡脚线指土石坝坡面与地面的交线,如图 7-28 所示。先绘坝轴线和坝顶位置,再依坝顶高程、迎水面与背水面坡度,画出与地面等高线相应的坝面等高线(虚线),相同高程的等高线与坡面等高线相交,连接所有交点而得的曲线,就是土石坝的坡脚线。

五、面积计算

在水利工程规划设计时,常需要测定地形图上某一区域的图形面积。例如,作流域规划时需要求流域面积;修建水库时需要求水库的汇水面积和库容;在河沟和渠道施工前需要求出各横断面的面积。下面介绍几种常用方法。

(一)透明方格纸法

要计算曲线内的面积,先将毫米透明方格纸覆盖在图形上,数出图形内完整的方格数和不完整的方格数,从而计算面积。

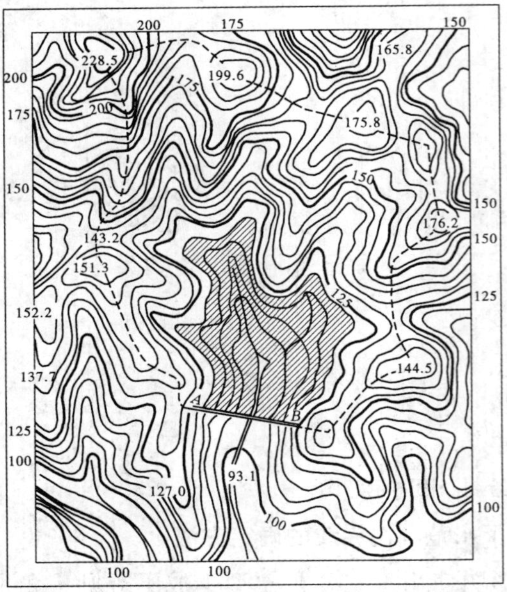

图 7-27　确定汇水面积边界线

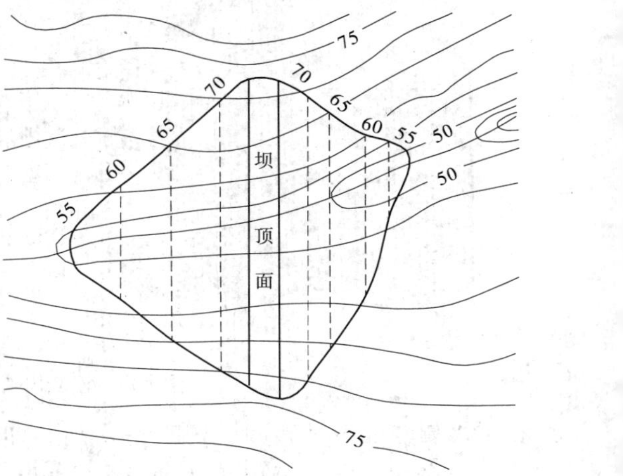

图 7-28　在地形图上确定土坝坡脚线

(二)平行线法

将绘有等距平行线的透明纸覆盖在图形上,使两条平行线与图形边缘相切,则相邻两平行线间截割的图形面积可近似视为梯形。梯形的高为平行线间距 A,图形截割的相邻平行线的长度即为梯形的上底长度 l 和下底长度 L,根据 $0.5\times(l+L)A$,计算各梯形面积再求和得总面积。

(三)解析法

如果图形为任意多边形,且各顶点的坐标已在图上量出或已在实地测定,可利用各点坐标以解析法计算面积。

(四)求积仪法

求积仪是一种专门供图上量算面积的仪器,其优点是操作简便、速度快,适用于任意曲线图形的面积量算,且能保证一定的精度。

对于数字地图上的房屋、道路、坑塘等的面积的量算,常用面积查询 AREA 命令,用该功能可求得由若干个点或若干线段(直线或曲线)所围成的平面图形的面积和周长。具体查询过程中可有两种方法,即多边形角点捕捉法和建立面域法。前者是指依次捕捉多边形所有角点,并用 C 闭合从而求得面积,适用于多边形角点数目较少易于捕捉的情况。后者指先将多边形用 REGION 命令生成面域,再用 AREA 命令求面积,适用于多边形角点数目太多而不便逐个捕捉的情况。

习　题

7-1　名词解释:比例尺、比例尺精度、依比例符号、半依比例符号、不依比例符号、等高线、等高距、等高线平距、首曲线、计曲线、间曲线、助曲线、山谷线、山脊线、地形线。

7-2　地形图识读有哪些基本内容？

7-3　比例尺和等高距与地形图精度的关系是什么？

7-4　等高线的基本特征有哪些？

7-5　简述山谷、山脊、鞍部、山头、洼地、悬崖、绝壁等地貌的等高线特征。

7-6　如何在数字地图上得到以下要素：某点的坐标、某条线的方位角和长度、某两点之间的高差和坡度、某个区域的面积、某两点的可通视线性。

7-7　简述如何计算水库汇水面积和库容。

7-8　在地形图上如何按照给定的坡度选定最短路线？

7-9　沈阳某地的经度和纬度分别为123°31′09″、41°57′23″，试求该地在1:50万、1:10万、1:1万三种比例尺的国际分幅的图幅编号。

7-10　已知某1:5 000比例尺地形图的国际分幅编号为J50 H 092084，试计算其西南图廓的经度和纬度。

7-11　已知上海某地物点的坐标为(5 332.148，-3 164.969)，试求该地物在1:1 000比例尺地形图上按基本图幅编号法的编号。

第八章　数字化测图

地形测图主要包括两项工作:一是测量碎部点,二是绘制地形图。传统的作业方法是由测绘人员手工将测得的观测值(数值)用图解的方法转化为图形。首先,这一转化过程几乎是在野外实现的,即使是原图的室内整饰,一般也要在测区驻地完成,因此速度慢,劳动强度大;其次,这个转化过程将使测得的数据所达到的精度大幅度降低,特别是在信息剧增、建设日新月异的今天,一纸之图已难载诸多图形信息,变更、修改也极不方便,实在难以适应当前经济建设的需要。

随着电子计算机、数据采集仪器、数字测图软件的迅速发展,出现了数字化测图这一全新技术。数字测图技术的出现,促进了测绘行业的自动化、现代化,使测量的成果不仅有绘在纸上的地形图,还有方便传输、处理和共享的数字信息,因此在测绘生产中很快得到了广泛应用。作为反映测绘技术现代化水平的标志之一,数字测图技术将取代人工模拟测图,成为地形测图的主流。

第一节　概　述

数字化测图就是要实现丰富的地形信息和地理信息数字化及作业过程的自动化或半自动化。它希望尽可能缩短野外测图时间,减轻野外劳动强度,而将大部分作业内容安排到室内去完成。与此同时,将大量手工作业转化为电子计算机控制下的机械操作,这样不仅能减轻劳动强度,而且不会降低观测精度。

一、数字化测图的基本思想

数字化测图的基本思想就是将采集的地面上各种有关的地物和地貌信息转化为数字形式,通过数据接口传输给计算机进行处理,得到内容丰富的电子地图,需要时由电子计算机的图形输出设备(如显示器、绘图仪)绘出地形图或各种专题地图。所以,数字测图实质上是一种以计算机为核心,在外连输入输出设备条件下,通过计算机在测图软件的支持下对采集的地理空间数据进行数字化处理,从而得到数字地图的自动化作业过程。这个过程如图 8-1 所示。

广义的数字化测图又称为计算机成图,按照数据采集方式的不同,数字测图可分为地面数字测图、航测数字测图、地图数字化测图等几种方法。大比例尺测图通常采用实地采集数据的成图方法,即地面数字测图,也称野外数字测图。

二、数字地图的特点

数字地图具有以下特点:

(1)以数字形式表示地图内容。数字地图以数字坐标表示地物和地貌点的空间位置,

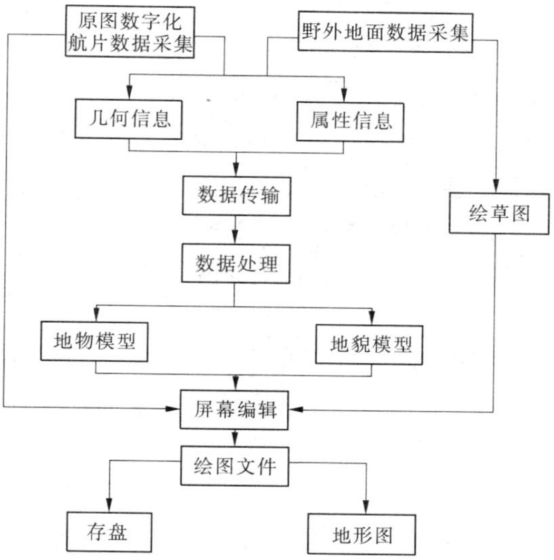

图 8-1　数字化测图过程

以数字代码表示地形符号以及各种注记。它可以包含地表全部的空间位置信息，还可以将与空间位置有关的非图形信息一起在信息系统中进行管理。数字化测图的成果是分层存放的，不受图面负载量的限制，从而便于成果的加工利用，满足多用户、多用途需要。

（2）保持现势性。因各种因素影响，地形不断在发生变化，这就需要对地图进行连续的更新。数字测图只需将更新内容输入计算机，通过数据处理即可对原有数字地图及有关的信息作相应的修改、更新，使地图具有良好的现势性。

（3）成果形式的多样化。以数字形式储存的 1∶1的数字地图，可以根据用户需要输出不同比例尺和不同幅面大小的地图，也可以输出各种分层叠合的专用地图，例如地籍图、管线图、地貌图等。

（4）具有较高的精度。数字化测图属于自动化或半自动化的作业过程，人为因素的影响很小，几乎没有精度损失，所以数字地图具有较高的测量精度。

（5）可作为 GIS 的重要信息源。地理信息系统（GIS）具有方便的信息查询检索功能、空间分析功能以及辅助决策功能，在国民经济、办公自动化及人们日常生活中都有着广泛的应用。要建立起地理信息系统，数据采集工作是重要的一环。数字化测图作为 GIS 重要的信息源，能及时准确地提供各类基础数据，适时更新 GIS 数据库，保证了地理信息的可靠性和现势性，为 GIS 的辅助决策和空间分析发挥了重要作用。

三、数字化测图系统的构成

传统的地形图测绘主要是以平板仪、水准仪或经纬仪、光电测距仪或皮尺为主要测量工具测量 + 手工绘制的方法，而数字化测图则主要是以全站型电子速测仪——全站仪为主要测量工具测量，并辅以计算机、绘图仪的使用绘制的方法。数字化测图系统是指实现数字化测图功能的所有因素的集合。广义地讲，数字化测图系统是硬件、软件、人员和数据的总和。

数字化测图系统的硬件主要有两大类：测绘类硬件和计算机类硬件。测绘类硬件主要指用于外业数据采集的各种测绘仪器，如电子经纬仪、全站仪、GPS 接收机等。计算机类硬件主要包括用于内业处理的计算机及其标准外设（如显示器、打印机等）和图形外设（如用于录入已有图形的数字化仪、扫描仪）、用于输出地图的绘图仪。

从一般意义上讲，数字化成图系统的软件包括为完成数字化成图工作用到的所有软件，即各种系统软件（如操作系统 Windows）、支撑软件（如计算机辅助设计软件 AutoCAD 和数据库管理系统 FoxPro）和实现数字化成图功能的应用软件（如南方测绘仪器公司的 CASS）。

随着大比例尺数字化测图方法的日益普及，我国研制开发了一大批性能优越、操作简便的大比例尺数字测图软件，如南方 CASS 内外业一体化成图系统、武汉瑞得 RDMS 数字测图系统、清华三维 EPSW 电子平板测图系统、广州开思 SCS 成图系统等。这些软件的开发和使用已成为大比例尺测图由传统模式发展为自动化、智能化模式的一个重要标志。其中较为典型的是南方 CASS 内外业一体化成图系统。CASS 成图软件是基于 AutoCAD 平台技术的 GIS 前端数据处理系统，广泛应用于地形成图、地籍成图、工程测量应用、空间数据建库等领域，全面面向 GIS，彻底打通数字化成图系统与 GIS 接口，使用骨架线实时编辑、简码用户化、GIS 无缝接口等先进技术。具体的使用方法可参考相关教材。

数字化测图系统的人员是指参与完成数字化测图任务的所有工作人员。数字化测图对人员提出了较高的技术要求，他们应该是既掌握了现代测绘技术，又具有一定的计算机操作和维护经验的综合型人才。

数字化测图系统中的数据主要是指系统运行过程中的数据流，它包括采集数据、处理数据和数字地图数据。采集数据是系统的原始数据，它可能是野外测量与调查的结果（如控制点、碎部点坐标、地物属性等），也可能是内业直接从已有的地形图经过矢量化得到的结果（如地图数字化数据和扫描矢量化数据等）。处理数据主要是指系统运行中的一些过渡性数据文件。数字地图数据是指生成的数字地图数据文件，一般包括空间数据和非空间数据两部分。

四、数字地图的绘制

本处结合 CASS 的使用，说明数字图的测绘方法（具体内容参见附录：CASS 软件应用快速入门）。

第二节　大比例尺数字测图的作业过程

目前，大比例尺野外数字测图主要使用全站仪采集数据。大比例尺数字测图的作业过程大体上分为野外数据采集、数据处理和图形输出三个阶段。

一、野外数据采集

数据采集的目的是获取数字化测图所必需的数据信息，包括描述地图实体的空间位置信息(坐标和连接关系)和属性信息。

大比例尺数字测图野外数据采集通常采用全站仪进行,在野外使用全站仪内置的电子手簿记录测点的观测数据或经计算后的坐标数据,同时输入测点信息代码。将数据存入与仪器相连的电子手簿或全站仪内存中,然后将测量数据(一般为测点坐标)传入计算机供进一步处理。

二、数据处理

数据处理是将采集的数据进行处理,使之成为符合成图软件要求的数据(包括数据格式或结构的转换、投影变换、图幅接边、误差检验等内容),然后进行数据编辑,对已经处理的数据所生成的图形(包括地理属性)进行编辑和修改。

将全站仪的终端接口与计算机相连,通过测图软件对采集的数据进行处理。数据处理分为数据的预处理、地物点的图形处理和地貌点的等高线处理等环节。数据的预处理即检查原始数据、删除废点和修改错误的信息码,预处理后生成点文件。根据点文件形成图块文件,与地物有关的点记录将生成地物图块文件,与等高线有关的点记录将生成等高线图块文件。图块文件生成后即可在人机交互方式下进行地图编辑。

三、图形输出

图形输出是将已经编辑好的图形输出到所需介质上的过程,一般用绘图仪或打印机输出,即将计算机与绘图仪相连接,计算机将处理后的数据和绘图指令送往绘图仪,绘图仪即自动进行绘图。图形输出也包括以某种指定的或标准的格式输出数据文件。

第九章　GPS 测量技术

GPS 是美国从 20 世纪 70 年代开始研制，历时 20 年，耗资 200 亿美元，于 1994 年全面建成，具有在海、陆、空进行全方位实时三维导航与定位能力的新一代卫星导航与定位系统。目前，GPS 已广泛应用于大地测量、地形测量、地籍测量、工程测量、航空摄影测量、地质调查、交通管理、地理信息系统、海洋测绘、气象预报、变形监测和地球科学等。

第一节　概　述

一、GPS 的起源与发展

1957 年 10 月世界上第一颗人造地球卫星的发射成功，是人类致力于现代科学技术发展的结晶，它使空间科学技术的发展迅速跨入了一个崭新的时代。多年来，人造地球卫星技术在军事、通信、气象、资源勘察、导航、遥感、大地测量、地球动力以及天文等众多学科领域得到了极其广泛的应用，从而推动了科学技术的迅速发展，也丰富了人类的科学文化生活。

1958 年年底，美国海军武器实验室就着手实施建立为美国军用舰艇导航服务的卫星系统，即海军导航卫星系统。该系统中卫星的轨道都通过地极，即卫星轨道面倾角为 90°，故也称为子午卫星系统。1964 年该系统建成，并开始在美国军方启用，1967 年美国政府批准该系统解密，并提供民用。子午卫星导航系统投入使用，充分显示了人造地球卫星用于导航的优越性。

由于卫星轨道面倾角为 90°，卫星几乎是沿地球上的经圈运动的，故在解中，经度与高程相关，只有在已知接收机高程的情况下才能得到经、纬度的导航解。也就是说，子午卫星导航系统只能提供二维导航解。子午卫星系统是一种单星、低轨、测速的卫星导航体系。

为了克服子午卫星系统的局限性，就需改变单星、低轨、测速体系。1973 年美国国防部正式批准陆、海、空三军共同研制国防卫星导航系统——全球定位系统（GPS）。

GPS 卫星发送的导航定位信号是一种可供无数用户共享的信息资源。可以在任何时候用 GPS 信号进行导航定位测量。GPS 是美国第二代卫星导航系统，由 24 颗高度为 20 000 km 的卫星形成空间部分，连同设在美国本土的地面监测部分和采用伪随机码测距技术的接收机基本上满足了全球范围、时间连续、全天候、实时及三维导航的要求。因此，我们可以看到，GPS 相对于普通的导航系统来说，具有以下特点：

（1）全球地面连续覆盖。由于 GPS 卫星的数目较多且分布合理，所以地球上任何地点均可连续同步地观测到至少 4 颗卫星,从而保障了全球、全天候连续地实时导航与定位。

(2)功能多,精度高。GPS 可为各类用户连续地提供动态目标的三维位置、三维速度和时间信息。一般来说,目前的单点实时定位精度可达 5 ~ 10 m,静态相对定位精度可达 $(0.1 \sim 1)\times 10^{-6}D$($D$ 为导线长度,km),测速精度为 0.1 m/s,而测时精度约为数十纳秒。随着 GPS 测量技术和数据处理技术的发展,其定位、测速和测时的精度将进一步提高。

(3)实时定位速度快。利用全球定位系统一次定位和测速工作在一秒至数秒钟内便可完成(NNSS 需 8 ~ 10 min),这对高动态用户来说尤为重要。

(4)抗干扰性好,保密性强。由于 GPS 采用了数字通信的特殊编码技术,即伪随机噪声技术,因而 GPS 卫星所发送的信号具有良好的抗干扰性和保密性。

相对于传统的测量方法来说,GPS 具有以下特点:

(1)观测站间无需通视。GPS 不要求观测站之间相互通视,只需测站上空开阔即可,因而不需要建标,可节省大量的造标费用,这一优点既可大大减少测量工作的经费和时间,也使点位的选择变得甚为灵活。由于无需点间通视,点位位置可根据需要设定,可稀可密,也可省去经典大地网中的传算点、过渡点的测量工作。

(2)定位精度高。应用实践已经证明,GPS 相对定位精度在 50 km 以内可达 10^{-6} m,100 ~ 500 km 可达 10^{-7} m ,1 000 km 以上可达 10^{-9} m。在 300 ~ 1 500 m 工程精密定位中,1 h 以上观测的解,其平面位置误差小于 1 mm,与 ME - 5000 电磁波测距仪测定的边长比较,其边长较差最大为 0.5 mm,较差中误差为 0.3 mm。

(3)可直接提供三维坐标。经典大地测量将平面与高程采用不同方法分别施测。GPS 测量在精确测定观测站平面位置的同时,可以精确测定观测站的大地高程。目前,GPS 水准可满足四等水准测量的精度。GPS 测量的这一特点,不仅为研究大地水准面的形状和确定地面点的高程开辟了新途径,也为其在航空物探、航空摄影以及导航中的应用提供了重要的高程数据。

(4)观测时间短。随着 GPS 系统的不断完善以及软件的不断更新,目前,20 km 以内相对静态定位仅需 15 ~ 20 min;快速静态相对定位测量时,当每个流动站与基准站相距在 15 km 以内时,流动站观测时间只需 1 ~ 2 min,然后可随时定位,每站观测仅需几秒钟。目前,完成一条基线的精密相对定位所需要的观测时间,根据要求的精度不同一般为 1 ~ 3 h。为了进一步缩短观测时间,提高作业速度,快速定位方法的研究正受到广泛的重视。近年来发展的短基线(例如不超过 20 km)快速相对定位法,其观测时间仅需数分钟。

(5)操作简便。随着 GPS 接收机的不断改进,自动化程度越来越高,有的已达“傻瓜化”的程度,在观测中测量员的主要任务只是安装并开关仪器、量取仪器高和监视仪器的工作状态,而其他观测工作(如卫星的捕获、跟踪观测等)均由仪器自动完成。另外,GPS 用户接收机一般都较轻、体积较小,因此携带和搬运都很方便,极大地减轻了测量工作者的工作紧张程度和劳动强度,使野外工作变得轻松愉快。

(6)全天候作业。目前,GPS 观测可在一天 24 h 内的任何时间进行,在任何地点连续地进行,不受阴天黑夜、起雾刮风、下雨下雪等气候的影响。

二、GPS 系统组成

GPS 系统包括三大部分(见图 9-1):空间部分——GPS 卫星及其星座,地面控制部分——地面监控系统,用户设备部分——GPS 信号接收机。

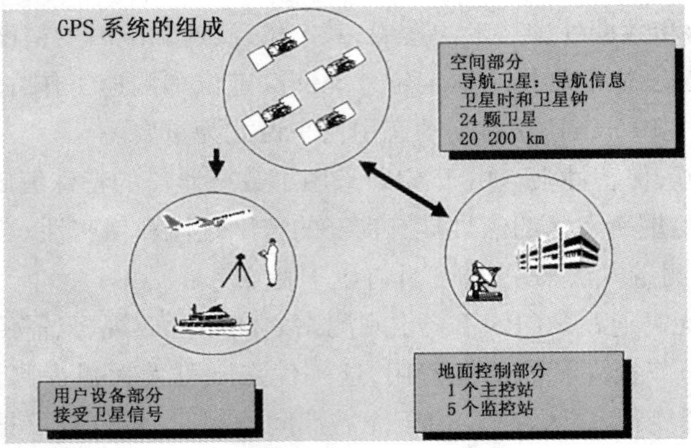

图 9-1　GPS 的组成

(一)空间部分——GPS 卫星及其星座

GPS 由 21 颗工作卫星和 3 颗备用卫星组成,它们均匀分布在 6 个相互夹角为 60°的轨道平面内,即每个轨道上有 4 颗卫星(见图 9-2)。卫星高度离地面约 20 000 km,绕地球运行一周的时间是 12 恒星时,即一天绕地球两周。GPS 卫星用 L 波段两种频率的无线电波(1 575.42 MHz 和 1 227.6 MHz)向用户发射导航定位信号,同时接收地面发送的导航电文以及调度命令。

(二)地面控制部分——地面监控系统

对于导航定位而言,GPS 卫星是一动态已知点,而卫星的位置是依据卫星发射的星历——描述卫星运动及其轨道的参数计算得到的。每颗 GPS 卫星播发的星历是由地面监控系统提供的,同时卫星设备的工作观测以及卫星轨道的控制,都由地面控制系统完成。

GPS 卫星的地面控制站系统包括 1 个位于美国科罗拉多的主控站以及分布全球的 3 个注入站和 5 个监测站组成,实现对 GPS 卫星运行的监控(见图 9-3)。

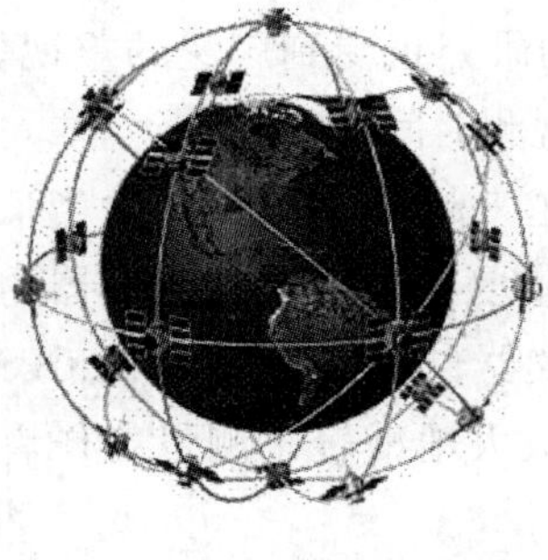

图 9-2　GPS 空间部分

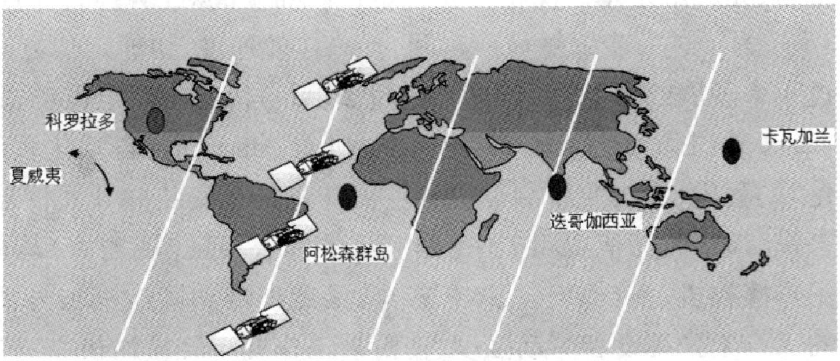

图 9-3　地面控制部分

（三）用户设备部分——GPS 信号接收机

GPS 信号接收机（见图 9-4）的任务是，捕获 GPS 卫星发射的信号并进行处理，根据信号到达接收机的时间，确定接收机到卫星的距离。如果计算出 4 颗或者更多卫星到接收机的距离，再参照卫星的位置，就可以确定出接收机在三维空间中的位置。

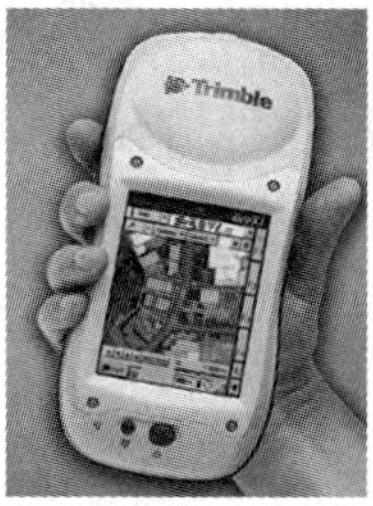

(a) 手持型 GPS 接收机

(b) 车载型 GPS 接收机

(c) 大地型单频 GPS 接收机

(d) 大地型双频 GPS 接收机

图 9-4　GPS 信号接收机

第二节　GPS 定位原理

在茫茫大海中确定船舶的位置是长期以来人们所关心的问题。早期解决这一问题的主要方法是天文定位。但这种方法受气候条件限制，而且精度不高。20 世纪初随着无线电技术的发展，出现了一系列无线电导航定位系统，如罗兰 C 系统、欧米伽系统、康索尔系统和台卡系统等。无线电导航定位的基本原理与测量学中的交会法十分相似。

图 9-5 中的 A 和 B 为 GPS 卫星，它们发射的无线电信号可以被地面上的 GPS 接收机接收到，且它们的坐标为已知值。待定点 P 即为需要确定的测量位置。用户用 GPS 接收机按测距方式测定了至 A 点的距离 r_A 和至 B 点的距离 r_B，于是就能根据以 A 为圆心、以 r_A 为半径的定位圆和以 B 为圆心、以 r_B 为半径的定位圆交出待定点 P 的平面位置。

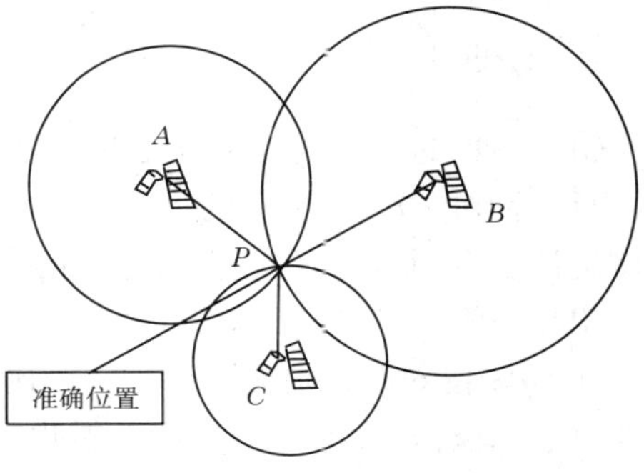

图 9-5　测距交会定位示意图

当然，两圆相交一般有两个交点，但根据待定点的概略位置通常是不难加以判断和取舍的,而且为了提高解的精度和可靠性,实际上使用的已知信号发射台也往往不止两个,也就是说,实际上我们往往是从3个或3个以上已知点来交会P点的,在这种情况下便不再存在多值性问题。常用的无线电导航定位系统除采用圆定位系统外,还可以用其他系统,如双曲导航系统等。

上面讨论的是二维定位的情况,即只需确定待定点的平面位置时的情况。船舶导航一般就属这种情况。在某些情况下需要进行三维定位,即需要同时确定待定点的平面位置和高程,当飞机导航或借助这些系统来确定地面点的位置时就属这种情况。

三维定位的原理和二维定位相同,只是因为增加了一个自由度因而需要增加一个约束条件而已。在三维定位中至某点的距离为定值的点的轨迹为一个球面,所以至少需测定至3个已知点的距离后,才能以这3个已知点为球心以这3个距离为半径作出3个定位球,从而交出待定点在空间的三维位置。

$$\left.\begin{aligned}(\rho_{AP}-\delta\rho_{AP})^2 &= (X_A-X_P)^2+(Y_A-Y_P)^2 = C(T_A-\delta t_A)\\(\rho_{BP}-\delta\rho_{BP})^2 &= (X_B-X_P)^2+(Y_B-Y_P)^2 = C(T_B-\delta t_B)\\(\rho_{CP}-\delta\rho_{CP})^2 &= (X_C-X_P)^2+(Y_C-Y_P)^2 = C(T_C-\delta t_C)\end{aligned}\right\} \tag{9-1}$$

对于用GPS进行的定位,需要知晓卫星发射信号和接收机接收到信号的准确时刻,而接收机接收到信号的准确时刻是无法得到的,因此式(9-1)中的未知数就变成了4个——X、Y、Z、T,定位就需接收4颗卫星了,当接收到信号的卫星数目多于4个时,可以优选4颗卫星计算位置或采取平差方法求取位置。

第三节　GPS测量技术设计与作业实施

GPS测量是一项技术复杂、要求严格的工作。尽管GPS测量具有精度高、速度快等优越性,但为了得到可靠的观测成果,还必须有科学的技术设计、严谨的作业管理、统一遵循的规范。GPS测量同常规测量工作相类似,按照GPS测量实施过程,其工作程序可分为技术设计、选点埋石、外业准备、方案设计、外业施测、成果检核、数据处理、技术总结等。按工作性质主要分为外业和内业两大部分。外业工作主要包括选点(即观测站址的选择)、建立观测标志、野外观测作业以及成果质量检核等,内业工作主要包括GPS测量的技术设计、测后数据处理以及技术总结等。

一、GPS测量的技术设计

GPS测量的技术设计是进行GPS测量定位的最基础性工作,它是根据国家现行的规范、规程,针对GPS控制网的用途及用户要求,提出对GPS测量的网形、精度及基准等的具体设计。应用GPS定位技术建立的测量控制网称为GPS控制网,其控制点称为GPS点。GPS网的技术设计是GPS测量工作实施的第一步,是一项基础性工作。

在GPS技术设计中应设计出一个比较实用的网形,使其既可以满足一定的精度和可靠性要求,又有较高的经济指标。因此,GPS网形设计布设应遵循以下原则:

(1)GPS网应根据测区实际需要和交通状况进行设计。

(2)在布网设计中应考虑到原有测绘成果资料以及各种大比例尺地形图的沿用。

(3)GPS网应由一个或若干个独立观测环构成,也可采用附合线路形式构成。

(4)为求得GPS点在地面坐标系的坐标,应在地面坐标系中选定起算数据和联测原有地方控制点若干个。

GPS测量工程项目在进行具体的外业观测工作之前,应做好施测前的资料收集、器材准备、人员组织、外业观测计划拟订以及技术设计书的编写等工作。关键做好以下主要工作:①作业接收机数量及配置;②测区划分;③观测进程日历;④可视卫星预测;⑤最佳观测时段选择;⑥接收机调度计划。

二、GPS测量的实施

GPS外业测量的目的是通过GPS接收机的操作在控制点上采集数据后通过软件解算求得其坐标。主要工作内容包括建站(在测量点上设立标志)并标志注记和说明记录内容,根据卫星可视情况(通过卫星过顶预报)选择合适的时段在测量点上架设仪器后按设计的测量方式(作业模式)开机采集数据。由于GPS测量的特殊性和精度要求,控制点的位置选择和测量方式选择是外业工作中的重要环节,必须严格把好关。此外,在数据采集完成后应立即进行数据预处理,即检查采集的数据是否合乎解算的要求,如卫星数目情况、PDOP值情况、周跳情况等。

(一)控制点的选择

点位应选易于安置接收设备、视野开阔、交通方便、有利于其他观测手段扩展与联测、地面基础稳定、易于点保存的位置,应远离大功率无线电发射源,以避免电磁场对GPS信号的干扰。点位附近不应有大面积水域或强烈干扰卫星信号接收的物体。

(二)GPS测量定位方式的选择

随着GPS定位技术的发展,GPS定位测量的外业实施已有多种测量作业方案可供选择。这些不同的测量方案也称为GPS测量的作业模式。

根据所采用的观测值来讲,主要有伪距测量和载波相位测量。伪距测量的观测值是伪距,这种方法数据处理简单,但定位精度低,只有米级,一般用于导航。载波相位测量的观测值是载波相位,这种方法数据处理复杂,定位精度高,可达厘米至亚毫米级,广泛用于测绘等行业。

(三)GPS网的测量选择

GPS网的测量需用到多台GPS接收机进行联测,根据拥有的参与联测的GPS接收机数量,在实施中可以以多种方式进行,施测的方式有会战式、多基准站式、同步图形扩展式等方式。合理选择作业方式有利于GPS测量工作。

三、数据的采集和处理

(一)测量数据采集

1. 天线安置

在正常点位,天线应架设在三脚架上,并安置在标志中心的上方垂线方向上直接对中,对中误差应不超过 3 mm,天线基座上的圆水准气泡必须整平,天线的定向标志线应指向正北,并顾及当地磁偏角的影响,以减弱相位中心偏差的影响。天线架设不宜过低。

2. 接收机操作

天线安置完成后,在离开天线适当位置的地面上安放 GPS 接收机,按设备使用说明书要求接通接收机与电源、天线、控制器的连接电缆,并经过严格检查,正确安装后方可启动接收机进行观测。

3. 观测记录

在外业观测工作中,所有信息资料均须妥善记录。记录形式包括测量手簿和机器记录。测量手簿可根据需要设置。

4. 重测和补测

未按测量方案进行观测,当外业缺测、漏测或观测值不满足相关规定时,应及时补测。复测基线的边长较差超限应重测,当测站的观测条件很差而造成多次重测后仍不能满足要求时,经主管部门批准后,可舍弃该点或变动测站位置后再进行重测。

(二)测量数据处理

GPS 测量数据处理是指从对外业采集的原始观测数据的处理到最终获得测量成果的全过程。该过程大致分为数据预处理、GPS 基线向量解算、基线向量网平差或与地面网联合平差等几个阶段,如图 9-6 所示。

图 9-6　GPS 测量数据处理基本流程

数据采集指的是 GPS 接收机的野外观测记录(同时用接收机生产厂商提供的随机软件解算出测站点的位置和运动速度,提供导航服务)。

数据传输至基线解算是用随机软件将接收机记录的数据传输到计算机特定的路径下,在计算机上进行随后的一系列处理过程。

GPS 网平差包括 GPS 基线向量网平差、GPS 网与地面网联合平差等内容。平差过程可以采用随机软件进行,也可采用国内外高校或科研机构开发的专用平差软件包来完成。经测量平差后,将计算成果归化到参考椭球面上并投影到所采用的平面上,得到点的准确位置,如图 9-7 所示。

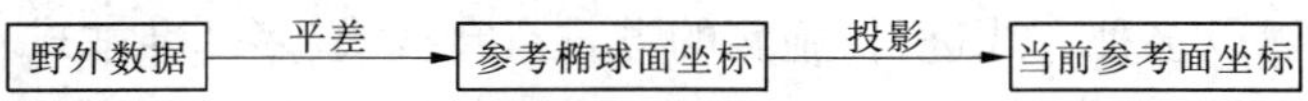

图 9-7　GPS 测量数据处理的目的

由此可见,GPS 测量数据处理与常规测量数据处理相比,具有海量的数据、复杂的处理过程、多样的数学模型、自动化程度高等显著特点。

随着计算机技术的迅猛发展和软件水平的不断提高,GPS 数据处理的自动化程度也越来越高。目前,GPS 数据处理一般可借助相应的 GPS 数据处理软件自动完成。

四、技术总结与资料上交

（一）成果验收

外业观测及内业数据处理完成后应进行成果验收并上交有关资料。成果验收的重点为：

（1）实施方案是否符合规范和技术设计的要求。

（2）补测、重测和数据剔除是否合理。

（3）数据处理软件是否符合要求，处理项目是否齐全，起算数据是否正确。

（4）各项技术指标是否符合要求。验收完成后应写出成果验收报告。在验收报告中，应根据有关规定对成果质量进行评定。

（二）技术总结

在 GPS 工作完成后，应按要求编写技术总结报告，作为重要技术文件上交。其具体内容包括外业技术总结和内业技术总结两部分。

1. 外业技术总结内容

（1）测区及其位置，自然地理条件与气候特点、交通、通信及供电等情况。

（2）任务来源，项目名称，测区已有测量成果情况，本次施测的目的及基本精度要求。

（3）施工单位，施测起讫时间，技术依据，作业人员的数量及技术状况。

（4）作业仪器类型、精度、检验及使用状况。

（5）点位观测质量的评价，埋石与重合点情况。

（6）联测方法、完成各级点数量、补测与重测情况以及作业中存在问题的说明。

（7）外业观测数据质量分析与野外数据检核情况。

2. 内业技术总结内容

（1）数据处理方案、所采用的软件、所采用的星历、起算数据、坐标系统，以及无约束、约束平差情况。

（2）误差检验及相关参数与平差结果的精度估计等。

（3）上交成果中尚存在的问题和需要说明的其他问题、建议或改进意见。

（4）综合附表与附图。

（三）资料上交

（1）测量任务书或测量合同书、技术设计书。

（2）点之记、测站环视图、测量标志委托保管书、选点资料和埋石资料。

（3）接收设备、气象仪器及其他仪器的检验资料。

（4）外业观测记录、测量手簿及其他记录。

（5）数据处理中生成的文件、资料和成果表。

（6）GPS 网展点图。

（7）技术总结和成果验收报告。

第十章　施工测设的基本工作

第一节　施工测设概述

施工测设是将测量工作的基本方法具体应用在工程建设的施工阶段，也就是把设计图纸上建筑物的平面位置和高程，用一定的测量仪器和方法标定到实地上的测量工作，又称为施工放样。

建筑物的施工放样是先定出它的主要轴线（即主轴线），然后根据主轴线来标定碎部轮廓点。主轴线放样的精度主要取决于地形图的图解精度。工程的放样精度，一种是绝对精度，主要对整体建筑物的位置放样而言，确定放样精度只需考虑建筑区的地形地质条件，一般精度要求不高，另一种是相对精度，这是对建筑物的碎部或有相互关联的建筑物的放样而言，建筑物各部分之间具有一定的几何联系，所以精度要求较高。如水闸放样时其主轴线的精度要求为 ±1 cm，而闸门对主轴线的精度要求为 ±3 mm。

施工放样的精度与建筑物的大小、结构形式、建筑材料等因素有关。例如，混凝土工程的放样精度高于土石方工程，而金属结构安装放样精度要求则要高于混凝土工程。因此，应根据不同的施工对象，选用不同精度的仪器和测量方法。

在放样之前，首先应熟悉设计图上的尺寸和高程数据，不符之处应向设计部门提出修正。在施测过程中，要随时进行必要的校核，以免发生错误。建筑物重要部位的放样，要经过专门检查以后才能施工。可见，施工放样的进度和精度，对保证施工进度和工程质量起着重要的作用。

施工测设和测图一样，也必须遵循“从整体到局部”、“先控制后碎部”的原则。因此，施工控制网与测图控制网一样，有平面控制网和高程控制网，采用分级布设的方法。

一、平面控制网

平面控制网一般布设成基本网和定线网两级。

（一）基本网

基本网有总体控制整个水利枢纽的作用，组成基本网的控制点称为基本控制点，其点位应选在地质条件好、受施工干扰少的地方，确保标石的稳定和长期保存。布点时还应注意几何图形的结构，使之达到较高的精度。

（二）定线网

定线网以基本网为依据，其点位选在靠近建筑物的地方，以便直接用于施工放样。同时必须与基本控制点通视，并组成较好的测算图形。

二、高程控制网

(一)基本网

基本网与施工区域附近的国家水准点联测,布设成闭合或附合水准路线,其控制点称为水准基点。水准基点应布设在施工场地周围,且不受干扰、地质条件良好的地方。施测精度一般应在三等水准测量以上。

(二)施工网

施工网专为建筑物高程放样和直接施测高程之用,其网点称为临时作业水准点,其点位应布设在靠近建筑物的位置处,形成附合水准线路,施测精度一般采用四等水准测量。

三、测量坐标和施工坐标的转换

施工坐标系是以建筑物的主轴线作为坐标轴而建立起来的局部坐标系。施工坐标系的坐标轴通常与建筑物主轴方向一致,坐标原点设置在总平面图的西南角上,如图 10-1 所示,纵轴为 A 轴,横轴为 B 轴,用 A_i、B_i 表示建筑物各轮廓点的坐标。

在设计总平面图上,建筑物的平面位置采用施工坐标系的坐标(A,B)表示,而已有测量控制点的坐标在测量坐标系中,两者往往不一致,因此在计算放样数据时,应将两个坐标系统一起来。

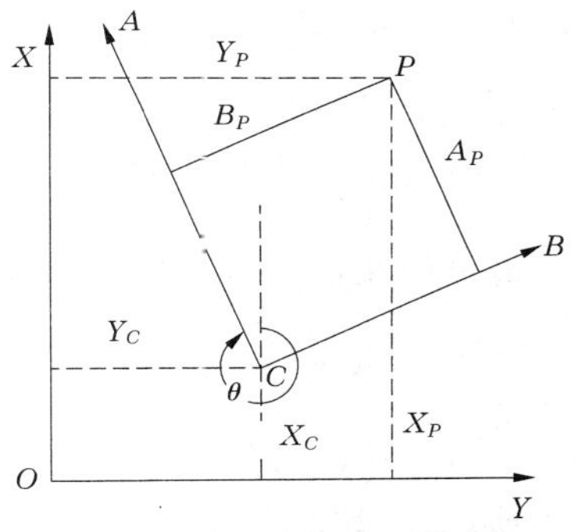

图 10-1 施工坐标和测量坐标

如图 10-1 所示,放样点 P 在施工坐标系 ACB 中的坐标为 A_P 和 B_P,在测量坐标系 XOY 中的坐标为 X_P 和 Y_P。若将 P 点的施工坐标转化为测量坐标,公式为

$$\left.\begin{aligned} X_P &= X_C + A_P\cos\theta - B_P\sin\theta \\ Y_P &= Y_C + B_P\cos\theta + A_P\sin\theta \end{aligned}\right\} \quad (10\text{-}1)$$

若将 P 点的测量坐标转化为施工坐标,公式为

$$\left.\begin{aligned} A_P &= (X_P - X_C)\cos\theta + (Y_P - Y_C)\sin\theta \\ B_P &= (Y_P - Y_C)\cos\theta - (X_P - X_C)\sin\theta \end{aligned}\right\} \quad (10\text{-}2)$$

第二节 测设的基本工作

决定一个点的地面位置,通常需要三个条件,即水平距离、方位(水平角)和高程。施工放样的基本工作就是将设计图纸上给定的距离、水平角和高程在实地标定出来。

一、已知水平距离的测设

根据一已知点,在要求的方向上,测设另一点,使两点间的距离为设计长度,此工作称为已知水平距离的测设。

(一)钢尺测设

1. 一般方法

如图 10-2 所示,设 A 为地面上已知点,在地面上沿给定方向,测设设计的水平距离为

D,定出另一点 B。当精度不高时,可用钢尺从已知点 A 开始,根据给定的水平距离 D,沿已知方向 AB 定出水平距离的另一端点 B',再将钢尺移动 10 ~ 20 cm,同法测设出一点 B'',若其相对误差小于 1/3 000,则取两点的中点为 B 点作为最后的位置。

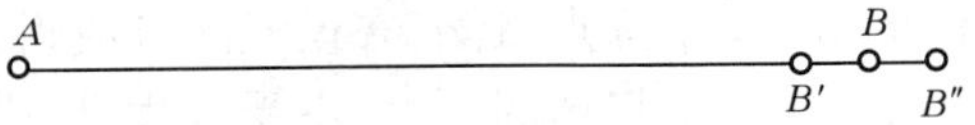

图 10-2　钢尺测设已知水平距离

2. 精确方法

精度要求高时,则必须使用检定过的钢尺进行测量。测设时,先按一般方法放样,再对所放样距离进行精密改正,即进行尺长、温度和倾斜三项改正。当需放样的水平距离为 D 时,经过尺长改正 Δl_d、温度改正 Δl_t 和倾斜改正 Δl_h 的计算,则根据钢尺精密量距公式,可得出地面上相应的放样距离为

$$l_{放} = D - \Delta l_d - \Delta l_t - \Delta l_h \tag{10-3}$$

【例 10-1】　欲测设设计的水平距离为 $D_{AB}=20$ m,使用钢尺的名义长度是 30 m,实际长度为 30.008 m,钢尺检定时的温度为 20 ℃,钢尺的线膨胀系数为 1.25×10^{-5}/℃,测得 $h_{AB}=0.654$ m,实测时温度为 30 ℃,求测设时在地面上应量出的 AB 长度为多少?

解:计算改正数。

尺长改正数　$\Delta l_d = \dfrac{\Delta l}{l_0}D_{AB} = \dfrac{30.008-30}{30}\times 20 = +0.005\ 3\ (\text{m})$;

温度改正数　$\Delta l_t = \alpha(t-t_0)D_{AB} = 1.25\times10^{-5}\times(30-20)\times20 = +0.002\ 5\ (\text{m})$;

倾斜改正数　$\Delta l_h = -\dfrac{h_{AB}^2}{2D_{AB}} = -\dfrac{0.654^2}{2\times20} = -0.010\ 7\ (\text{m})$;

则　$l_{放} = D_{AB} - \Delta l_d - \Delta l_t - \Delta l_h = 20 - 0.005\ 3 - 0.002\ 5 - (-0.010\ 7) = 20.002\ 9\ (\text{m})$

所以,在地面上应量出的 AB 长度为 20.002 9 m。

(二)光电测距仪测设

当需测设的水平距离较长时,多采用光电测距仪。用光电测距仪测设水平距离与用钢尺测设水平距离的方式一致,安置光电测距仪于 A 点,瞄准锁定已知方向,先用跟踪测量在地上标定出另一端点 B;为了进一步提高放样精度,用光电测距仪精确测定 AB 的水平距离,并与已知值比较算出差值 ΔD;根据 ΔD 的正负情况,再用钢尺从 B 点沿 AB 方向向内或向外量 ΔD 得 B' 点,则 B' 点为最后的测设结果。

二、已知水平角的测设

水平角测设就是根据水平角的已知值和一个已知方向,把该水平角的另一个方向在地面上标定出来。

(一)一般方法

如图 10-3 所示,已知地面上 OA 方向,欲在 O 点测设另一方向线 OB,使 $\angle AOB$ 等于已知水平角 β。

将经纬仪安置在 O 点,盘左位置瞄准 A 点,将水平度盘置数 0°00′00″;转动照准部,使度盘读数为 β,在视线方向定出 B' 点;在盘右位置同法定出 B'' 点;取 B'、B''连线的中点 B,

则 OB 即为所测设的方向线，$\angle AOB$ 就是所测设的水平角 β。

（二）精确方法

如图 10-4 所示，先用经纬仪按一般方法测出方向线 OB_1，再用测回法采用多个测回观测 $\angle AOB_1$，得角值 β_1，计算出它与已知水平角的差值 $\Delta\beta=\beta-\beta_1$；为了精确定出正确的方向 OB，必须改正小角 $\Delta\beta$，相应的改正距离为

$$BB_1 = OB_1\frac{\Delta\beta}{\rho} \tag{10-4}$$

式中　OB_1——测站点 O 到放样点 B_1 的距离，m；

ρ——1 弧度对应的角度值，(″)，$\rho=206\ 265''$。

根据改正距离，如果 $\Delta\beta$ 为正，从 B_1 点沿 OB_1 的垂直方向向外量出 BB_1，反之向内量取，定出 B 点，则 $\angle AOB$ 就是要测设的已知水平角。

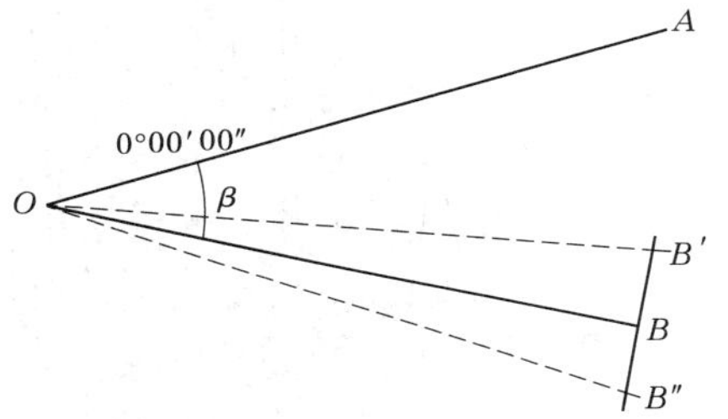

图 10-3　一般方法测设水平角

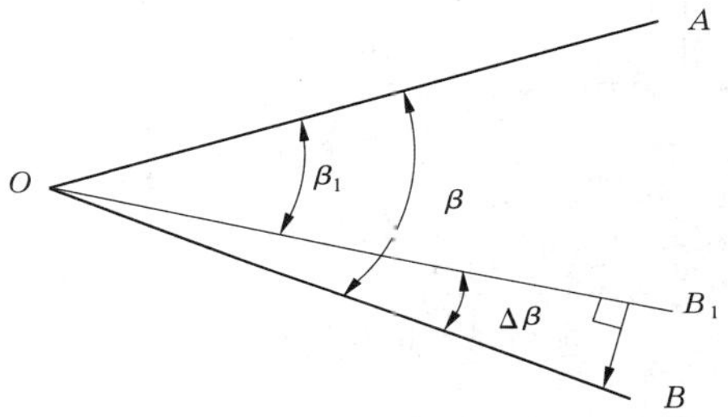

图 10-4　精确方法测设水平角

【例 10-2】　已知地面上 OA 方向线，欲测设直角 $\angle AOB$。

解：在 O 点安置经纬仪，利用盘左盘右取中点的方法测设直角，得中点 B_1，量得 $OB=39.568$ m，将 $\angle AOB_1$ 用测回法测了三个测回，得 $\angle AOB_1=90°00'54''$。

$$\Delta\beta=90°00'00''-90°00'54''=-54''$$

$$BB_1=OB_1\frac{\Delta\beta}{\rho}=39.568\times\frac{54''}{206\ 265''}=0.010\ (\text{m})$$

所以，过 B_1 点作 OB_1 的垂线 BB_1，向内量取 $BB_1=0.010$ m 定得 B 点，则 $\angle AOB$ 即为直角。

三、已知高程的测设

已知高程的测设就是利用水准测量的方法，根据施工现场已有的水准点，将已知的设计高程在现场作业面上标定出来。

如图 10-5 所示，A 点为一水准点，高程为 H_A，欲在 B 桩测设设计高程 $H_{设}$ 的位置。为此在 A、B 之间安置水准仪，在 A 点立水准尺，读取后视读数 a，计算满足高程 $H_{设}$ 应有的 B 点水准尺读数 b 为

$$b = H_A + a - H_{设} \tag{10-5}$$

此时，在 B 点打一木桩，将水准尺立在桩侧，直到读数等于 b 时，则水准尺底高程就等于设计高程 $H_{设}$，在桩侧用红线做标志。

在需要向低处或高处测设已知高程时，水准尺的长度不够，这时可借助钢尺进行测

设。如图 10-6 所示，设已知水准点 A 的高程为 H_A，要在基坑内侧测设出高程为 H_B 的 B 点位置。先在基坑边设置一吊杆，上面悬挂一根带重锤的钢卷尺，零点在下端。在地面上安置水准仪，后视 A 点的读数 a_1，前视钢尺读数 b_1；再在基坑内安置水准仪，后视钢尺读数 a_2，当前视尺读数恰在 b_2 时，沿尺子底面在基坑侧面钉立木桩，则木桩顶面即为设计高程为 H_B 的 B 点位置。B 点应读的前视读数 b_2 为

$$b_2 = H_A + a_1 - b_1 + a_2 - H_B \tag{10-6}$$

然后，改变钢尺悬挂位置，再次观测，以便检核。

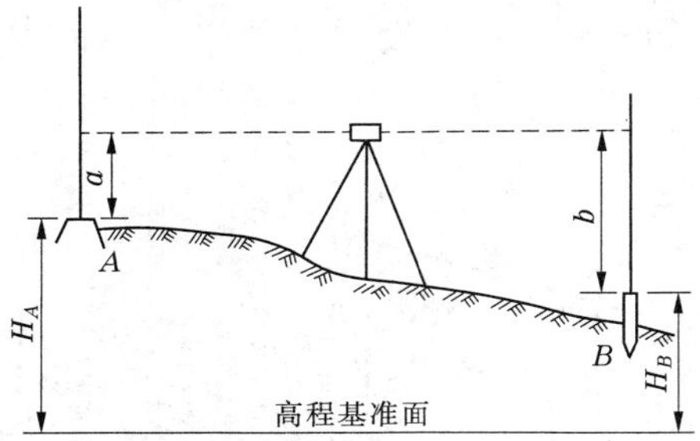

图 10-5　测设高程点

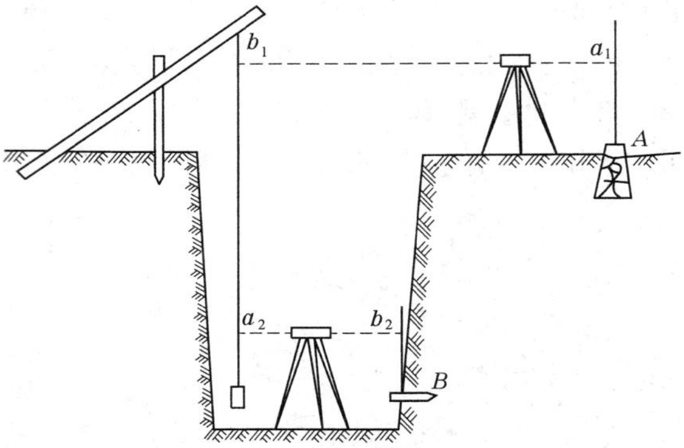

图 10-6　测设低处高程点

第三节　测设点位的方法

测设点的平面位置可用直角坐标法、极坐标法、角度交会法、距离交会法和全站仪法。可根据施工控制网的布设形式、控制点的分布、放样精度要求和施工现场条件等，选用适当的测设方法。

一、直角坐标法

当建筑物附近地面已布设了互相垂直的主轴线或建筑方格网时，可采用直角坐标原理确定点的平面位置，这种方法称为直角坐标法。

如图 10-7 所示，A、B、C 和 D 为建筑方格网点，欲测设 P 点。

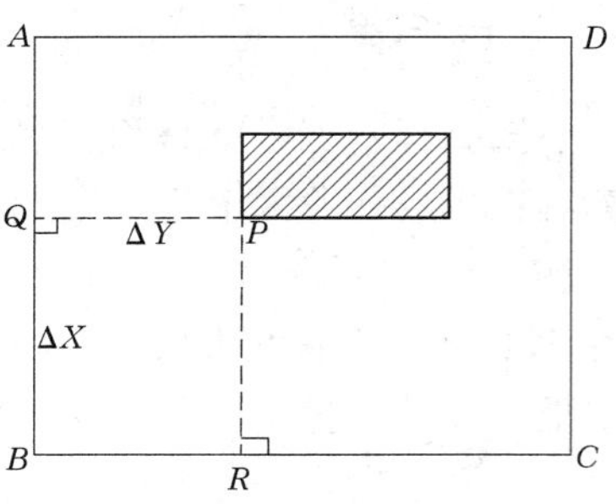

图 10-7　直角坐标法

（一）计算测设数据

计算出 P 点对控制网顶点 B 的坐标增量 ΔX 和 ΔY，即为相应测设的水平距离。

$$\Delta X = X_P - X_B$$

$$\Delta Y = Y_P - Y_B$$

（二）点位测设

在 B 点安置经纬仪，照准 A 点，沿此方向自 B 点平移 ΔX 得 Q 点，再在 Q 点安置经纬仪，照准 A 点，测设直角并在此方向自 Q 平移 ΔY 得

P 点。

为了检核，也可先测设 R 点再测设 P 点。

二、极坐标法

极坐标法是根据水平角和水平距离来测设点的平面位置。

如图 10-8 所示，设 A、O 为控制点，已知坐标分别为 X_A、Y_A 和 X_O、Y_O，P 为测设点，其设计坐标为 X_P、Y_P。

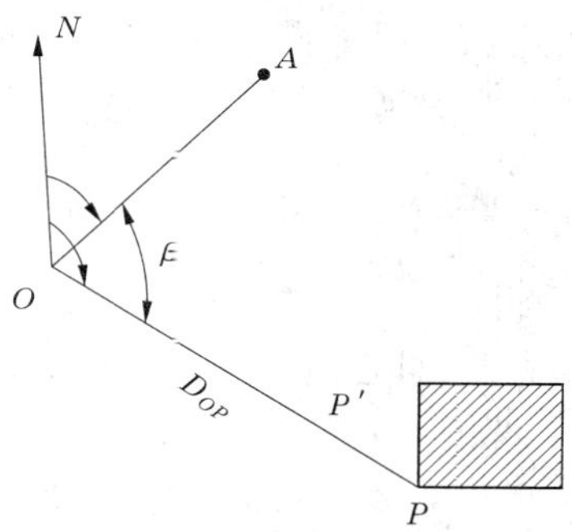

图 10-8 极坐标法

（一）计算测设数据

根据 A、O、P 三点的坐标，用坐标反算公式求出测设数据：OP 的水平距离 D_{OP} 和 AO 与 OP 之间的水平夹角 β。

$$D_{OP} = \sqrt{(X_P - X_O)^2 + (Y_P - Y_O)^2}$$

$$\beta = \alpha_{OP} - \alpha_{OA}$$

其中

$$\alpha_{OP} = \arctan \frac{Y_P - Y_O}{X_P - X_O}$$

$$\alpha_{OA} = \arctan \frac{Y_A - Y_O}{X_A - X_O}$$

水平夹角 β 用点名描述可表示为 $\angle AOP$，因为在测设时以 AO 为起始方向，OP 为终方向，那么 β 可表述为终边的正方位角 α_{OP} 减去起始边的反方位角 α_{OA}，如为负值则加 360°。例如，控制点 M、N 和测设点 P，经纬仪将安置在 M 点，则水平夹角 $\beta = \angle NMP = \alpha_{MP} - \alpha_{MN}$。

（二）点位测设

在 O 点安置经纬仪，瞄准 A 点，顺时针方向测设水平角 β，得 OP' 方向线；在 OP' 方向上自 A 点测设水平距离 D_{OP}，即得 P 点的平面位置，见图 10-8。

三、角度交会法

角度交会法是在两个或多个控制点上安置经纬仪，通过测设两个或多个已知角度交会出测设点的平面位置。此方法适用于控制点与测设点距离远且量距困难的情况。

如图 10-9 所示，A、B、C 为控制点，P 为测设点。

（一）计算测设数据

需计算测设数据三个水平角：α_1、β_1 和 β_2，其计算方法同极坐标法的水平夹角，即

$$\alpha_1 = \angle BAP = \alpha_{AP} - \alpha_{AB}$$

$$\beta_1 = \angle ABP = \alpha_{BP} - \alpha_{BA}$$

$$\beta_2 = \angle BCP = \alpha_{CP} - \alpha_{CB}$$

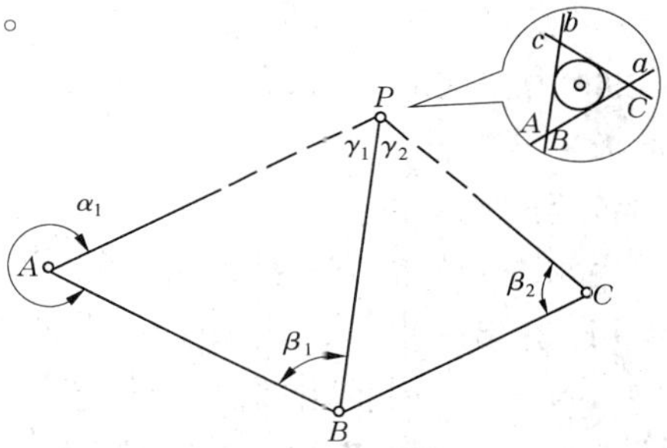

图 10-9 角度交会法

（二）点位测设

在 A 点安置经纬仪，后视 B 点，水平度盘置

数 0°00′00″，测设水平角 α_1；在 B 点安置经纬仪，后视 A 点，水平度盘置数 0°00′00″，测设水平角 β_1；两台仪器观测者同时指挥一持花杆者，直至花杆移至两视线的交点上，打上大木桩。在桩顶面上标绘出两方向线及其交点 P 的位置；在 C 点安置经纬仪，后视 B 点，测设水平角 β_2，在 P 桩上又可绘出一条方向线。如果交会没有误差，则此方向线应通过前两方向线的交点 P；如果有误差，则形成一个示误三角形(见图 10-9)，当示误三角形的最大边长不超过施工规范要求(一般为 3 cm)时，可取内切圆圆心作为 P 点的最终位置。

为提高交会点的精度，交会角 α_1、β_1 和 β_2 应不小于 30°且不大于 120°。

四、距离交会法

距离交会法是根据测设的两段距离交会出点的平面位置。这种方法在场地平坦、量距方便，且控制点离测设点不超过一尺段长时，使用较多。

如图 10-10 所示，P 点的位置可由控制点 A 和 B 的水平距离来确定。先根据 A、B 和 P 点坐标，计算 D_{AP} 和 D_{BP}。

测设时，以控制点 A 和 B 为圆心，分别以 D_{AP} 和 D_{BP} 为半径在地面上画圆弧，其交点即 P 点的位置。

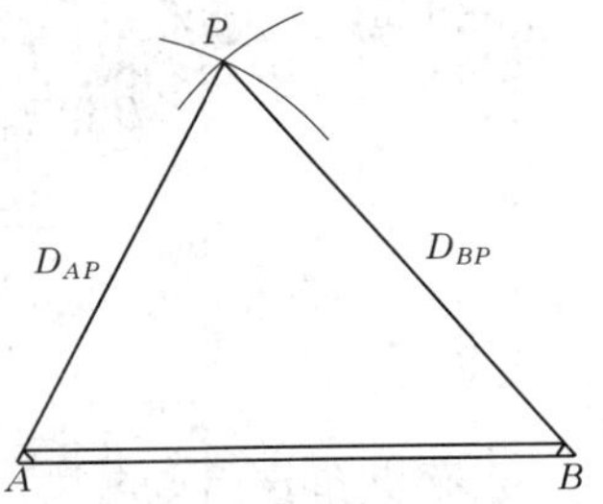

图 10-10　距离交会法

五、全站仪法

全站仪法利用其测量放样功能，无需计算测设数据，就可以十分便捷地确定点的平面位置。

将全站仪安置于测站点，选定放样测量模式后，首先输入测站点、后视点和测设点的坐标，然后将反射棱镜竖立在待测设点的概略位置处，按相应功能键即可自动显示水平角偏差 $\Delta\beta$ 和水平距离偏差 ΔD；最后依照所显示的偏差值，移动反射棱镜，当仪器显示偏差为零时即可确定测设点的最终位置。

第四节　坡度线及圆曲线的测设方法

一、坡度线测设

在场地平整、管道敷设和道路整修等工程中，有时需测设一定的坡度。如图 10-11 所示，设 A 为坡度的起点，其地面高程已知为 H_A，设计高程为 $H_{设}$；B 为坡度终点，高程待定。测设坡度线的任务，就是按照设计要求，为 A、B 间平整成 $1:m$ 的地面坡度而确定 B 点和中间各点的挖填深度。

用水准测量的方法测设坡度线，操作方法如下：

(1)算出 A 点的挖填深度：$h_A = H_A - H_{设}$。如果 h_A 为正，则为挖深；反之为填高。

(2)在 A 点安置水准仪，使任意两个脚螺旋连线与 AB 方向垂直(即另一脚螺旋位于直线 AB 上)，量取仪高 i，并按下式计算 $i_{设}$：

$$i_{设} = i + h_A$$

(3)在直线 AB 上能被 A 点水平视线截取读数的地面点(最好是 B 点，若 B 太低则另

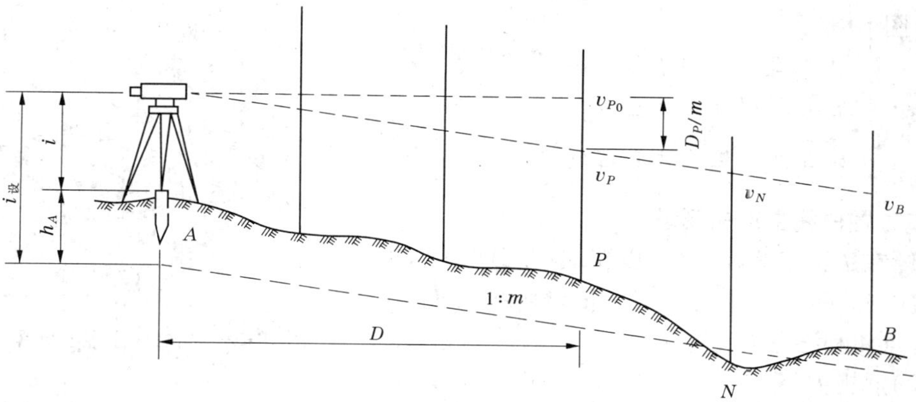

图 10-11　测设已知坡度线

选较高的一点 P）立尺，用视距法读取该点的平距 D_P 和中丝（水平视线）读数 v_{P0}。

（4）调低位于直线 AB 上的脚螺旋，使中丝对 P 点的标尺读数变为 $v_P = v_{P0} - \dfrac{D_P}{m}$，则此时视线的倾斜度正好等于设计坡度 1∶$m$。

（5）在直线 AB 上其他各点（包括 B 点）立尺，读取中丝读数 v，则各点应挖填数值 $h = i_{设} - v$，将计算结果标注在木桩侧面。这里挖填数值都是从桩号地面起算的，便于计算挖填工程量。

如果地面点低于设计坡度的高程，则在中间打长桩，采用测设已知高程点的方法来标定坡度线。当坡度较大时，也可采用经纬仪来测设。

二、圆曲线测设

线路工程从一直线方向转至另一直线方向时，常需采用圆曲线过渡，以使急弯变缓。

圆曲线的测设一般分两步进行：首先测设圆曲线的主要点（主点），然后测设细部点。测设前，必须计算圆曲线元素、主点里程和细部点测设数据，编制圆曲线测设数据表。

（一）圆曲线元素和主点里程的计算

如图 10-12 所示，A、B、M 分别为曲线的起点、终点、中点，称为圆由线的三主点。要确定三主点的位置，必须知道五元素：转折角 α、圆曲线半径 R、切线长 T、曲线全长 L 和外矢距 E。其中，转折角 α 是实测的，圆曲线半径 R 在设计时选定。其他三元素按下式计算，即

切线长 $$T = R\tan\frac{\alpha}{2} \tag{10-7}$$

曲线长 $$L = R\pi\frac{\alpha}{180^\circ} \tag{10-8}$$

外矢距 $$E = R\left(\sec\frac{\alpha}{2} - 1\right) \tag{10-9}$$

路线上的点号通常用里程桩号表示，起点的里程桩号为 0 + 000，假设转折点 J 离起点为 2. 116 km，其里程桩号便可写成 2 + 116。

由图 10-12 可知

$$A\text{ 点里程} = J\text{ 点里程} - T$$
$$B\text{ 点里程} = A\text{ 点里程} + L$$
$$M\text{ 点里程} = A\text{ 点里程} + \frac{L}{2}$$

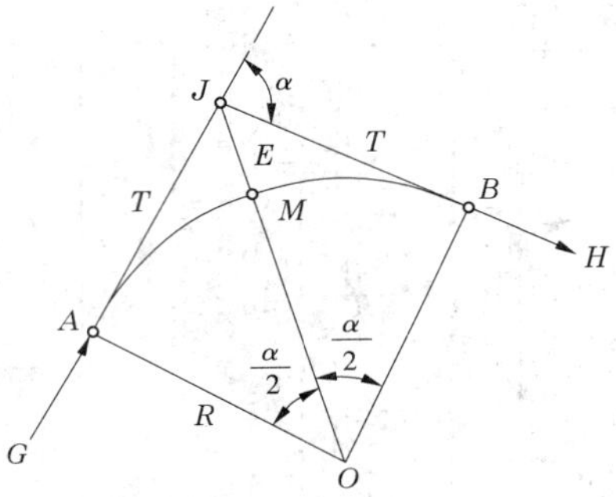

图 10-12　圆曲线主点及元素

(二)圆曲线主点的测设

(1)在 J 点安置经纬仪，以路线(切线)JG、JH 方向定向，沿两切线方向分别平量出切线长 T，即定出起点 A 和终点 B。

(2)后视 H 点，水平度盘置数 0°00′00″，测设水平角 $\beta = 90° - \frac{\alpha}{2}$，沿此方向线量出平距 E，即定出曲线中点 M 的位置。

(三)圆曲线细部点的测设

圆曲线细部点的测设方法有偏角法和弦线支距法。

1. 偏角法

根据偏角 θ 和弦长 l 测设细部点的方法称为偏角法。

1)测设数据的计算

如图 10-13 所示，所谓偏角，是从曲线起点 A 到曲线上任一点的弦线与路线直线方向(A 点处的切线)之间的夹角，以 θ_i 表示，在几何上称为弦切角，它等于该弦长 l 所对圆心角 φ 的一半，即

$$\theta = \frac{\varphi}{2} = \frac{l}{2R}\frac{180°}{\pi} \tag{10-10}$$

(1)如果曲线上各点的间距都等于 l，则曲线上各点的偏角为第一点偏角的整数倍，即

$$\theta_1 = \frac{\varphi}{2} = \frac{l}{2R}\frac{180°}{\pi} = \theta$$
$$\theta_2 = 2\theta$$
$$\vdots$$
$$\theta_n = n\theta$$
$$\theta_B = (n+1)\theta = \frac{\alpha}{2}$$

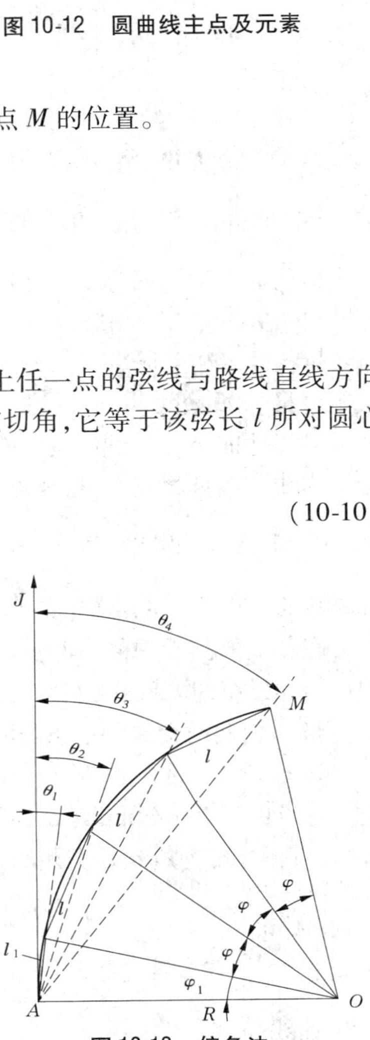

图 10-13　偏角法

(2)如果圆曲线起止点 A、M 的桩号不是间距 l 的整倍数，则首、末两段弦长便不等于 l。设首、末两段弦长分别为 l_1 和 l_2，其对应的圆心角为 φ_1 和 φ_2，则计算式为

$$\theta_1 = \frac{\varphi_1}{2} = \frac{l_1}{2R}\frac{180°}{\pi}$$
$$\theta_2 = \theta_1 + \theta$$
$$\vdots$$

$$\theta_n = \theta_1 + (n-1)\theta$$

$$\theta_B = \theta_n + \frac{\varphi_2}{2} = \theta_n + \frac{l_2}{2R}\frac{180°}{\pi} = \frac{\alpha}{2}$$

2)测设方法

(1)在 A 点安置经纬仪,照准 J 点,水平度盘置数 0°00′00″;

(2)测设水平角 θ_1,沿视线方向从 A 点量出平距 l_1,得曲线上 1 点;

(3)同法可测设其余各点。一直测设至终点 M,与 M 点校核其位置。

2. 弦线支距法

弦线支距法是一种直角坐标法,适用于测设不需按里程定桩的建筑物曲线,如水闸的翼墙。如图 10-14 所示,设圆曲线的起点为 A,终点为 B,半径为 R。测设时,量出 AB 的长度 D,取其中点 Q 作为坐标原点,则 Q 点到圆心的距离为

$$K = \sqrt{R^2 - (\frac{D}{2})^2} \qquad (10\text{-}11)$$

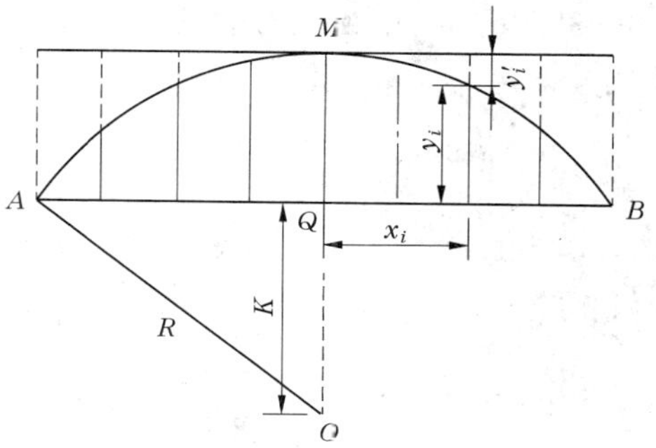

图 10-14 弦线支距法

在 Q 点定出 AB 的中垂线,沿垂线量取一段平距等于 $R-K$,即定出曲线的中点 M。在弦线上任选一些点,与坐标原点的平距为 x_i,则从该点沿垂直于 AB 的方向量取一段平距 y_i,即可定出相应的圆曲线细部点。因而

$$y_i = \sqrt{R^2 - x_i^2} - K \qquad (10\text{-}12)$$

也可以圆曲线的中点 M 作一切线代替弦线,以 M 为坐标原点,则 $y'_i = R - \sqrt{R^2 - x_i^2}$。

习　题

10-1　设图 10-1 中施工坐标系原点 C 的测量坐标 $X_C = 600.000$ m,$Y_C = 800.000$ m,施工坐标系相对测量坐标系顺时针旋转 30°,放样点 P 的施工坐标 $A_P = 849.642$ m,$B_P = 667.623$ m,试计算该点的测量坐标。

10-2　在地面上要测设一段 84.200 m 的水平距离 AB,现先用一般方法定出 B'点,再精确丈量 AB'为 84.248 m,丈量所用钢尺的尺长方程式为 $l_t = 30 + 0.008 + 1.25 \times 10^{-5} \times 30 \times (t-20)$,作业时温度为 31 ℃,施加于钢尺的拉力与检定钢尺时相同,AB'两点的高差 $h = -0.96$ m。如何改正 B'点才能得到 B 点的准确位置?

10-3　已知水准点 A 的高程为 24.678 m,待测设的 B 点设计高程为 24.823 m,在 A、B 之间安置水准仪,读得 A 尺上的后视读数为 1.432 m,问 B 点上标尺读数应为多少才能使其尺底位于该点的设计高程?

10-4　施工道路上有 A、B、C、D、E 五点,间距均为 20 m,已知 A 点的地面高程 $H_A = 21.664$ m,设计高程为 $H_{A设} = 21.800$ m,欲向 E 点测设一条 $i = -1\%$ 的坡度线,问 B、C、D、E 四点的设计高程是多少?用水准仪以水平视线法测设时,已知后视 A 桩点的标尺读数

$a=1.458$ m,前视各桩点的标尺读数分别为 $b_B=1.623$ m、$b_C=2.584$ m、$b_D=1.369$ m、$b_E=2.257$ m,问包括 A 点在内的五个桩点应下挖或上填的高度各为多少(下挖为 +,上填为 -)?

10-5　测设水平角 $\angle AOB$ 后,用经纬仪精确测其角值为 89°59′08″,已知 OB 长为 120 m,问 B 点在垂直于 OB 方向上应向内或向外移动多少距离,才能使 $\angle AOB$ 改正为 90°00′00″?

10-6　已知 A 点坐标 $X_A=285.684$ m,$Y_A=162.345$ m,AB 的方位角 $\alpha_{AB}=296°44'30''$,又知 P_1、P_2 两点的设计坐标分别为 $X_1=198.324$ m,$Y_1=$810-6　425 m;$X_2=198.324$ m,$Y_2=238.265$ m,以 A 点为测站,B 点为后视方向,按极坐标法测设 P_1、P_2 两点,试分别计算测设数据。

第十一章　渠道测量

渠道是水利建设中较常见的工程。农田灌溉、防洪排涝、引水发电等工程都需要修建渠道。在渠道的勘测、设计和施工中所要进行的测量工作称为渠道测量。渠道测量是线路测量的一种,其主要内容包括选线测量、中线测量、纵横断面测量、土方计算和渠道边坡放样。

第一节　选线测量

渠道选线是根据水利工程规划的渠道路线、引水设计高程和坡度,以及地形地质和水文等因素,在实地确定一条既经济又符合设计要求的渠道中心线位置。选线测量一般分为内业选线和外业定线。

一、内业选线

内业选线是根据任务书的要求和测绘资料的搜集情况,当搜集的地形图比例尺和图面精度均适合选线测量时,可沿设计的渠道方向绘制纵、横断面图,在室内进行图上选线,无需再做外业测量工作。若无适用的地形图,一般要进行纵、横断面测量。当条件具备且有必要时,亦可沿线测绘 1∶5 000 或 1∶10 000 比例尺的带状地形图或实测放大图,再进行选线测量。

沿路线狭长地带测绘的地形图称为带状地形图,它是图上选线和初步设计的基本资料。可以测绘,也可以根据沿线所测的纵、横断面成果编制地形图。

二、外业定线

外业定线是根据设计的要求,将勘测或室内图上选线的结果转移到实地上。选线人员应结合实际情况,对勘测或图上选线的结果进行研究和补充修改.尤其对关键性地段或控制性点位,更应反复勘测,认真研究,从而选定合理的路线。外业定线工作包括:

(1)根据路线说明书和所附的路线平面位置设计图,在实地选定路线转折点位置。需要埋设固定点时,还应同时选定埋设标石或标志的位置。

(2)在实地选定建筑物的中心位置。

(3)确定中心导线以及纵断面水准路线的起闭点。

(4)如果大段的渠、堤中心线在水内,为便于测量工作,可以平行移开,选设辅助中心线。

(5)测设平面圆曲线。渠道转弯处,外侧常易受到冲刷,内侧易淤积,甚至产生涡流及紊流,为了减少冲刷和淤积,在转弯处一般设置平面圆曲线。

为了使所选的路线既经济又合理,应注意贯彻如下原则:路线要稳定可靠、施工方便、行水安全;合理布局、综合利用、控制灌溉面积要大;路线要顺直,尽量减少弯道;避免穿过村庄、建筑物或特高地,以减少拆迁费用和土石方的开挖数量,节约投资,提高效益。要实现以上原则,选线者应口勤、眼勤、腿勤,认真做好工作,力争选出经济、合理、稳固、适用的渠道路线。

三、标石埋设和中心线桩的编号

为便于在施工放样中寻找和恢复已选定的路线,定线测量时,应在中心线附近埋设一定数量的标石或布设标志。平面埋石点,一般每隔 1 ~ 5 km 选一条导线边,并在其两端各埋设一个标石或固定标志。拟建的主要建筑物附近,应有不少于 2 个可供定位用的标石或标志。高程埋石点,应沿中心线每隔 1 ~ 3 km 在施工范围以外埋设一个固定标石或布设临时标志。在露头岩石上及固定地物上凿刻标记,或在大树根上打入圆帽钉,均可作为临时标志。

渠道中心线的转折点、里程桩、需设站测设圆曲线的起点和终点,均应用大木桩标定。为便于计算渠道长度、绘制纵断面图,沿渠道中心线从渠首或分水建筑物的中心,或筑堤的起点,不论直线或曲线,均应用小木桩标定里程,这些木桩称为里程桩。木桩的间距一般为 100 m 或 50 m,自上游向下游累计编号。里程编号写在木桩侧面,起点里程为(0 + 000),加号前为千米数,加号后为米数。若终点里程编号为(24 + 650),即渠道总长度为 24. 650 km。这种按相等间隔设置的木桩称为整桩。在实际工作中,遇到特殊情况时,还应设置加桩。整桩和加桩均属于里程桩。应设置加桩的情况一般有:

(1) 中心线上地形有显著起伏的地点。

(2) 圆曲线的起点、终点和必要的曲线桩。

(3) 拟建建筑物的中心位置。

(4) 与其他河道、沟渠、闸、坝、桥、涵的交点。

(5) 穿过铁路、公路和乡村干道的交点。

(6) 中心线上及其两侧的居民地、工矿企业建筑物处。

(7) 由平地进入山地或峡谷处,设计断面变化的过渡段两端。

(8) 为了注记地表性质和中心线经过的主要地物,必要时可绘制路线草图。如图 11-1 所示,图上还应注有加桩(0 + 235)、(0 + 362)、(0 + 565)、(0 + 676)等以及转折点 J_1、J_2…。

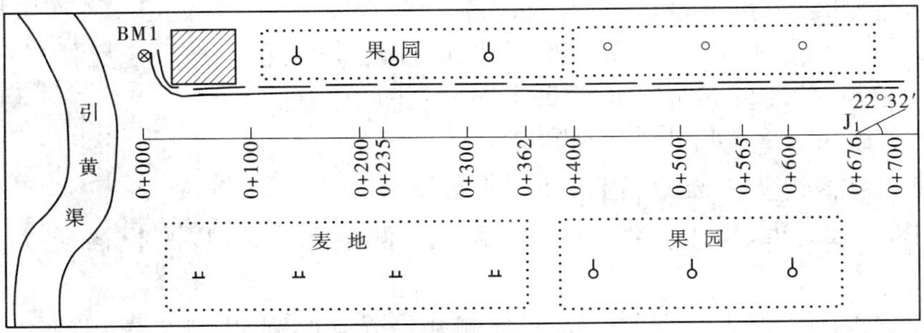

图 11-1 渠道选线测量草图

第二节　中线测量

渠道中线测量的任务主要是在渠道起点和终点间进行定线，测定渠道中心线长度，用一系列的里程桩标定渠线经过的位置。在平原区，渠道转折处需要测定转折角和测设圆曲线；在山丘区，渠道的高程位置需要进行探测确定。

一、平原区的中线测量

从渠道起点开始，朝着终点或转折点方向用花杆和皮卷尺进行定线和量距（现在多采用全站仪或 RTK 测量），按照规定间距打桩标定中线位置，以该桩对起点的距离作为桩号，注在桩侧，即为里程桩。在相邻两里程桩之间的重要地物（如道路）和坡度突变的位置上，应加设木桩，称为加桩；加桩亦按对起点的距离进行编号，但不是规定间距的整倍数。当桩定到转折点上时，应用经纬仪测定转折角 α（即来水方向的延长线转至去水方向的角值，有左转和右转两种情况），并按设计要求测设圆曲线。

二、山丘区的中线测量

从渠首起点开始，用皮卷尺或 RTK 沿着山坡等高线向前量测，按规定要求标定里程桩和加桩，每测 50 m 或 100 m 用水准测量测定一下桩位高程，看渠线位置是否偏低或偏高。如图 11-2 所示，假设丈量到了 A 点，离渠首距离为 D，渠首进水底板设计高程为 $H_{进}$，设计渠深（包括水深和安全超高）为 h，渠底设计坡度为 i，据此可以算得 A 点的渠岸地面高程应为

$$H_A = (H_{进} + h) - Di \tag{11-1}$$

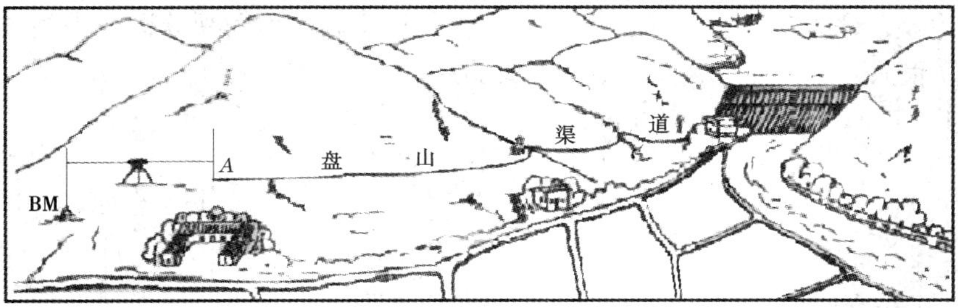

图 11-2　山丘区渠道高程位置的测定

然后，按照高程测设方法，根据附近的水准点 BM 引测高程标定 A 点在山坡上的位置或者用 RTK 直接在 A 点附近测定高程为 H_A 的位置。但为了保证盘山渠道外边坡的稳定性，尽量减少填方，一般应根据山坡的坡度将桩位适当提高，即将木桩打在略高于所定 A 点的位置上。

第三节　纵断面测量

路线的平面位置和中线测量完成后，应进行纵断面高程测量，绘制纵断面图，以便进

行渠道纵向坡度、闸、桥、涵和隧洞位置的设计。

一、纵断面高程测量的内容和要求

纵断面高程测量就是利用间视法测量路线中心线上里程桩和曲线控制桩的地面高程。根据施工放样的要求，还应测定沿线水准点的高程及联测沿线居民地、建筑物、水系和主要地物的关键性部位高程。

纵断面高程测量的要求如下：

(1)进行纵断面高程测量时，应起闭于基本高程控制点。用间视法观测时，应成像清晰稳定，所有埋石点和重要建筑物的高程，应作为转点纳入水准路线进行平差计算。

(2)纵断面高程测量，一般由两台水准仪同时施测，其中一台仪器测定标石点及临时水准点高程；另一台仪器观测里程桩及沿线主要地物点高程。这样做较为灵活主动，不会因一台仪器观测超限而全部重测。

(3)穿过沟道、河渠时的加桩，应联测高程，并结合横断面测量，将河床、沟槽形状展绘在纵断面图上。穿过铁路时，应测出铁轨面高程。穿过公路时，应测路面高程，同时应测出道路宽度。

(4)木桩与地面高差小于 2 cm 时，可以桩顶高代替地面高程，否则，应测出桩旁地面高程。

二、间视法测量的基本方法

如图 11-3 所示，从水准点 BM_1 开始，经过 2 个测站连续测出起点(0 + 000)桩的高程，选择适当位置，再安置水准仪(第 3 站)，后视(0 + 000)桩上的水准尺，得读数为 2. 444 m，前视(0 + 300)桩的尺上读数为 1. 622 m，然后，分别在(0 + 000)、(0 + 200)和(0 + 235)桩上立尺并读数，这些立尺点叫间视点或中间点，其读数称为间视读数或中视读数。由于间视点的高程只是为了绘制纵断面图，精度要求不高，一般只读至厘米，所以间视点的读数分别为 1. 95 m、1. 60 m 和 1. 96 m。

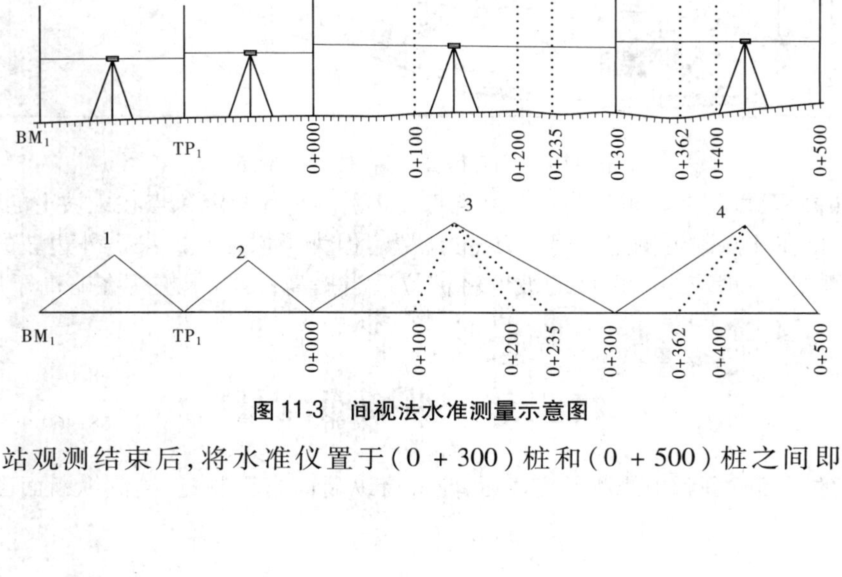

图 11-3 间视法水准测量示意图

第 3 站观测结束后，将水准仪置于(0 + 300)桩和(0 + 500)桩之间即第 4 站，

(0＋300)桩的前视尺转变为后视尺,(0＋000)桩的后视尺移至(0＋500)桩,变为前视尺,接着观测后、前视水准尺的读数,再观测间视点(0＋362)桩和(0＋400)桩水准尺上读数,按上述方法施测,直至附合到水准点 BM_2 上。按先观测转点、后观测间视点的程序进行水准测量的方法称为间视法。以上观测的所有读数,应现场记入测量手簿,其格式如表 11-1 所示。

表 11-1　间视法水准测量记录表

名称　北扩干渠　　仪器型号　$DS_3$2058　　观测者　张保明

日期　2008 年 6 月 5 日　天气　晴　　记录者　李　灿

测站	桩号	后视点(m)	视线高程(m)	中间点(m)	前视点(m)	高程(m)	备注
1	BM_1	1.620	359.265			357.645	已知
	TP_1				0.896	358.369	
2	TP_1	1.735	360.104			358.369	
	0＋000				2.014	358.090	
3	0＋000	2.444	360.534			358.090	
	0＋100			1.95		358.580	
	0＋200			1.60		358.930	
	0＋235			1.96		358.570	
	0＋300				1.622	358.912	
4	0＋300	2.108	361.020			358.912	
	0＋362			2.85		358.170	
	0＋400			2.06		358.960	
	0＋500				0.925	360.095	
5	0＋500	0.683	360.778			360.095	
	0＋565			0.25		360.530	
	0＋600			2.47		358.310	
	0＋676				2.275	358.503	
6	0＋676	1.916	360.419			358.503	
	0＋700			2.38		358.040	
	0＋800			1.96		358.460	
	0＋838				0.898	359.521	

续表 11-1

测站	桩号	后视点（m）	视线高程（m）	中间点（m）	前视点（m）	高程（m）	备注
7	0 +838	1.434	360.955	1.23		359.521	
	0 +900			1.35		359.720	
	0 +950					359.600	
	1 +000				1.623	359.332	
8	1 +000	1.203	360.535			359.332	
	TP_2				1.850	358.685	
9	TP_2	1.325	360.010			358.685	
	BM_2				1.662	358.348	已知 358.310
校核		14.468			13.765	358.348	
		-13.765				-357.645	
		+0.703				+0.703	

三、手簿检核与里程桩高程的计算

如表 11-1 所示，后视读数总和与前视读数总和之差，等于已知的 BM_2 高程与已知点 BM_1 高程之差，即等于 +0.703 m，证明本页记录计算正确。然后，按不同方法分别计算高程，即水准埋石点或临时水准标志，应根据平差后的高差推算其高程。里程桩的高程可按水准点的高程分段推算。绘制纵断面图时，最后高程一律取至厘米。具体方法如下。

（一）高差闭合差的计算

从（0 +000）至（1 +000）桩水准路线附合在水准点 BM_1 与 BM_2 之间，两已知点的高差为 358.310 - 357.645 = +0.665，实测高差为 +0.703，故高差闭合差为 f_h = +0.703 - 0.665 = +0.038（m）。五等水准测量限差为 $\pm 40\sqrt{L}$（mm），L 为水准路线长度，以 km 为单位。本例中 $L=1.5$ km，故高差闭合差限差为 $\pm 40\sqrt{1.5} \approx \pm 49$（mm），实测闭合差小于闭合差限差，本测段附合限差规定。

（二）里程桩高程的计算

本测段只有 1.5 km（含连测段 350 m），高差闭合差为 +38 mm，故高差改正数对转点的高程影响甚微，可以不进行改正，即从已知点按视线高法直接推算里程桩高程。如表 11-1所示，水准点 BM_1 的高程为 357.645 m，经过两测站求得（0 +000）桩的高程为 358.090 m。用视线高法推算间视点高程的步骤如下。

根据间视法水准测量原理，计算视线高程与间视点高程的公式为

$$H_i = H_A + a \tag{11-2}$$

$$H_B = H_i - b \tag{11-3}$$

式中 H_i——视线高程；

H_A——后视点 A 的高程；

a——后视点 A 的水准尺读数；

H_B——间视点 B 的高程；

b——间视点 B 的水准尺读数。

由式(11-2)得第3站的视线高程为

$$H_i = 358.090 + 2.444 = 360.534(\text{m})$$

由式(11-3)得 (0+100)桩高程=358.090−1.95=358.58(m)

(0+200)桩高程=358.090−1.60=358.93(m)

(0+235)桩高程=358.090−1.96=358.57(m)

由以上计算可知，无论一个测站上观测的间视点有多少，利用一个视线高程就很容易地求出各点高程，所以纵断面高程测量时，在成像清晰、读数可靠的情况下，每个测站应尽量多观测几个间视点，以提高观测速度。

四、纵断面图的绘制

(1)图面布局合理、使用方便，应预留渠、堤设计线和高程注记位置。要达到上述要求，应根据中心线桩的高程和中线长度，按照不同的建设阶段，既要突出地面起伏，又要使地面线居于适中位置。为此，应选择恰当的绘图比例尺。一般竖直比例尺是水平比例尺的10倍、20倍，甚至100倍。在相同的建设阶段，长路线的水平比例尺应小些，短路线的水平比例尺可大些。在高程方面，高差大的，竖直比例尺可小些；高差小的，竖直比例尺应大些。

(2)绘制图表栏。图表栏是填写纵断面测量内、外业资料及有关设计数据的位置。应绘在图纸的左方，一般约占图纸宽度的2/5，填写时自上而下进行，其中包括渠底坡度、里程桩号、地面高程、渠底设计高程、中线挖深和填高以及平面草图等。

(3)选择高程起始注记。渠道所经地带，高程一般较大，或者沿线地面起伏。为了使用方便，节省图纸，竖直比例尺的注记不从零开始，应尽量选择使路线最高与最低部分都能绘出的高程。如果地面高程一直增加，地面线连续绘下去将会超出图纸，此时可从某点起，将其高程沿同一坐标纵线降低5～10 cm，使之成一阶梯，再继续绘下去，个别点的高程有可能超出图纸时，可采用绘断裂线，并注记其高程的方法。如果地面高程不断降低，则采用相反的措施。根据表11-1的计算成果，绘制成图11-4，该图渠道起始底面高程为359.00 m。

(4)抄入资料，计算有关数据。根据选定的水平比例尺，按里程桩的间距，标出各桩点；从纵断面测量成果中，抄入各点的地面高程；如果渠底比降已经确定，也可计算各点的设计高程。例如，(0+000)桩的渠底设计高程为359.00 m，比降 i=1:1 000，整桩间距为100 m，故向下游每增加100 m距离，渠底设计高程就减少0.1 m，所以图11-4中渠底点设计高程分别为358.90 m、358.80 m等，(1+000)处的渠底设计高程为358.00 m。

中心桩挖填数按式(11-4)计算,即

$$\Delta h = H_{地} - H_{设} \tag{11-4}$$

式中 Δh——挖填数,当 Δh 为正时,中心桩处即挖深,当 Δh 为负时,即填高;

$H_{地}$——中心桩地面高程;

$H_{设}$——中心桩的渠底设计高程。

图 11-4 中,(0+000)桩、(0+100)桩和(0+200)桩的中心挖填数,按式(11-4)计算,分别为 -0.91 m、-0.32 m 和 +0.13 m,前两桩处为填高,(0+200)桩处为挖深。

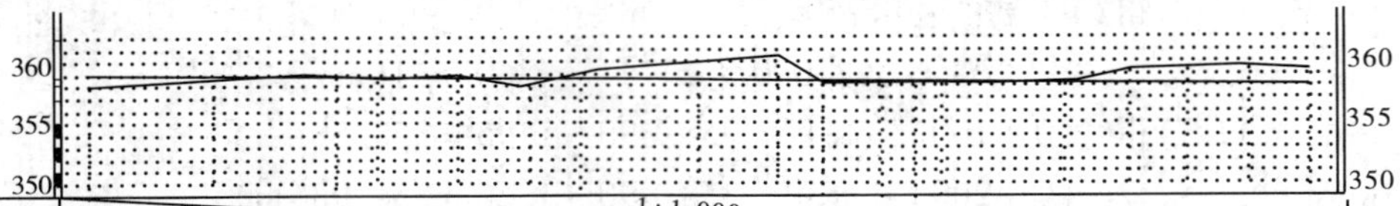

渠岸坡度	1:1 000 1 000 m																
里程桩号	0+000	0+100	0+200	0+235	0+300	0+362	0+400	0+500	0+565	0+600	0+676	0+700	0+800	0+838	0+900	0+950	1+000
地面高程	358.09	358.58	358.93	358.57	358.91	358.17	358.96	360.10	360.53	358.31	358.50	358.04	358.46	359.52	359.72	359.60	359.33
渠底设计高程	359.00	358.80	358.80	358.76	358.70	358.64	358.60	358.50	358.44	358.40	358.32	358.30	358.20	358.16	358.10	358.05	358.00
中线挖深			0.13		0.21		0.36	1.60	2.09		0.18		0.26	1.36	1.62	1.55	1.33
中线填高	0.91	0.32		0.19		0.47				0.09		0.26					
平面草图	左转22°32′ R=400 m																

图 11-4 渠道纵断面图

(5)绘图。依据里程桩的间距和各桩点的地面高程,按选定的竖直比例尺沿方格纸的纵坐标定出各点的位置,然后连接各同名点,即得地面线。渠底设计线或水面线的画法与此相同。

路线平面图和地表性质,是根据草图并参考纵断面高程测量手簿、选线记录等资料绘制的。图 11-4 中(0+676)桩处左转 22°32′为路线向左的转折角,为平面圆曲线半径。

第四节 横断面测量

对垂直于路线中线方向的地面高低所进行的测量工作,称为横断面测量。路线上所有里程桩和加桩一般都应测量其横断面。横断面是确定渠道横向施工范围、计算土石方数量的必要资料。

一、横断面测量方法

横断面测量方法视仪器设备和地形条件而定,一般可采用经纬仪视距法、水准仪量距法、手持水准仪量距法和花杆置平法等。利用全站仪或 GPS 测量方法中的 RTK 进行横断面测量,方法更简单,精度更高,速度更快。

(一)花杆置平法

在丘陵、山地横向坡度较大时,当横断面每侧宽度小于30 m时,可采用花杆置平法或皮尺拉平法施测横断面。断面上两地形点间的距离与高差用花杆置平或皮尺拉平读取。如图11-5所示,欲测里程桩(0+500)的横断面,一人将地形尺或花杆立于测点上,另一人从中心线桩用花杆或皮尺量至测点。花杆或皮尺可用简易水准器定或目估水平。在花杆与地形尺(或花杆)交点读出水平距离,并读出或量出交点至地面的高度即得高差。从图11-5中可见,如果从中心桩向上坡观测时,地形尺或花杆立于中心线桩上,高差从起端地形尺上读出;下坡时,地形尺或花杆先立于测点上,然后读取距离和高差。总之,花杆或皮尺只能一端与地面相交,另一端置平在地形尺上读数。

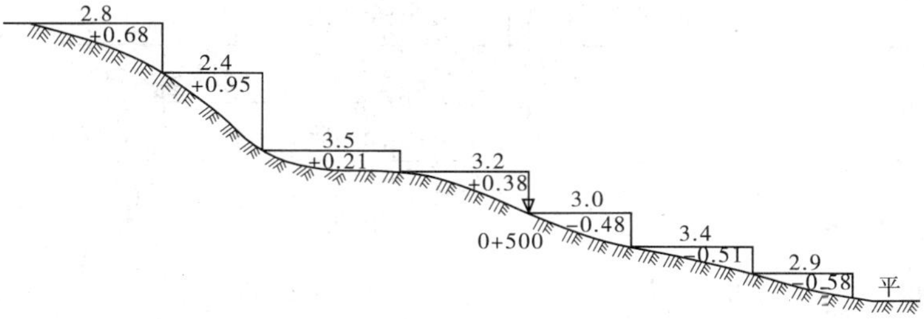

图11-5　花杆置平法测量横断面　(单位:m)

用花杆置平法测量横断面,记录格式如表11-2所示,中心桩(0-500)的高程360.10 m是从纵断面测量成果中抄来的,它是推算横断面地形点高程的起始数据。地形点的编号仍按中心线前进方向进行,即以观测者面向渠道下游,用左、右手划分横断面的左、右分别记录,分式的分子表示横断面测点间高差,分母表示测点间间距。表中累计栏,分别是地形点对中心线桩高差与距离总和。

横断面测量时可随测随绘,不做记录。测站点与断面地形点的距离读数、计算取位均为0.1 m;测站点高差读数、计算一般取位均为0.01 m,而地形点高程的计算取位则为0.1 m。

表11-2　花杆置平法横断面测量记录表

左侧断面				中心桩	右侧断面			
$\frac{+0.68}{2.8}$	$\frac{+0.95}{2.4}$	$\frac{+0.21}{3.5}$	$\frac{+0.38}{3.2}$	$\frac{0+500}{360.1}$	$\frac{-0.48}{3.0}$	$\frac{-0.51}{3.4}$	$\frac{-0.58}{2.9}$	平
$\frac{+2.22}{12.1}$	$\frac{+1.54}{9.3}$	$\frac{+0.59}{6.7}$	$\frac{+0.38}{3.2}$	累计	$\frac{-0.48}{3.0}$	$\frac{-0.99}{6.4}$	$\frac{-1.57}{9.3}$	平

(二)经纬仪视距法

当横断面较宽时,可采用经纬仪视距法。测量时,经纬仪一般安置于中心桩上。当横断面一侧宽度小于50 m时,容许用目测标定横断面方向;当横断面一侧宽度大于50 m时,用经纬仪标定方向。如果断面过长或视线遇到障碍必须转站,则转站点(即测站点)的平面位置和高程可以用视距法测定,其视距最大长度不得超过200 m。视距应用正、倒境和直、返觇观测,其往、返所测距离较差不得大于距离的1/200;高差不符值应不大于0.1 m,山地可放宽为0.2 m;转站数不得超过3个;山地路线全长不应大于600 m。测站至断面上地形点的最大视距应不大于200 m,当仪器只在中心线桩上设站时,其视距长度可放宽到300 m。

二、横断面图的绘制

横断面图的比例尺,应根据断面宽度、地形坡度等,按表11-3选用。绘图时,应自上游至下游按桩号顺序从左到右排列。同一列中各断面的中心线桩,应位于方格纸上粗线的同一条线上。

表11-3 横断面宽度与绘图比例尺

横断面宽度(m)	水平比例尺	竖直比例尺	
		平地	丘陵、山地
<100	>1:500	1:50~1:100	1:100~1:200
100~200	1:500~1:1 000	1:50~1:100	1:100~1:200
200~250	1:1 000~1:2 000	1:50~1:200	1:100~1:500
>500	<1:2 000	1:50~1:200	1:100~1:500

横断面图一般也可绘在透明方格纸的反面。为了便于土方计算,一般水平比例尺应与竖直比例尺相同。但是,如果地面起伏较大,为了节省图纸,也可采用不同的比例尺。图11-6是根据表11-2(0+500)桩的资料绘制的横断面图。

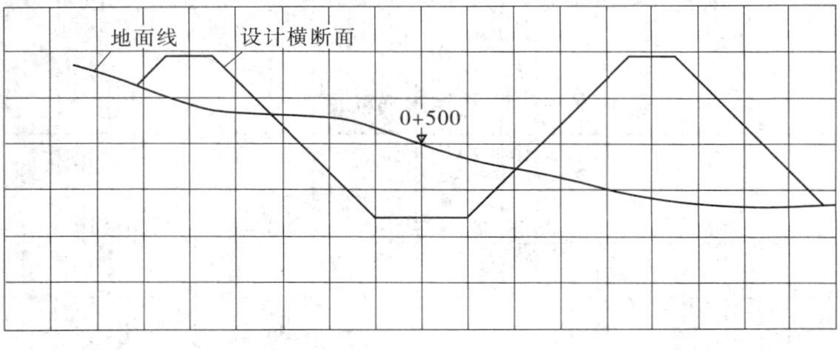

图11-6 横断面图

横断面图是计算土方的必备资料,绘图时,应预留套绘设计断面线的位置。一条渠道短则数千米、数十千米,长则几百千米,其横断面少则几十个,多则上百个甚至以千计,所以绘图工作量往往很大。为了提高测绘横断面图的效率和质量,容许随测随绘,并且如今用计算机绘断面图已被普遍采用。

第五节　土方计算

渠道工程必须在地面上挖深、填高，使渠道断面符合设计要求。所填挖的体积，以立方米为单位，称为土方，习惯上又叫几方土。土方计算方法虽然较简单，但是计算工作量较大。土方的多少，往往是总工程量的重要指标。为了制订合理的施工方案，编制工程预算，必须认真做好土方计算。

土方计算通常采用分段计算，然后求总和。而各段土方采用平均断面法计算。假设相邻两个挖方（或填方）横断面的面积分别为 A_1 和 A_2，两个横断面的间距为 D，则其间的土方量为

$$V = \frac{1}{2}(A_1 + A_2)D \tag{11-5}$$

间距 D 即两桩里程之差，可从纵断面图上查取，面积 A_1、A_2 则需通过在横断面图上套绘渠道设计断面来确定。为此，应根据里程桩和加桩的挖深，先在横面图上标出设计渠底中心点的位置，再根据渠底宽度、边坡坡度、渠深和堤宽等尺寸画出设计断面，如图 11-6 所示。设计断面边线与自然地面线所包围的面积即为挖方或填方面积，面积计算方法参见第七章第五节。

土方计算采用表格（见表 11-4）按桩号顺序进行。表中的计算数据均从纵、横断面图上抄来。如果相邻两断面既有挖方又有填方，应分别计算挖方量和填方量。如果相邻两个中线桩一个为挖深，另一个为填高，则中间必有一个不挖不填的"零点"。零点的挖填面积不一定为零，因为必须找到零点补测横断面。零点在渠道线上的位置可根据图 11-7 求得。设零点到邻近里程桩 A 的距离为 x，相邻两里程桩 A、B 之间的距离为 D，A 点挖深为 h_A，B 点填高为 h_B，则由图 11-7 可知

$$\frac{x}{D - x} = \frac{h_A}{h_B}$$

由此解得

$$x = \frac{h_A}{h_A + h_B}D \tag{11-6}$$

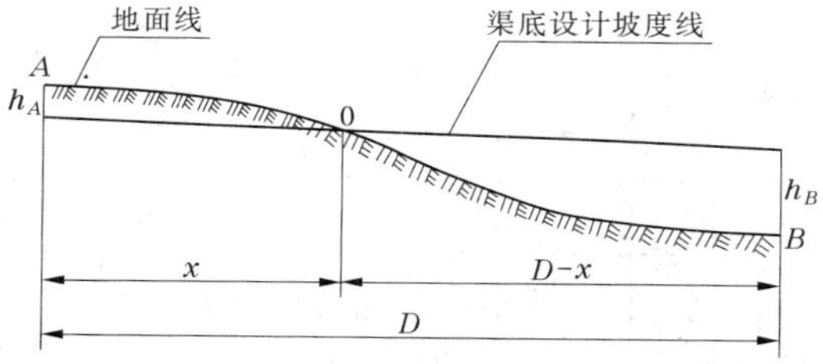

图 11-7　零点位置确定

例如图 11-4 中，(0 + 100) 桩与 (0 + 200) 桩之间有一个零点，该点离开桩 (0 + 100) 的距离为 $x = 0.32 \div (0.32 + 0.13) \times 100 = 71.1$ (m)，归算至渠道起点的里程桩号为 0 + 171.1，应填入表 11-4 中，并根据补测的零点断面，将这两个里程桩间的土方分成两部分进行计算。

表 11-4　土方计算表

工程名称:夹马口北扩干渠　　计算者:张志彪　　校核者:何武强　　日期:2007.8　共10页第1页

桩号	地面高程（m）	设计高程（m）	中心桩（m）		断面面积（m^2）		平均断面面积（m^2）		距离（m）	土方量（m^3）	
			填高	挖深	填方	挖方	填方	挖方		填方	挖方
0+000	358.09	359.00	0.91		318	0					
							250	0	100	25 000	0
0+100	358.58	358.90	0.32		182	0					
							147.5	15.5	71	10 472.5	1 100.5
0+171	358.83	358.83	0	0	113	31					
							73.5	64.5	29	2 131.5	1 870.5
0+200	358.93	358.80		0.13	34	98					
							55	80.5	14	770	1 127
0+214	358.78	358.78	0	0	76	63					
							95.5	31.5	21	2 005.5	661.5
0+235	358.57	358.76	0.19		115	0					
							84.5	32.5	31	2 619.5	1 007.5
0+266	358.74	358.74	0	0	54	65					
							39.5	93	34	1 343	3 162
0+300	358.91	358.70		0.21	25	121					
							31.5	111.5	19	598.5	2 118.5
0+319	358.68	358.68	0	0	38	102					
							28.5	51	43	1 225.5	2 193
0+362	358.17	358.64	0.47		19	0					
							40.5	29	22	891	638
0+384	358.62	358.62	0	0	62	58					
							43.5	104.5	16	696	1 672
0+400	358.96	358.60		0.36	25	151					
							21.5	176.5	100	2 150	17 650
0+500	360.10	358.50		1.60	18	202					
							19	225	65	1 235	14 625
0+565	360.53	358.44		2.09	20	248					
							70.5	129	34	2 397	4 386
0+599	358.40	358.40	0	0	121	10					
							127	5	1	127	5
0+600	358.31	358.40	0.09		133	0					
							111	21.5	25	2 775	537.5
0+625	358.38	358.38	0	0	89	43					
							96.5	32.5	51	4 921.5	1 657.5
0+676	358.50	358.32		0.18	104	22					
							95.5	29	13	1 241.5	377
0+689	358.31	358.31	0	0	87	36					
							119	18	11	1 309	198
0+700	358.04	358.30	0.26		151	0					
							124	33	50	6 200	1 650
0+750	358.25	358.25	0	0	97	66					
							96	75.5	50	4 800	3 775
0+800	358.46	358.20		0.26	95	85					
							94.5	102.5	38	3 591	3 895
0+838	359.52	358.16		1.36	94	120					
							89.5	129	62	5 549	7 998
0+900	359.72	358.10		1.62	85	138					
							91.5	131.5	50	4 575	6 575
0+950	359.60	358.05		1.55	98	125					
							86.5	142.5	50	4 325	7 125
1+000	359.33	358.00		1.33	75	160					
合计										92 949	86 004.5

第六节　渠道边坡放样

从渠道路线勘测设计完成到开始施工，要相隔一段时间，在此期间有一部分转折点、里程桩可能丢失，因此渠道边坡放样之前，应先将路线恢复起来。恢复路线的测量工作，一般包括转折点、里程桩、曲线细部测定和局部改线测量。具体工作方法与定线测量相同。

在渠道施工前，应将设计横断面与地形横断面的交点测设到地面上，并用木桩标定，作为挖深或填高的依据。测设渠道横断面上有关边桩的工作称为边坡放样。当挖、填方量不很大，而且地面较平坦时，渠道边坡的位置一般可采用简便的方法直接套绘在断面图上，并量取中心桩至开口桩，内、外肩桩和边坡脚桩的距离。为便于放样工作，应将图解的数据填入放样数据表中。表 11-5 为夹马口北扩 3 支渠（0 +000）至（0 +100）桩横断面的放样数据。

表 11-5　横断面放样数据表

工程名称：夹马口北扩 3 支渠　　　测段：0 +000 至 1 +000

桩号	各边桩至中心桩距离（m）							
	开口桩		堤内肩桩		堤外肩桩		外坡脚桩	
	左侧	右侧	左侧	右侧	左侧	右侧	左侧	右侧
0 +000	1. 61	1. 02	2. 24	2. 25	2. 73	2. 75	3. 05	4. 37
0 +100	1. 53	1. 22	2. 65	2. 56	2. 93	2. 80	3. 35	4. 63
…	…	…	…	…	…	…	…	…

按照图解的数据进行放样，先沿中心线的垂直方向，用皮尺从中心桩向一侧量出至开口桩，内、外肩桩和外坡脚桩的距离，并用木桩标定。然后，依法放出另一侧的边桩。最后，将相邻断面上同名木桩用白灰连接起来，即为施工边线。小型渠道，一般每隔几百米竖立一个施工坡架，以便掌握断面形状，如图 11-8 所示。大、中型渠道采用机械化施工时，可用白灰线及控制桩标定有关边线。由于机械化施工对测量标志破坏性大，应及时补测。

渠道测量内外业工作结束后，应整编上交的成果和资料有：各级平面、高程控制点测量手簿与计算资料，埋石标志、中心导线点成果表，曲线测设手簿与计算资料，纵横断面图与观测手簿，技术总结和检查验收报告等。各种测量记录手簿应统一编号，表头的各项内容均应填写，检查验收人员应签名等。

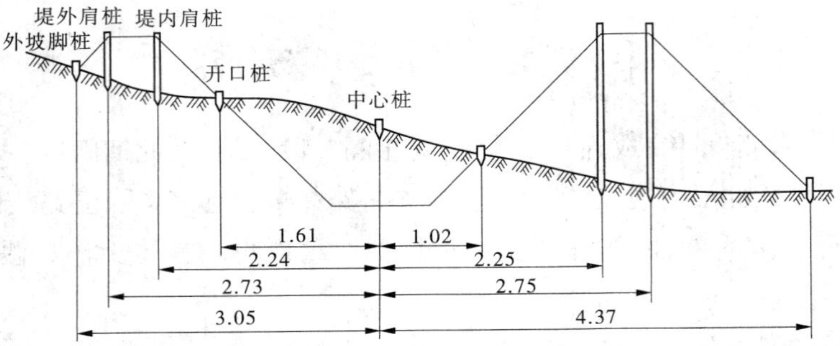

图 11-8　渠道边坡放样图

习　题

11-1　渠道测量包括哪些工作内容？

11-2　渠道中线测量有哪些内容？何谓里程桩？在什么情况下设置加桩？

11-3　间视法水准测量有何特点？为什么观测转点比观测间视点(中间点)的精度要求高？

11-4　纵、横断面图绘制各有何要求？它们之间有何区别？

11-5　怎样计算土方量？计算土方量时为何要补测零点处的横断面？

11-6　试完成表 11-6 纵断面观测手簿计算。

表 11-6　纵断面观测手簿

测站	桩号	后视点(m)	视线高程(m)	中间点(m)	前视点(m)	高程(m)	备注
1	BM_1	1.320				364.374	已知
	TP_1				0.546		
2	TP_1	1.235					
	0+000				2.014		
3	0+000	1.588					
	0+050			1.63			
	0+100			1.82			
	0+135			1.96			
	0+150			1.83			
	0+200			1.74			
	0+250			1.66			
	0+300				1.982		
4	0+300	2.108					
	0+350			2.85			
	0+400			2.06			
	0+450			2.36			
	0+500			2.77			
	0+550				2.925		
校核							

第十二章　水工建筑物施工测量

第一节　概　述

水利水电工程施工建设阶段的测量工作包括施工控制测量、测设的准备与选择测设方法、开挖工程测量、立模与填筑测设、金属结构与机电设备安装测量、地下洞室测量、辅助工程测量、施工场地地形测量、疏浚及渠堤施工测量、竣工测量、施工期间的外部变形观测等。在营运阶段,为确保工程的安全运转,对不同的工程构造及运营状况,制定出相应的观测方案,进行变形监测。

一、施工控制网的布设与精度

水利水电工程是由许多建(构)筑物组成的,结构复杂。各建筑物在平面位置及高程等都有一定的联系,而建筑物又是分期施工,因此施工前应建立施工控制网作为施工测设的依据。由于水利枢纽多建设在山区,地形起伏大,所以应先在施工总平面图上选择通视良好和便于保存的控制网点,并在现场标定。此外,由于枢纽的多数建筑位于水坝的下游,随着施工的进展,上、下游间的通视将受阻,因此控制点的分布应以坝下游为重点,适当照顾上游。为便于施工测设和使基本网点长久保存,施工控制网常采用分级布设,即在基本网下加密二级定线网。由于施工控制网平均边长一般在1 km以下,各点高差有时较大,为了提高观测精度,常采用有强制对中标志的混凝土观测墩。我国《水利水电工程施工测量规范》(SL 52—93)(以下简称规范)中按工程规划和不同结构给出了各等级控制网的适用范围。规范对平面控制网的精度标准规定:"无论采用何种梯级布网,其最末级平面控制点相对于同级起始点或邻近高一级控制点的点位中误差不应大于±10 mm。"因而,在选定点位后,应进行精度估算和控制网的优化设计。

高程控制网依次划分为二、三、四等。规范同样也列出了它们的适用范围。对于高程控制的精度要求,规范指出:"最末级高程控制点相对于首级高程控制点的高程中误差,对于混凝土建筑物应不大于±10 mm,对于土石建筑物应不大于±20 mm。"

二、施工测设数据准备与测设精度

测设前应详细查阅设计图纸,掌握施工控制成果资料。根据设计要求与现场条件,选择测设方法,计算测设数据,绘制测设草图。平面位置的测设方法主要有极坐标法、交会法、自由设站法等。

对不同的工程,施工测量的精度要求也是不同的。就精度概念而言,也有不同的含义。有的建筑物轮廓点的测设精度是相对于邻近基本控制点的,但对机电设备与金属结构安装工程的安装点,其测设精度是相对于安装轴线或相对水平度的。规范给出精度指标见表 12-1。

表 12-1　施工测设精度指标

序号	项目		精度指标			说明
			内容	平面位置中误差(mm)	高程中误差(mm)	
1	混凝土建筑物		轮廓点测设	±(20~30)	±(20~30)	相对于邻近基本控制点
2	土石料建筑物		轮廓点测设	±(30~50)	±30	相对于邻近基本控制点
3	机电设备与金属结构安装		安装点	±(1~10)	±(0.2~10)	相对于建筑物安装轴线和相对水平度
4	土石方开挖		轮廓点测设	±(50~200)	±(50~100)	相对于邻近基本控制点
5	施工期间外部变形观测		水平位移测点	±(3~5)		相对于工作基点
			垂直位移测点		±(3~5)	相对于工作基点
6	隧洞贯通	相向开挖长度小于 4 km	贯通面	横向 ±50 纵向 ±100	±25	横向、纵向相对于隧洞轴线；高程相对于洞口高程控制点
		相向开挖长度为 4~8 km	贯通面	横向 ±75 纵向 ±150	±38	

第二节　土坝的施工测量

土坝是一种较为普遍的坝型，其结构如图 12-1 所示。土坝的控制测量是根据基本网确定坝轴线，然后以坝轴线为依据布设坝身控制网以控制坝体细部的放样。

一、坝轴线的确定

对于中小型土坝的坝轴线，一般是由工程设计人员和勘测人员组成选线小组，深入现场进行实地踏勘，根据当地的地形、地质和建筑材料等条件，经过方案比较，直接在现场选定。

对于大型土坝以及与混凝土坝衔接的土质副坝，一般经过现场踏勘，图上规划等多次调查研究和方案比较，确定建坝位置，并在坝址地形图上结合枢纽的整体布置，将坝轴线标于地形图上。为了将图上设计好的坝轴线标定在实地上，一般可根据预先建立的施工控制网用角度交会法将 M_1 和 M_2 测设到地面上。放样时，先根据控制点 A、B、C（见图 12-2）的坐标和坝轴线两端点 M_1、M_2 的设计坐标算出交会角 β_1、β_2、β_3 和 γ_1、γ_2、γ_3，然后安置经纬仪于 A、B、C 点，测设交会角，用三个方向进行交会，在实地定出 M_1、M_2。

坝轴线在现场标定后，应用永久性标志标明。为了防止施工时端点被破坏，应将坝轴线的端点延长到两面山坡上，如图 12-2 中的 M'_1、M'_2。

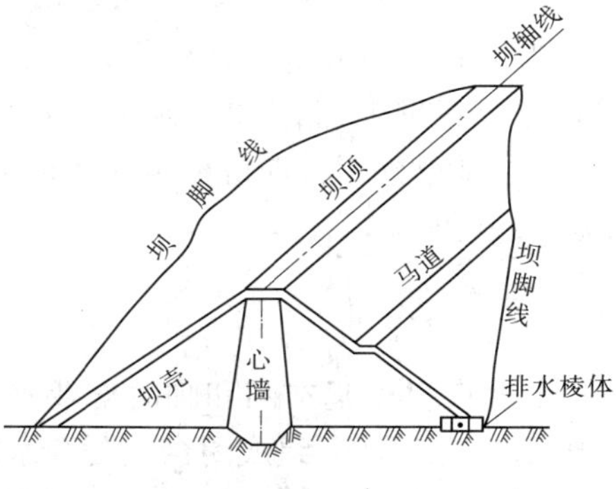

图 12-1　土坝结构示意图

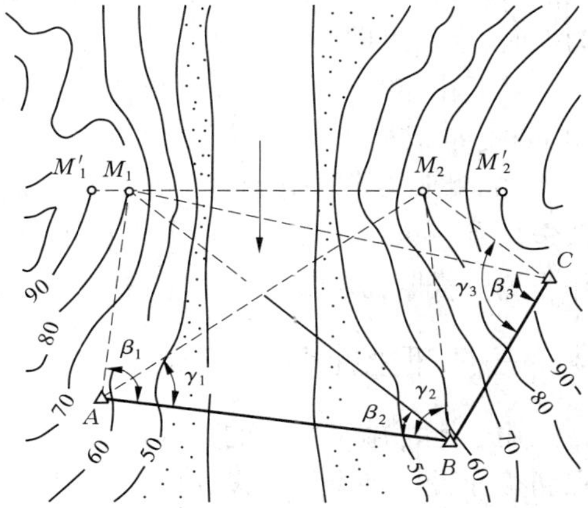

图 12-2　坝轴线测设示意图

二、坝身控制线的测设

坝身控制一般要布设与坝轴线平行和垂直的一些控制线。这项工作需在清理基础前进行。

(一)平行于坝轴线的控制线的测设

平行于坝轴线的控制线可布设在坝顶上下线、上下游坡面变化处、下游马道中线,也可按一定间隔布设(如 10 m、20 m、30 m 等),以便控制坝体的填筑和进行收方。

测设平行于坝轴线的控制线时,分别在坝轴线的端点 M_1、M_2 安置经纬仪或全站仪,用测设 90°的方法各作一条垂直于坝轴线的横向基准线(见图 12-3),然后沿此基准线量取各平行控制线到坝轴线的距离,得各平行线的位置,用方向桩在实地标定。

(二)垂直于坝轴线的控制线的测设

垂直于坝轴线的控制线,一般按 50 m、30 m 或 20 m 的间距以里程来测设(见图 12-3),其步骤如下:

(1)沿坝轴线测设里程桩。通常是将坝轴线上与坝顶设计高程一致的地面点,作为零号桩,其桩号为 0+000。方法是:先在 M_1 点附近安置水准仪,后视已知水准点上的水准尺,设读数为 a,则零号桩上的水准尺读数 b 应为

$$b = (H_{已知} + a) - H_{坝顶} \quad (12\text{-}1)$$

式中　b——零号桩上水准尺的读数,m;

$H_{已知}$——已知水准点的高程,m;

$H_{坝顶}$——坝顶设计高程,m。

(2)在 M_1 点安置经纬仪,瞄准另一

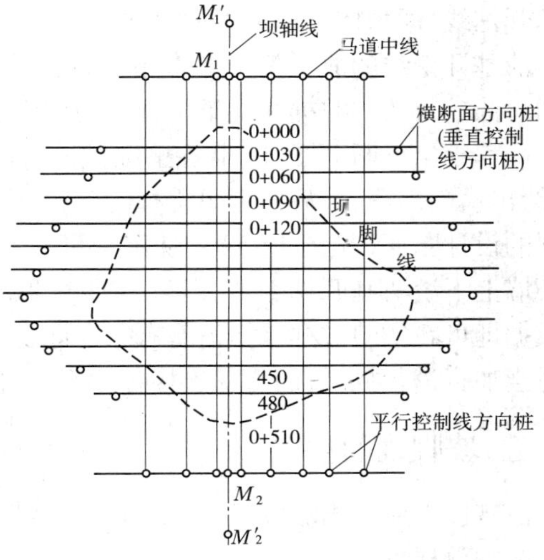

图 12-3　土坝坝身控制线示意图

端点 M_2,得坝轴线方向,持水准尺在坝轴线方向(经纬仪控制)移动,当水准仪读得读数为 b 时,立尺点即为零号桩。

然后由零号桩起,由经纬仪或全站仪定线,沿坝轴线方向按选定的间距(图 12-3 中为 30 m)丈量距离,顺序钉下 0 +030,060,090…里程桩,直至另一端坝顶与地面的交点。

(3)测设垂直于坝轴线的控制线。将经纬仪安置在里程桩上,瞄准 M_1 或 M_2,转 90°即定出垂直于坝轴线的一系列平行线,并在上下游施工范围以外用方向桩标定在实地上,作为测量横断面和放样的依据,这些桩亦称横断面方向桩(见图 12-3)。

三、高程控制网的建立

用于土坝施工放样的高程控制,可由若干永久性水准点组成基本网和临时作业水准点两级布设。基本网布设在施工范围以外,并应与国家水准点联测,组成闭合或附合水准路线,用三等或四等水准测量的方法施测,如图 12-4 所示。

临时水准点直接用于坝体的高程放样,布置在施工范围以内不同高度的地方,并尽可能做到安置一、二次仪器就能放样高程。临时水准点应根据施工进程及时设置,附合到永久水准点上。一般按四等或等外水准测量的方法施测,并要根据永久水准点定期进行检测。

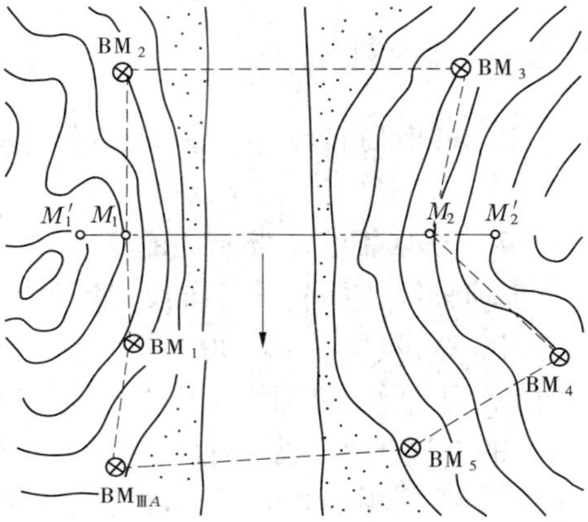

图 12-4　土坝高程基本控制网

四、清基开挖线的放样

为使坝体与岩基很好结合,坝体填筑前,必须对基础进行清理。为此,应放出清基开挖线,即坝体与原地面的交线。

清基开挖线的放样精度要求不高,可用图解法求得放样数据在现场放样。为此,先沿坝轴线测量纵断面,即测定轴线上各里程桩的高程绘出纵断面图,求出各里程桩的中心填土高度,再在每一里程桩进行横断面测量,绘出横断面图,最后根据里程桩的高程、中心填土高度与坝面坡度,在横断面图上套绘大坝的设计断面(见图 12-5)。从图中可以看出 R_1、R_2 为坝壳上下游清基开挖点,n_1、n_2 为心墙上下游清基开挖点,它们与坝轴线的距离分别为 d_1、d_2、d_3、d_4,可从图上量得,用这些数据即可在实地放样。但清基有一定深度,开挖时要有一定边坡,故 d_1 和 d_2 应根据深度适当加宽进行放样,用石灰连接各断面的清基开挖点,即为大坝的清基开挖线。

五、坡脚线的放样

清基以后应放出坡脚线,以便填筑坝体。坝底与清基后地面的交线即为坡脚线,下面介绍两种放样方法。

(一)横断面法

仍用图解法获得放样数据。首先恢复轴线上的所有里程桩,然后进行纵、横断面测

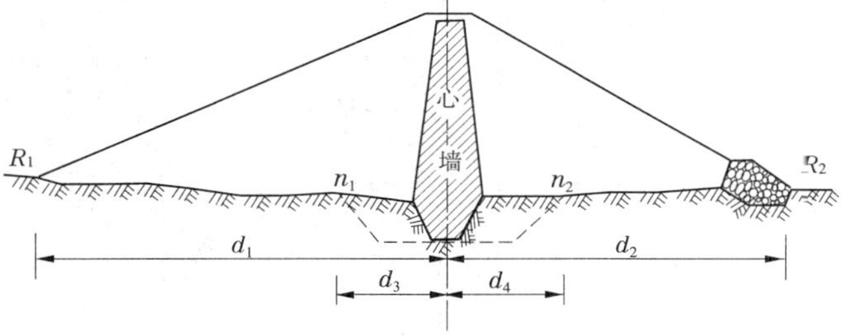

图 12-5　土坝清基测设示意图

量，绘出清基后的横断面图，套绘土坝设计断面，获得类似于图 12-5 的坝体与清基后地面的交点 R_1 及 R_2（上下游坡脚点），d_1 及 d_2 即分别为该断面上、下游坡脚点的放样数据。在实地将这些点标定出来，分别连接上下游坡脚点即得上下游坡脚线，如图 12-3 中虚线所示。

（二）平行线法

这种方法以不同高程坝坡面与地面的交点获得坡脚线。在地形图的应用中，介绍的在地形图上确定土坝的坡脚线，是用已知高程的坝坡面（为一条平行于坝轴线的直线），求得它与坝轴线间的距离，获得坡脚点。平行线法测设坡脚线的原理与此相同，不同的是由距离（平行控制线与坝轴线的间距为已知）求高程（坝坡面的高程），而后在平行控制线方向上用高程放样的方法，定出坡脚点。如图 12-6 所示，AA'为坝身平行控制线，距坝顶边线 25 m，若坝顶高程为 80 m，边坡为 1∶2.5，则 AA'控制线与坝坡面相交的高程为

$$H = 80 - 25 \times \frac{1}{2.5} = 70\ (\mathrm{m})$$

放样时在 A 点安置经纬仪，瞄准定出 A'控制线方向，用水准仪在经纬仪视线内探测高程为 70 m 的地面点，就是所求的坡脚点。连接各坡脚点即得坡脚线。

六、边坡放样

坝体坡脚放出后，就可填土筑坝，为了标明上料填土的界线，每当坝体升高 1 m 左右，就要用桩（称为上料桩）将边坡的位置标定出来。标定上料桩的工作称为边坡放样。

放样前先要确定上料桩至坝轴线的水平距离（坝轴距）。由于坝面有一定坡度，随着坝体的升高，坝轴距将逐渐减小，故预先要根据坝体的设计数据算出坡面上不同高程的坝轴距，为了使经过压实和修理的坝坡面恰好是设计的坡面，一般应加宽1 ~2 m 填筑。上料桩就应标定在加宽的边坡线上（见图 12-7 中的虚线处）。因此，各上料桩的坝轴距比按设计所算数值要大

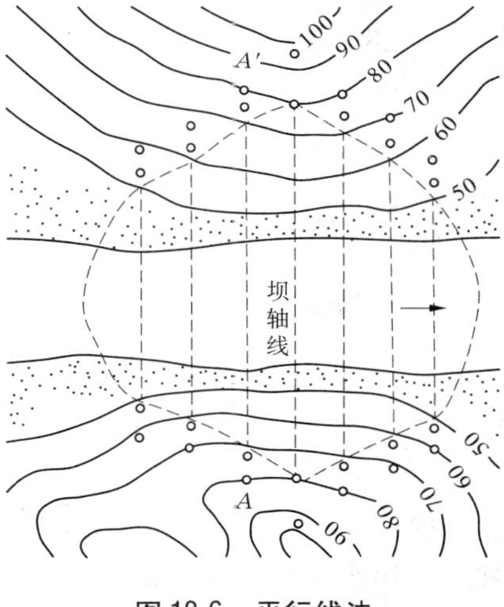

图 12-6　平行线法

1 ~2 m,并将其编成放样数据表,供放样时使用。

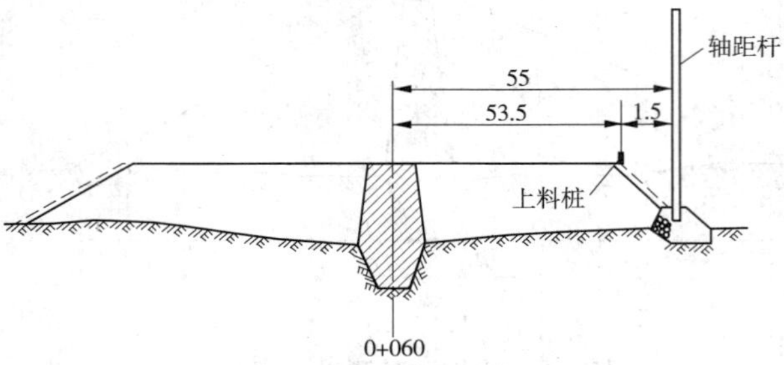

图 12-7 边坡放样示意图 (单位:m)

放样时,一般在填土处以外预先埋设轴距杆,如图 12-7 所示。轴距杆距坝轴线的距离主要考虑便于量距、放样,如图 12-7 中为 55 m。为了放出上料桩,则先用水准仪测出坡面边沿处的高程,根据此高程从放样数据表中查得坝轴距,设为 53.5 m,此时从坝轴杆向坝轴线方向量取 55.0 −53.5 =1.5 (m),即为上料桩的位置。当坝体逐渐升高,轴距杆不便应用时,可将其向里移动,以方便放样。

(一)坡面修整

大坝填筑至一定高度且坡面压实后,还要进行坡面的修整,使其符合设计要求。此时可用水准仪或经纬仪按测设坡度线的方法求得修坡量(削坡或回填度)。如将经纬仪安置在坡顶(若设站点的实测高程与设计高程相等),依据坝坡比(1∶2.5)算出的边坡倾角口(即 21°48′)向下倾斜得到平行于设计边线的视线,然后沿斜坡竖立标尺,读取中丝读数 v,用仪器高 i 减 v 即得修坡量(见图 12-8)。若设站点的实测高程 $H_{测}$ 与设计高程 $H_{设}$ 不等,则按下式计算修坡量 Δh,即

$$\Delta h = (i - v) + (H_{测} - H_{设}) \tag{12-2}$$

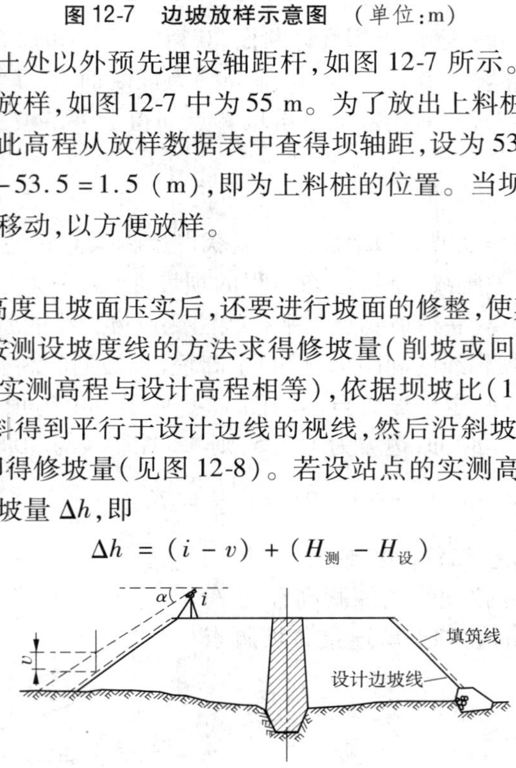

图 12-8 坡面修整示意图

为便于对坡面进行修整,一般沿斜坡观测 3 ~4 个点,求得修坡量,以此作为修坡的依据。

(二)护坡桩的测设

坝坡面修整后,为使坡面符合设计要求,需用草皮或石块进行护坡,为此,标定护坡桩位置的工作称为护坡桩的测设。

护坡桩从坝脚线开始,沿坝坡面高差每隔 5 m 布设一排,每排都与坝轴线平行。在一排中每隔 10 m 定一木桩,使木桩在坝面上构成方格网状,按设计高程测设于木桩上。然后,在设计高程处钉一小钉,称为高程钉。在大坝的横断面方向的高程钉上拴一根线绳,以控制坡面的横向坡度;在平行于坝轴线方向系一活动线,当活动线沿横断面线的绳子上、下移动时,

其轨迹就是设计的坝坡面。因此，可将活动线作为砌筑护坡的依据，如果是草皮护坡，高程钉一般高出坝坡面 5 cm；如果是石块护坡，应根据设计要求预留铺盖厚度。

第三节　水闸的施工放样

水闸具有挡水和泄水的作用，一般由闸室段和上、下游连接段三部分组成，如图 12-9 所示。闸室是水闸的主体，这一部分包括底板、闸墩、闸门、工作桥和交通桥等。上、下游连接段有防冲槽、消力池、翼墙、护坦、海漫、护坡等防冲设施。水闸的施工放样，应先放出主轴线和整体基础开挖线；在基础浇筑时，为了在底板上预留闸墩和翼墙的连接钢筋，应放出闸墩和翼墙的位置；最后是水闸细部放样。

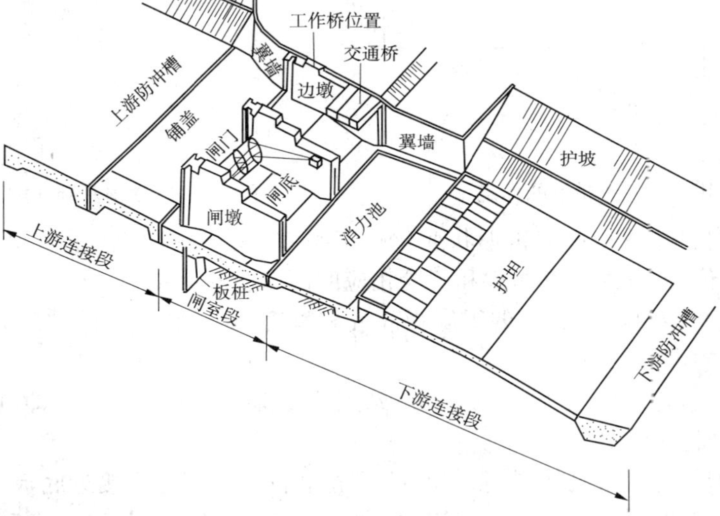

图 12-9　水闸结构示意图

一、主轴线的测设

水闸主轴线由闸室中心线和河道中心线两条互相垂直的直线组成。如图 12-10 所示，从水闸设计图上可以定出两轴交点和各端点的坐标。根据坐标反算出它们与邻近测量控制点的方位角，用前方交会法定出它们的实地位置。主轴线定出后，应在交点检测它们是否相互垂直；若误差超过 $\pm 10''$，应以闸室中心线为基准，重新测设一条与它垂直的直线作为纵向主轴线。主轴线测定后，应向两端延长至施工影响范围之外，每端各埋设两个固定标志（如闸室中心线的 A、A'和 B、B'）以表示方向和检查轴线位置。

二、高程控制测量

高程控制采用三等或四等水准测量方法测定。水准基点布设在河流两岸不受施工干扰的地方，临时水准点尽量靠近水闸位置（见图 12-10），可以布设在河滩上，其高程要随时检测,另外尽可能达到安置 1 ~2 次仪器就能测出水闸上各部位的高程。

三、基础开挖线放样

水闸基坑开挖线是由水闸底板的周界以及翼墙、护坡等与地面的交线决定的。由图 12-11 所示,测设步骤如下:

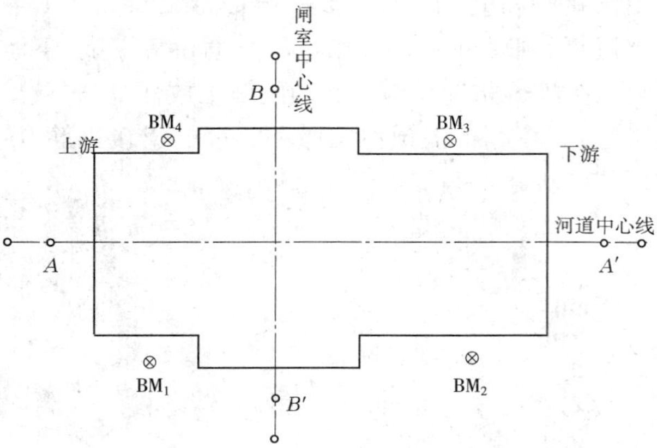

图 12-10 水闸主轴线的标定

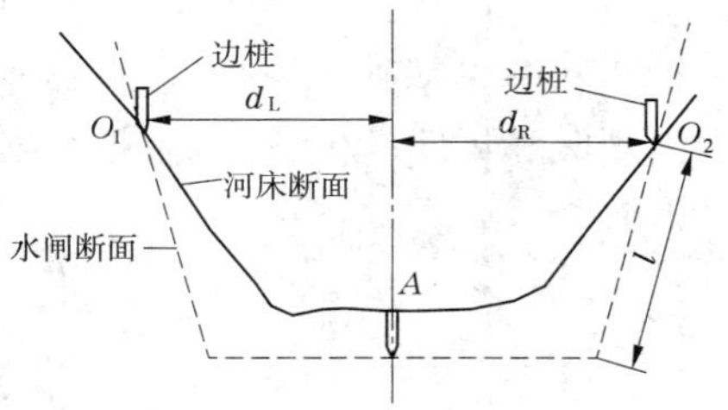

图 12-11 水闸基础开挖点位置确定示意

(1)从设计图上查取闸底板形状变化点至闸室中心线的平距,在实地沿纵向主轴线标出这些点的位置,并测定其高程和测绘相应的河床横断面图。

(2)根据设计数据(即相应的闸底板高程和宽度,翼墙和护坡的坡度)在河床横断面图上套绘相应的水闸断面。

(3)量取两横断面线交点 O_1、O_2 到测站点 A(纵轴)的距离 d_L、d_R,即可在实地放出这些交点,连成开挖边线。

为了控制开挖高程,可将斜高 l 标注在开挖边桩上。当挖到接近底板高程时,一般应预留 0.3 m 左右的保护层,待底板浇筑时再挖去,以免间隔时间过长,清理后的地基受雨水冲刷而变化。当挖去保护层时,要用水准仪测定底面高程,测定误差不能超过 ±10 mm。

四、闸底板的测设

底板是闸室和上、下游翼墙的基础。闸孔较多的大中型水闸底板是分块浇筑的。底板放样的目的首先是测设出每块底板立模线的位置,以便装置模板进行浇筑。底板浇筑完后,要在底板上定出主轴线、各闸孔中心线和门槽控制线,并弹墨标明。然后以这些轴线为基准标出闸墩和翼墙的立模线,以便安装模板。

(一)底板立模线的标定和底板浇筑高程的控制

为了定出立模线,先应在清基后的地面上恢复主轴线及其交点的位置,于是必须在原轴线两端的标桩上安置经纬仪进行投测。轴线恢复后,从设计图上量取底板四角的施工坐标(即至主轴线的距离),便可在实地上标出立模线的位置。

模板装完后,用水准测量在模板内侧标出底板浇筑高程的位置,并弹出墨线表示。

（二）翼墙和闸墩位置及其立模线的标定

由于翼墙与闸墩是和底板结成一个整体的，因此它们的主筋必须一道结扎，于是在标定底板立模线时，还应标定翼墙和闸墩的位置，以便竖立连接钢筋。翼墙、闸墩的中心位置及其轮廓线，也是根据它们的施工坐标进行放样，并在地基上打桩标明。

底板浇筑完后，应在底板上再恢复主轴线，然后以主轴线为依据，根据其他轴线对主轴线的距离定出这些轴线（包括闸孔和闸墩中心线以及门槽控制线等），且弹墨标明。因为墨线容易脱落，故必须每隔 2 ~ 3 m 用红漆画一圈点表示轴线位置。各轴线应按不同的方式进行编号。根据墩、墙的尺寸和已标明的轴线，再放出立模线的位置。

五、上层建筑物的轴线测设和高程控制

当闸墩浇筑到一定高度时，应在墩墙上测定一条高程为整米数的水平线，用弹墨表示出来，作为继续往上浇筑时量算高程的依据。当闸墩浇筑完工后，应在闸墩上标出闸的主轴线，再根据主轴线定出工作桥和交通桥中心线。

值得注意的是，在闸墩上立模浇筑最后一层（即盖顶）时，为了保证各墩顶高程相等，并符合设计要求，应用水准测量检查和校正模板内的标高线。在浇筑闸墩的整个过程中，应随时注意检查模板是否装正，两墩间门槽的方向和间距是否一致。

第四节　水工建筑物的变形观测

水工建筑物在其施工和运行期间，受地基的工程地质条件、地基处理方法、建筑物上部结构的荷载等因素的综合影响，会产生变形，这些变形在一定限度之内，应认为是正常的现象，但如果超过了规定的限度，就会影响建筑物的正常使用，严重时还会危及建筑物的安全。因此，在水工建筑物的施工和运行期间需要对它们进行监视观测，即变形观测。通过变形观测所获得的数据，可分析和监视建筑物的变形情况，以及时发现问题，采取措施，保证建筑物的正常使用。

水工建筑物变形观测是指用仪器和设备对水工建筑物受内、外荷载和各种影响因素作用下产生的结构位置、总体形状变化所进行的测量，分为外部变形观测和内部变形观测。外部变形观测是将观测仪器和设备设置于水工建筑物的表面或廊道、孔口表面，用以量测结构表面测点的宏观变形量。内部变形观测是将观测仪器和设备埋设在建筑物或地基内，用以量测内部测点的宏观变形或微观变形。外部变形观测通常使用光学测量仪器，部分观测项目使用电子遥测仪器；内部变形观测主要利用各种类型的电子遥测仪器，也有用水、气传动或机械结构的人工观测仪器。本节主要介绍外部变形观测的内容及方法。

一、沉降观测

沉降观测是采用水准测量的方法，连续观测设置在建筑物上的观测点与周围水准点之间的高差变化值，来确定建筑物在垂直方向上的位移量的工作。

（一）观测点的设置

建筑物的沉降观测点，通常是由设计部门提出方案，在施工期间进行埋设。观测点应

有足够的数量和代表性,并牢固地与建筑物结合在一起;要便于观测,并尽量使之在整个变形观测期不受损坏。

土石坝的观测点布设在坝面上,一般与坝轴线平行,在坝顶以及迎水面和背水面的正常水位以上,在背水面相应于正常水位变化区和浸水区,各埋设一排观测点,并保证每一排都在合龙段、坝内泄水底孔处、坝基地质不良以及坝底地形变化较大的地方有观测点,点位的平均间距为 30 ~ 50 m。土石坝的沉降观测点通常与水平位移观测点合二为一,应当埋设混凝土观测标墩。

(二)水准点的设置

(1)水准基点:它作为测定工作基点的依据,必须远离建筑物,布设在沉降影响范围之外。对于水利枢纽,水准基点应埋设在河流下游两岸离坝址较远的完整新鲜的基岩上。当覆盖层很厚时,应采用钻孔穿过土层和风化层达到基岩,埋设钢管标志。

(2)工作基点:它作为直接测定沉降观测点的依据,应尽量靠近建筑物。一般采用地表岩石标;当建筑物附近土层覆盖较深时,也可采用土中标,但标石的基座应适当加大。

水准基点与工作基点之间采用精密水准联测,闭合差应不超过 $\pm 0.5\sqrt{n}$ mm(n 为测站数)。

(三)沉降观测的方法

根据水准点的位置与整个观测点布设情况,详细拟定观测路线、仪器架设位置、转点位置,对于一般精度要求的沉降观测,采用 DS_3 水准仪,以三等水准测量的方法进行观测。

观测过程中要重视第一次观测的成果,因为首次观测的高程值是以后各次观测用以进行比较的根据,若初次测量精度低,会造成后续观测数据上的矛盾。为了保证初测精度,首次观测宜进行两次,每次均布设成闭合水准路线或附合水准路线,以闭合差来评定观测精度。

(四)沉降观测的精度

为保证沉降观测的精度,减小仪器工具、设站等方面的误差,一般采用同一台仪器、同一副标尺,每次在固定位置架设仪器,固定观测几个观测点和固定转点位置的方法。同时应注意使前后视距相等,以减小 i 角误差的影响。对于一般水工建筑物,沉降观测闭合差不得超过 $\pm 1.4\sqrt{n}$ mm(n 为测站数)。

二、水平位移观测

水平位移观测是水工建筑物变形观测的主要内容之一。根据建筑物的形式不同,可分别采用基准线法或前方交会法。

(一)基准线法

基准线法适用于直线建筑物(如混凝土重力坝和土石坝)。其原理是以坝轴线或平行于坝轴线的固定直线作为基准线,并沿着基准线布设一些位移观测点,周期性地观测这些点偏离基准线的情况,将每次观测结果进行比较,以确定水平位移的大小,如图 12-12 所示。

若采用经纬仪观测,则可称为视准线法。在坝轴线两端山坡的基岩上设置基点 A、B,并建造具有经纬仪强制对中的钢筋混凝土观测墩;沿 AB 方向的各坝段上埋设位移观测

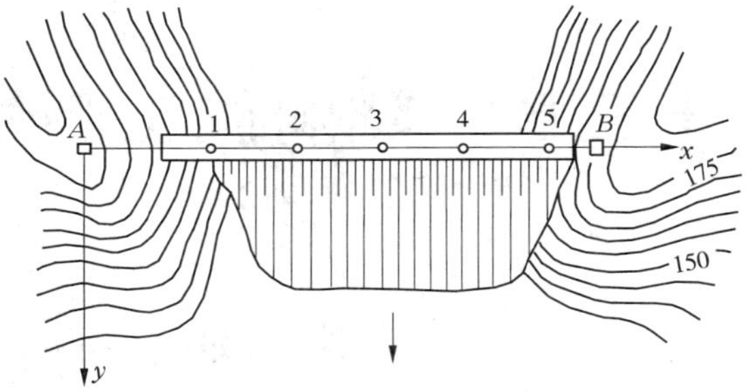

图 12-12　基准线法

点 1,2,3,…,n。在一个基点观测墩上安置经纬仪,照准另一个基点观测墩的中心标志,即可获得一条视准线,它的方向可认为是固定不变的;定期测量位移观测点偏离视准线的距离,即可求得大坝的水平位移值。

(二)前方交会法

对于非直线型水工建筑物,采用前方交会法观测。基点一般布设在视线开阔的地方。观测时,选用与观测点交会角较好的基点,用 DJ_2 以上的经纬仪或全站仪进行定期测量,每次至少观测两个测回,测回差不应超过 ±3″。根据基点的已知坐标和测得的交会角可计算出观测点的坐标,从而可计算出各次观测之间纵横坐标的增量,即水平位移。

三、裂缝观测

当发现水工建筑物有裂缝时,除要增加沉降观测次数外,应立即检查水工建筑物裂缝的分布情况,对裂缝进行编号,并对每条裂缝定期进行裂缝观测。观测周期视裂缝大小、性质、开裂速度而定。

为了观测裂缝的发展情况,要在裂缝处设置标志。常用的标志有石膏板标志、白铁片标志。

(一)石膏板标志

石膏板厚 10 mm,宽 50 ~ 80 mm,长度视裂缝宽度而定,在裂缝两边牢固固定。当裂缝继续发展时,石膏板也随之开裂,这可直接反映出裂缝的发展情况。

(二)白铁片标志

用两块白铁片,一片为 150 mm × 150 mm 的正方形,固定在裂缝一侧,使其一边与裂缝边缘对齐;另一片为 50 mm × 200 mm 的长方形,固定在裂缝的另一侧,并使其中一部分与正方形白铁片相叠,如图 12-13 所示,然后在两块白铁片表面涂上红漆,如裂缝继续发展,两块白铁片将逐渐拉开,露出正方形白铁片上原被覆盖没有涂红漆的部分,用尺子量出其宽度,即为裂缝加大的宽度。裂缝加大的宽度,连同观测时间一并记入观测记录中。

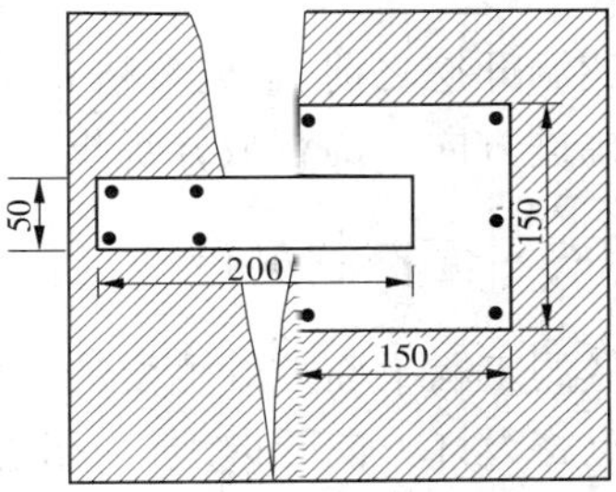

图 12-13　裂缝观测　(单位:mm)

第十三章　隧洞施工测量

第一节　概　述

隧洞是公路、铁路等线路工程穿越山体等障碍物的通道，或是为地下工程施工所做的地面与地下联系的通道。隧洞施工测量与隧洞的结构形式、施工方法密切相关，一般情况下，隧洞由两端相向开挖，有时为了加快工程进度，采取多井开挖以增加工作面的办法，如图 13-1 所示，a、b、d 为平硐，c 为竖井，e 为斜井。

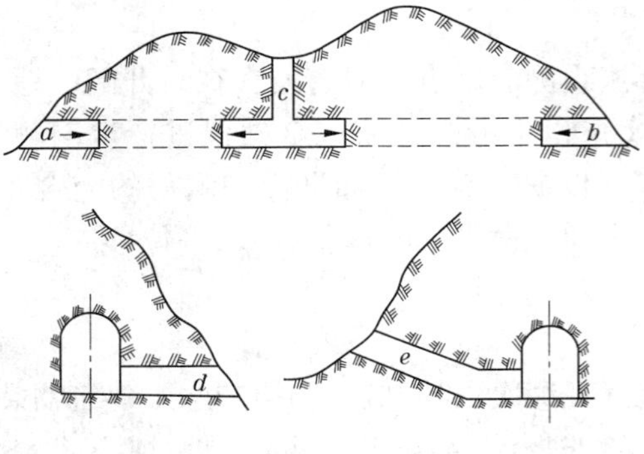

图 13-1　竖井、斜井和平硐示意图

隧洞开挖过程中需要严格控制开挖方向和高程，保证隧洞的正确贯通。因此，隧洞施工测量的主要任务是标定隧洞中心线和腰线，以控制掘进中线的方向和坡度，确保按设计要求贯通。另外，还要随时控制掘进断面的形状和尺寸。因此，隧洞施工测量的工作一般包括洞外控制测量、洞内定线测量、洞内高程测量和断面放样等。

在对向开挖的隧洞贯通面上，中线不能吻合，这种偏差称为贯通误差。贯通误差包括纵向误差、横向误差、高程误差。其中纵向误差只影响隧洞的中线长度，容易满足设计要求。所以，根据具体工程性质、隧洞长度和施工方法的不同，一般只规定贯通面上的横向误差及高程误差的限差：横向误差不超过 10 cm，高程误差不超过 5 cm。在隧洞施工过程中，需要利用测量技术指定隧洞的开挖井位、开挖方向，控制隧洞的贯通误差等。

第二节　洞外控制测量

隧洞开挖之前，首先要进行洞外控制测量，其目的是决定隧洞洞口的位置，并为确定中线掘进方向和高程放样提供依据，它包括平面控制和高程控制两部分。

一、平面控制测量

隧洞工程平面控制测量的主要任务是测定各洞口控制点的平面位置，以便根据洞口控制点将设计方向导向地下，指引隧洞开挖，并能按规定的精度进行贯通。因此，平面控制网中应包括隧洞的洞口控制点。隧洞平面控制网可以采用三角锁、导线、GPS 网等形式。三角锁是以前常用的形式，特别是地形复杂的山岭地区的长隧洞比较适用，但目前已经很少使用，所以不再赘述，这里只介绍导线和 GPS 网两种方法。

（一）导线测量

连接两隧洞口布设一条导线或大致平行的两条导线，导线的转折角和边长用全站仪观测，或者用经纬仪观测角度，用光电测距仪观测距离。可以根据隧洞长度、施工方法及精度要求布设成相应级别的导线，其测角的测回数、测距的测回数、角度闭合差、测距误差、全长相对闭合差等应满足相应规范要求。

（二）GPS测量

用全球定位系统GPS技术作为隧洞平面控制时，只需要布设洞口控制点和定向点，两者要求相互通视，以便施工定向。不同洞口之间的点不需要通视，与国家控制点或城市控制点之间的联测也不需要通视。因此，GPS控制点的布设灵活方便，且定位精度目前已优于常规控制方法，因而已经广泛应用在隧洞首级控制网当中。

此外，对于长度较短的直线隧洞，可以采用直接定线法。如图13-2所示，A、D两点是设计的直线隧洞洞口点，直接定线法就是把直线隧洞的中线方向在地面上标定出来，即在地面测设出位于AD直线方向上的B、C两点，作为洞口点A、D向洞内引测中线方向时的定向点。

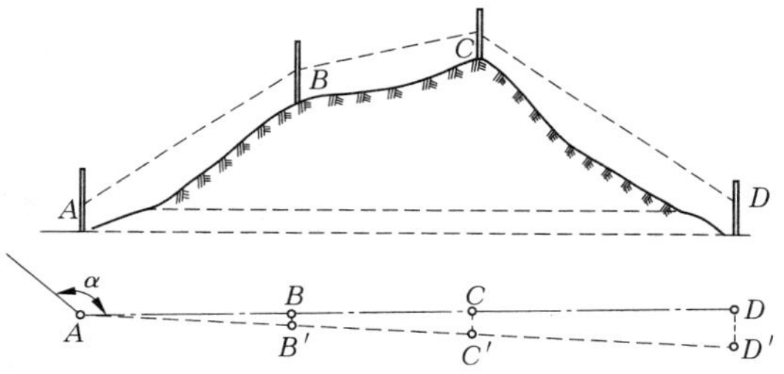

图13-2　直接定线法进行洞外控制测量

隧洞洞外平面控制测量的等级，应根据隧洞的长度按表13-1规定，隧洞控制测量对贯通中误差的影响值，不应大于表13-2的规定。

表13-1　隧洞洞外平面控制测量的等级

洞外平面控制网类别	洞外平面控制网等级	测角中误差(″)	隧洞长度L(km)
GPS网	二等	—	$L>5$
	三等	—	$L\leq5$
三角形网	二等	1.0	$L>5$
	三等	1.8	$2<L\leq5$
	四等	2.5	$0.5<L\leq2$
	一级	5	$L\leq0.5$
导线网	三等	1.8	$2<L\leq5$
	四等	2.5	$0.5<L\leq2$
	一级	3	$L\leq0.5$

表 13-2　隧洞控制测量对贯通中误差影响值的限值

<table>
<tr><th rowspan="3">两开挖洞口间的长度(km)</th><th colspan="4">横向贯通中误差(mm)</th><th colspan="2">高超贯通中误差(mm)</th></tr>
<tr><th rowspan="2">洞外控制测量</th><th colspan="2">洞内控制测量</th><th rowspan="2">竖井联系测量</th><th rowspan="2">洞外</th><th rowspan="2">洞内</th></tr>
<tr><th>无竖井的</th><th>有竖井的</th></tr>
<tr><td>$L<4$</td><td>25</td><td>45</td><td>35</td><td>25</td><td rowspan="3">25</td><td rowspan="3">25</td></tr>
<tr><td>$4\leq L<8$</td><td>35</td><td>65</td><td>55</td><td>35</td></tr>
<tr><td>$8\leq L<10$</td><td>50</td><td>85</td><td>70</td><td>50</td></tr>
</table>

二、高程控制测量

高程控制测量的任务是按规定的精度施测隧洞洞口(包括隧洞的进出口、竖井口、斜井口和平硐口)附近水准点的高程,作为高程引测进洞的依据。高程控制通常采用三、四等水准测量的方法,按往返或闭合路线施测,即可以满足高程贯通误差的要求。隧洞洞外、洞内高程控制网的等级如表 13-3 所示。

建立水准网时,基本水准点应该选择在开挖爆破区域以外地基比较稳固的地方,作业水准点布设在洞口附近,每个洞口应该有两个以上水准点,以便校核。两端洞口之间的距离大于 1 km 时,应在中间增设临时水准点。水准测量应选择连接洞口最平坦和最短的线路,以期达到设站少、观测快、精度高的要求。

表 13-3　隧洞洞外、洞内高程控制测量的等级

高程控制网类别	等级	每千米高差中误差(mm)	洞外水准路线长度或两开挖洞口间长度 S(km)
水准网	二等	2	$S>5$
	三等	6	$6<S\leq16$
	四等	10	$S\leq6$

第三节　洞内施工测量

一、隧洞掘进方向、坡度及里程的测设

洞外平面及高程控制测量结束后,就可得到洞口控制点(简称洞口点,各洞口至少有两个)的坐标和高程,此时即可根据隧洞设计参数计算洞内中线点的设计坐标和高程。通过坐标反算得到测设数据,即洞内中线点与洞口点之间的距离、角度和高差关系。

(一)洞口掘进方向标定

隧洞贯通的主要误差为横向误差和高程误差,而横向误差主要由隧洞中线方向的测设精度所决定,所以进洞时的初始方向更加重要。因此,在隧洞口要埋设若干个固定点,

并将隧洞中线方向标定于地面，作为开始掘进的依据，同时也作为以后与洞内控制点联测的依据。如图 13-3 所示，用 1、2、3、4 标定掘进方向，再在洞口点 A 与中线垂直的方向上埋设 5、6、7、8 桩，并测定 A 点至 2、3、6、7 点的平距。这样，在施工过程中可以随时检查或恢复洞口控制点的位置和进洞中线的方向及里程。所有固定点应埋设在不易受施工影响的地方。

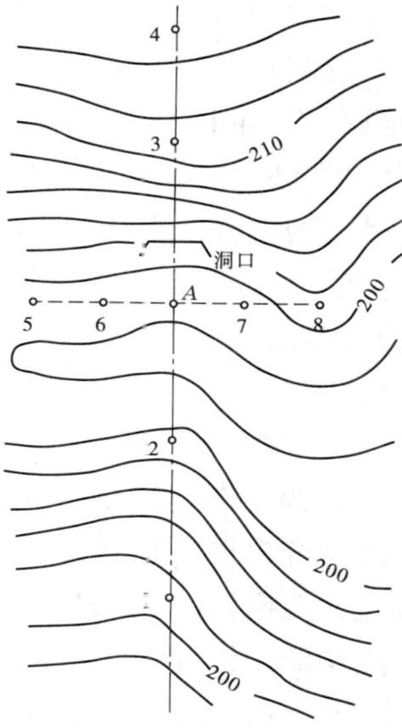

图 13-3　隧洞洞口及掘进方向的标定图

在隧洞口劈坡完成后，就要在劈坡面上标定出隧洞中线，以指示掘进方向，如图 13-4 所示，将仪器安置在洞口点 A 上，分别用盘左和盘右瞄准掘进方向指示桩 3、4，在劈坡面上标定出隧洞开挖方向，用另一侧的 1、2 点进行检核。

（二）隧洞洞内中线和腰线的测设

隧洞掘进中的主要测量工作是精确标定中线方向和腰线方向，中线控制隧洞的方向，而腰线控制其坡度。

1. 隧洞中线测设

根据隧洞洞口中线控制桩和中线方向桩，在洞口开挖面上测设开挖中线，并逐步往洞内引测中线上的里程桩。

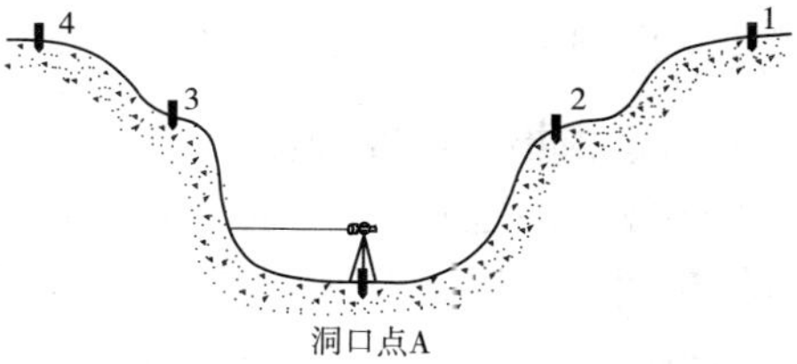

图 13-4　隧洞劈坡面掘进方向示意图

在隧洞掘进过程中需要将中心线逐渐向前延伸，每隔一定距离（如 20 m），在隧洞底部设置中线桩。施工中为了便于目测确定掘进方向，还需要在隧洞顶部设置 3 个吊桩（各自相距 1 ~ 2 m），分别悬挂垂球，如图 13-5 所示。中线桩通常用木桩或钢筋头制作，用混凝土浇筑于隧洞底部，桩顶应低于地面 10 cm，上加护盖，四周挖排水小沟，防止破坏。吊桩通常用钻头在洞顶打孔，再将木桩打入，挂上垂球。隧洞底部中线桩和顶部吊桩应在同一铅垂线上，如图 13-6 所示。

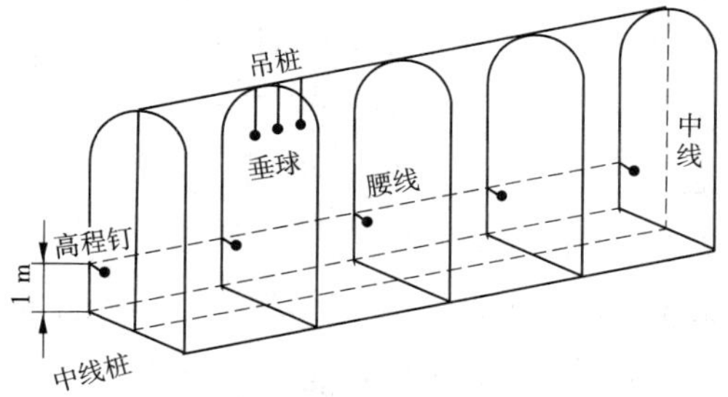

图 13-5　隧洞中线及腰线示意图

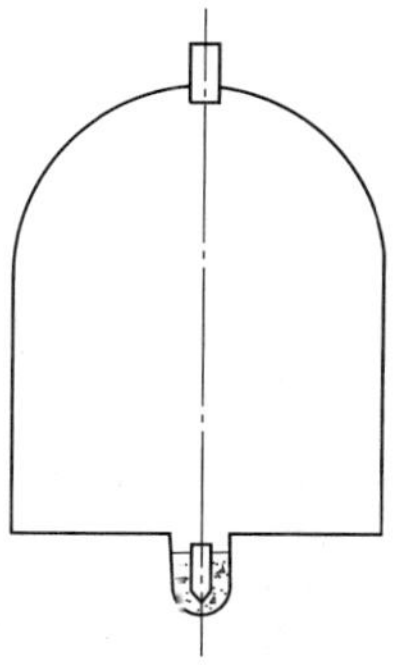
图 13-6　隧洞底部中线桩和顶部吊桩示意图

2. 隧洞腰线测设

在隧洞施工过程中,为了确保隧洞按设计要求的高程和坡度开挖,由洞口水准点向洞内引测高程,在洞内每隔 20 ~ 30 m 设一临时水准点,每隔 200 m 左右设一固定水准点,可与中线桩同时埋设,用四等水准测量方法往返观测,求得各点高程。

腰线的高程由引入洞内的施工水准点进行测设。为了控制开挖高程和坡度,先要根据洞口的设计高程、隧洞的设计坡度和洞内各点的掘进里程,求出各里程处隧洞底部的设计高程,然后依洞内水准点放样。放样时在隧洞岩壁上每隔一定距离(通常为 5 ~ 10 m)测设出比洞底设计地坪高出 1 m 的标高线,称为腰线,如图 13-5 所示。腰线的高程按设计坡度随中线的里程而变化,它与隧洞的设计地坪高程线是平行的。

(三)掘进方向指示方式

隧洞开挖掘进时洞内光线暗淡、工作空间相对狭小,传统的掘进方向指示方式难以满足现代大规模快速施工的需要,因此现代隧洞工程主要使用激光准直仪或激光指向仪,来指示隧洞的中线和腰线方向。激光指向仪能发出带色光束,具有直观、对其他工序影响小、便于实现自动控制等优点。例如,采用盾构机械化掘进设备,用固定在一定位置上的激光指向仪,配以装在掘进机上的光电接收靶,在掘进机向前推进中,方向如果偏离了指向仪发出的激光束,则光电接收靶会自动指出偏移方向及偏移值,为掘进机提供自动控制的信息。

二、洞内施工导线和水准测量

(一)洞内施工导线测量

对于较长的隧洞,为了减少洞内中线测设时的误差积累,应布设洞内导线来控制掘进方向的精度。隧洞洞内的平面控制网多采用导线形式,并以洞口点为起始点沿隧洞中线或两侧布设成逐步向前延伸的支导线,如图 13-7 所示。根据导线点的坐标来检查和调整中线桩位置。注意区分洞内导线点和中线点。

隧洞每掘进至一定长度(直线隧洞约每隔 100 m,曲线隧洞导线边长将受限制,应尽可能增大边长)布设一个导线点,有时也可以利用埋设的中线桩作为导线点,布设洞内施工导线。为了避免施工干扰,保证点位稳定,导线点常用混凝土包裹钢筋,埋设在隧洞底部并加护盖保存。

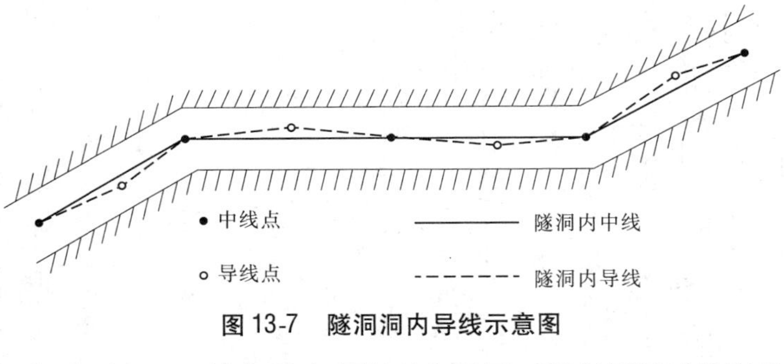

图 13-7 隧洞洞内导线示意图

导线的转折角采用 DJ_2 经纬仪至少观测两个测回。距离用经过检定的钢尺或光电测距仪测定。由于洞内支导线缺少检核条件,所以观测应特别注意,转折角应观测左角和右角，边长应往返测量，转折角圆周角闭合差和距离相对中误差应满足相应规范要求。随着隧洞的掘进，导线测量必须及时跟上，以确保贯通精度。洞内导线点是随隧洞掘进而逐步布设观测的，中间要隔一段时间，测定新点时，必须对已经设置的导线点进行检测。

隧洞洞内平面控制测量的等级，应根据隧洞两开挖洞口间长度按表13-4规定，隧洞工程的相向施工中线在贯通面上的贯通误差，应符合表13-5的规定。

表13-4 隧洞洞内平面控制测量的等级

洞内平面控制网类别	洞内平面控制网等级	导线测角中误差(″)	两开挖洞口间长度 L(km)
导线网	三等	1.8	$L\geqslant5$
	四等	2.5	$2\leqslant L<5$
	一级	5	$L<2$

表13-5 隧洞工程的贯通限差

类别	两开挖洞口间长度(km)	贯通误差限差(km)
横向	$L<4$	100
	$4\leqslant L<8$	150
	$8\leqslant L<10$	200
高程	不限	70

注：作业时可依据隧洞用途和施工方法的不同，当贯通误差的调整不会显著影响隧洞中线几何形状和工程性能时，其横向贯通限差可适当放宽1～1.5倍。

（二）洞内水准测量

洞内水准路线的布设也是逐步向前的，所以随着隧洞向前掘进，每隔200 m应设置一个洞内水准点，并据此测设腰线。通常情况下可利用导线点作为水准点，也可将水准点埋设在洞顶或洞壁上，但都应力求稳固和便于观测。洞内水准路线也是支水准路线，除应往返观测外，还须经常进行复测。

洞内由于轨道上钢枕太多，轨道下的泥水经常溢到钢枕之上，立尺很不方便，用水准仪配水准尺测量非常不便。而采用全站仪三角高程测高差的办法传递高程就很方便。当然此时一定要保证前后视的棱镜高不变。由于不需要量仪器高，而是通过测量前后两个点的高差来传递高程，所以往返观测取平均值精度可以满足施工的需要。

三、盾构施工测量

盾构法是隧洞工程施工中运用的一项新型施工技术，它是将隧洞的掘进、运输、衬砌、安装等各工作综合为一体的施工方法，具有自动化程度高、工作效率高、施工精度高、不受地面交通和建筑物影响等优点，目前在国内外的大中型隧洞施工测量中已经广泛应用，特别是在城市地铁隧洞和穿越水域的隧洞施工中应用广泛。

盾构设备的标准外形是圆筒形，也有半圆形、矩形等与隧洞断面相近的特殊形状。图13-8所示为圆筒形盾构及隧洞衬砌管片的纵剖面示意图。切口环是盾构掘进的前沿部分，利用沿盾构圆环四周均匀布置的推进千斤顶，顶住已拼装完成的衬砌管片（钢筋混凝土预制），使盾构向前推进。

盾构施工测量主要是控制盾构的位置和推进方向。利用洞内导线点测定盾构的位置

(当前空间位置和轴线方向),用激光经纬仪或激光定向仪指示推进方向,用千斤顶编组施以不同的推力,进行纠偏,即调整盾构的位置和推进方向。

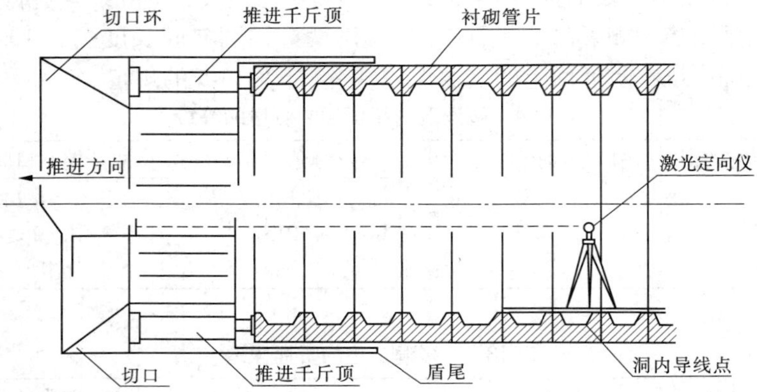

图 13-8　圆筒形盾构及隧洞衬砌管片的纵剖面示意图

第四节　竖井和旁洞的测量

一、竖井、平硐及斜井的定位与定线

如图 13-1 所示,隧洞施工中为了加快掘进速度并控制贯通方向,需要从地表向下掘进若干个洞口以增加开挖工作面,根据地质条件和施工工艺不同,通常采用竖井、平硐和斜井三种方法(旁洞包括平硐和斜井)。本节主要讲述洞口位置确定和方向及高程的传递方法。

(一)竖井定位

竖井是在隧洞地面中心线上某点竖直向下开挖至隧洞洞底以增加对向开挖工作面的方法。竖井施工中的测量工作包括确定竖井开挖位置、测定竖井开挖深度、将地面方向和高程导入洞内等。

竖井开挖位置的确定主要是依据设计的竖井位置,用全站仪或经纬仪依据洞外平面控制点放样出竖井的开挖位置,同时测出放样的竖井井口位置的高程,减去竖井对应位置的隧洞洞底设计高程,得出竖井开挖深度。

(二)平硐的定位及定线

平硐是在隧洞某一侧掘进并与隧洞中心线相交后,沿隧洞中心线对向开挖以增加工作面。平硐洞底设计高程和隧洞洞底设计高程一致,所以平硐定位先用高程放样方法找到洞底设计高程位置,再用平面放样方法确定平硐开挖点。

(三)斜井的定位及定线

斜井是指从地面某点倾斜向下掘进到达隧洞中线及高程位置,从而增加工作面。先依据设计放样斜井平面位置,再测定洞口高程。斜井开挖的是倾斜长度,所以根据设计的水平距离及洞口与隧洞设计高程求得高差,计算斜距及开挖坡度进行开挖。

二、竖井联系测量

为了保证地下各方向的开挖面能准确贯通，必须将地面控制网中的点位坐标、方位和高程，通过竖井传递到地下，这项工作称为竖井联系测量。

（一）方位角的传递

传递方位角的方法较多，陀螺经纬仪法精度较高但难度较大。比较简单的方法是方向线法，如图 13-9 所示，在隧洞中线上设置两方向桩 A、B，在 B 点安置经纬仪，照准 A 点，用绞车仔细移动井筒内挂有重垂球的两根钢丝，使其严格位于经纬仪的视线上。将两条钢丝下端的垂球放置在装满稳定液（如废机油）的桶中，并使其自由摆动直至稳定。为使定向精度更高，尽量使两条钢丝远一些，但不得触及井壁，为此，在钢丝稳定之后从井口沿钢丝放信号圈（小铅丝圈），检验其是否能够顺利滑至钢丝底部。同时用钢尺在井口和井底测量两条钢丝的距离，差值不大于 2 mm，则满足要求。然后在井底某侧安置一台经纬仪，用逐渐趋近的方法，使仪器中心位于两悬垂线的方向上，此时根据视线方向即可在洞内标定出隧洞中线方向，如 1、2、3 的连线，以此控制开挖方向。

（二）高程的传递

如图 13-10 所示，高程的传递是在竖井顶部用支架和绞车悬挂一根经过检验的钢尺，分划零点在下，钢尺的下端悬挂重锤，浸入稳定液。在井上 A 点和井下 B 点竖立水准标尺，观测时两台水准仪同时读取标尺上的读数 a_1、b_1、a_2、b_2，再按下式求 B 点高程：

$$H_B = H_A + a_1 - (b_1 - a_2) - b_2$$

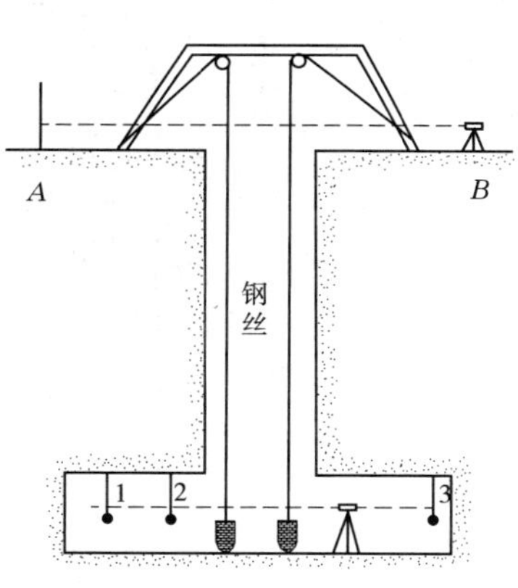

图 13-9 竖井方位角传递示意图

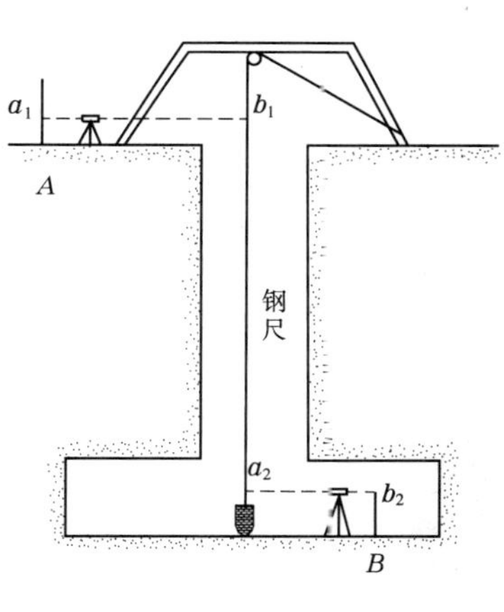

图 13-10 竖井高程传递示意图

为了检核提高精度，应改变仪器高进行 3 次观测，各次所求高程的互差值若不超过 5 mm，则取其均值作为 B 点高程。

习 题

13-1 名词解释：中线、腰线、竖井、平硐、贯通误差。

13-2 隧洞施工测量的工作包括哪几个方面的内容?

13-3 如何通过竖井传递开挖方向和高程?

13-4 洞外控制测量的作用是什么?

13-5 如何进行竖井联系测量?

第十四章　道路与桥梁测量

第一节　概　述

一、道路测量

道路工程分为城市道路、联系城市之间的公路、工矿企业的专用道路以及为农业生产服务的农村道路，由此组成全国道路网。

道路测量的主要内容有控制测量、带状地形图测绘、中线测量、纵横断面测量和施工测量。控制测量是沿可能延伸的方向布设测量平面控制点和高程控制点，作为其他各项测量工作的依据；带状地形图测绘是测绘道路两侧一定范围内的地形图，为道路选线和道路设计提供资料；中线测量是按设计要求将道路中心线测设于实地上；纵、横断面测量是测定道路中线方向和垂直于中线方向的地面高低起伏情况，并绘制纵、横断面图，为道路纵坡设计、边坡设计以及土石方工程量计算提供资料；道路施工测量是根据道路工程施工进度，在实地测设道路的平面位置和高程，为施工提供依据，主要包括恢复道路中线测量、施工控制桩测设、路基边桩测设和竖曲线测设等。本章主要介绍道路中线测量、纵横断面测量和施工测量。

道路测量的精度要求与道路的类别有关。对于平面控制，高速公路和一级公路要求采用一级导线或小三角测量，二级及二级以下公路采用二级导线或小三角测量；对于高程控制，高速公路和一级公路要求采用四等水准测量，二级及二级以下公路采用五等水准测量。

二、桥梁测量

桥梁分为铁路桥梁、公路桥梁、铁路公路两用桥梁和陆地上的立交桥、高架道路等结构。桥梁按其轴线长度一般分为特大桥（＞500 m）、大桥（100～500 m）、中桥（30～100 m）和小桥（＜30 m）四类。

桥梁测量在桥梁勘测设计、建造施工和运营管理期间都起着重要作用。在勘测设计阶段，需要测绘岸上地形图、水下地形图和河床断面图；在施工阶段，要进行桥梁平面控制测量、高程控制测量、桥墩与桥台定位测量、梁的架设等施工测量；在建成后的运营管理阶段，一些重要桥梁需要定期进行变形观测，观测桥梁的安全运营，充分发挥其效益。本章主要介绍桥梁在勘测与施工阶段的测量工作。

桥梁因为结构复杂，安装定位要求高，对施工测量精度要求较高，特别是大中型桥梁，对轴线测设、墩台定位要求高，要按照相应的精度等级进行平面控制测量和高程控制测量，并用较精密的方法进行墩台定位和架设梁板结构。

第二节　道路中线测量

道路中线测量的任务是根据道路设计平面位置，将道路中心线测设在实地上。如图 14-1所示，道路的中线在平面上由一系列方向不同的直线段组合而成。为了保证改变方向时行车的平稳性，在方向发生转折的两条直线之间，需要用平面曲线相连接。平面曲线又有圆曲线和缓和曲线之分。根据平面设计，将道路中线分解为一系列的特征点，这些特征点包括中线的起点、终点，相邻直线方向发生转折处的交点(JD)，以及当相邻交点互不通视时需要在其连线上加测的转点(ZD)。

中线测量的主要内容有测设中线交点和转点、测定转折角、测设里程桩和加桩、测设曲线等，其中圆曲线测设见第十章第四节。

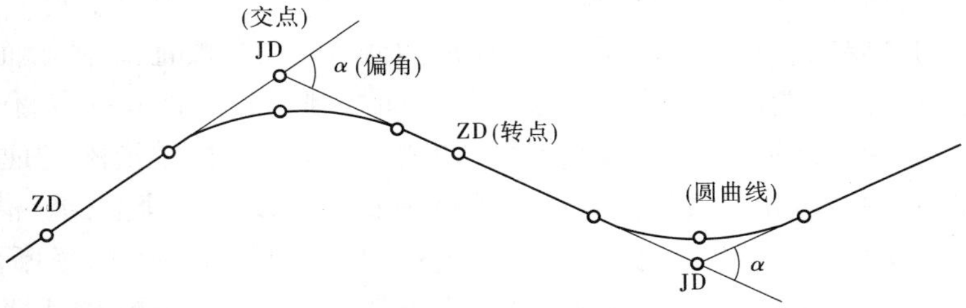

图 14-1　道路中线

一、交点测设

交点是道路中心直线方向发生转折的点，是确定线路走向的关键点，一般用 JD 加编号表示，如 JD_4 表示第 4 号交点。对于等级较低的道路，其交点直接在现场标定和测量其位置；对于等级较高的道路，交点的位置一般先在带状地形图上选定，然后随现场条件和情况的不同，分别采用以下两种测设方法。

(一)根据平面控制点测设交点

按平面控制点的坐标和交点的设计坐标，计算测设数据，用极坐标法、角度交会法、距离交会法或全站仪法测设交点，其中全站仪法可达到很高的定位精度，并且方便灵活，工作效率高，是现代道路工程中测设交点的主要方法，如图 14-2 所示。

(二)根据地物测设交点

如图 14-3 所示，交点 JD_4 的位置已在地形图上选定，图上交点附近有房屋、电杆等地物，可先在图上量出 JD_4 至两房角和电杆的距离，然后在现场找到相应的地物，经复核无误后，用距离交会法测设出该交点。这种方法适合于定位精度要求不高的道路，而且交点周围有定位特征明显的地物作为参照。

二、转点测设

当相邻两交点互不通视时，需要在其连线上加测转点(ZD)，随现场条件和情况的不同，分别采用以下两种测设方法。

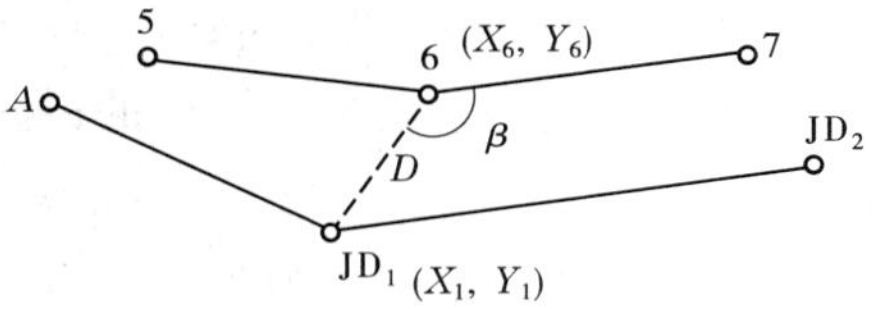

图 14-2 根据平面控制点测设交点

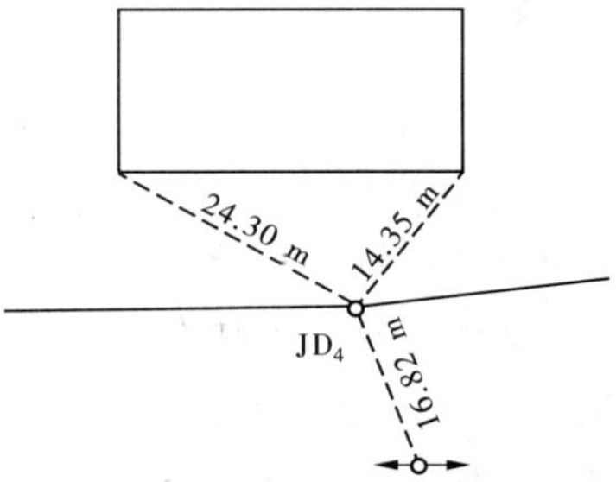

图 14-3 根据地物测设交点

(一)两交点之间测设转点

如图 14-4 所示,JD_5 和 JD_6 为相邻而互不通视的两个交点,在其中间适当位置,先初定转点 ZD′。欲检查 ZD′是否在两交点的连线上,可将经纬仪安置在 ZD′点以正倒镜分中法延长直线 JD_5 ~ ZD′至 JD_6',与 JD_6 的偏差为 f,依据 ZD′至 JD_5 与 JD_6'的大致距离 a 和 b,按下式计算 ZD′应偏移的距离 e:

$$e = \frac{a}{a+b}f \tag{14-1}$$

将 ZD′按 e 值移至 ZD 后,再在 ZD 点安置经纬仪按上述方法检查 ZD 是否在两交点的连线上,如有偏差,再进行调整,直至满足要求。

(二)两交点延长线上测设转点

如图 14-5 所示,JD_8 和 JD_9 为相邻而互不通视的两个交点,在其延长线上先初定转点 ZD′,再将经纬仪安置在 ZD′点以正倒镜照准 JD_8 点,以该方向俯视 JD_9 点,盘左、盘右分中后的 JD_9'点与 JD_9 的偏差为 f,同样依据 ZD′至 JD_8 与 JD_9 的大致距离 a 和 b,按下式计算 ZD′应偏移的距离 e:

$$e = \frac{a}{a-b}f \tag{14-2}$$

将 ZD′按 e 值移至 ZD 后,再在 ZD 点安置经纬仪进行检查,直至满足要求。

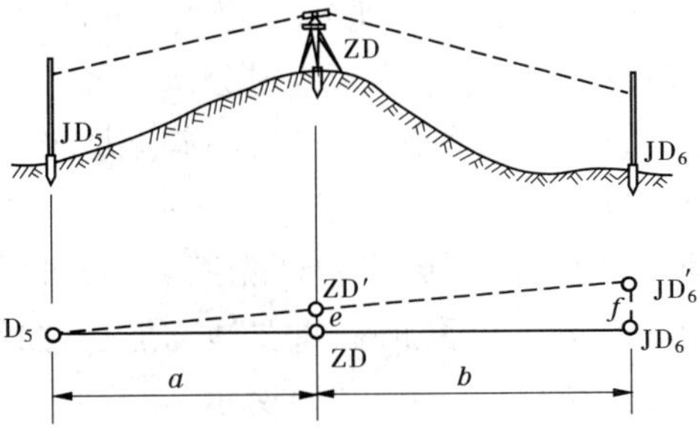

图 14-4 两交点之间测设转点

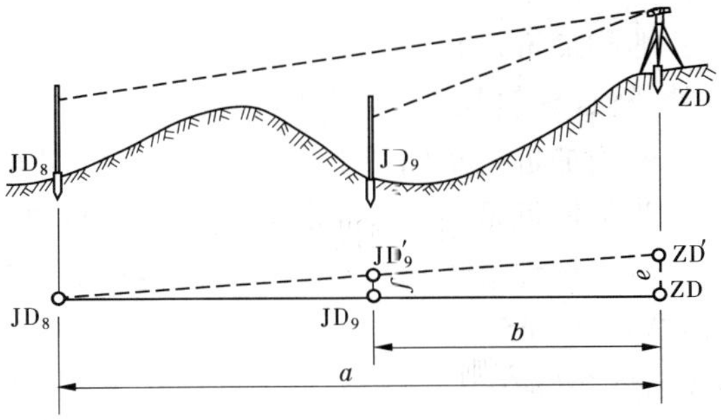

图 14-5 两交点延长线上测设转点

三、转角测定

在测设好中线交点和转点后，即可测量各交点处的偏转角，以便测设曲线。偏转角是道路中线在交点处由一个方向转到另一个方向时，转变后的方向与原方向延长线的夹角，用 α 表示。当偏转后的方向位于原方向左侧时，为左转角，记为 $\alpha_{左}$；当偏转后的方向位于原方向右侧时，为右转角，记为 $\alpha_{右}$，如图 14-6 所示。

偏转角 α 一般根据道路前进方向右侧的水平角 β 来计算，当 $\beta < 180°$时为右转角，当 $\beta > 180°$时为左转角，它们的计算公式分别为

$$\alpha_{右} = 180^{\circ} - \beta \tag{14-3}$$

$$\alpha_{左} = \beta - 180^{\circ} \tag{14-4}$$

测定 β 角后，测设其分角线方向，定出 C 点，如图 14-7 所示，打桩标定，以便以后测设道路曲线的中点。

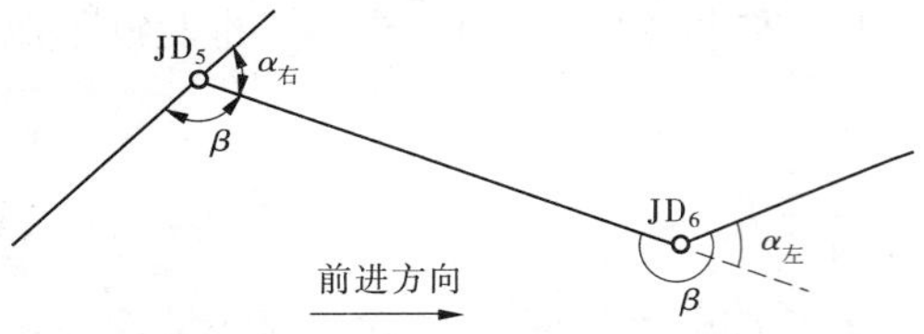

图 14-6　道路左转角和右转角

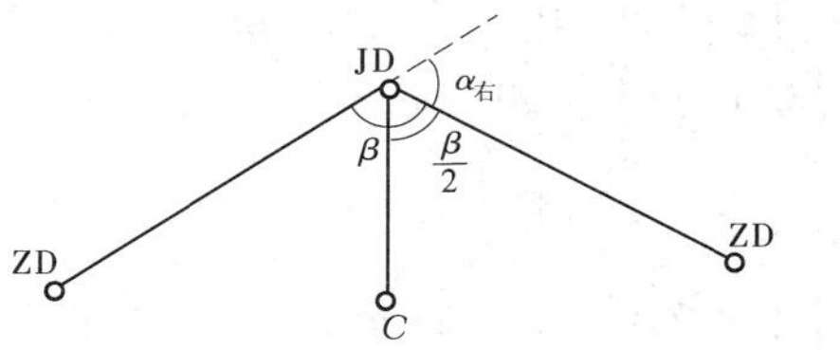

图 14-7　道路的分角线

四、中桩测设

中桩测设就是从道路的起点开始，沿中线设置里程桩。里程桩既标定了道路中线的位置和长度，又是施测道路纵、横断面的依据。中桩测设的工作主要是定线、量距和打桩。

里程桩分为整桩和加桩两种。整桩是按规定桩距每隔一定距离设置桩号为整数的里程桩，通常直线段桩距为 20 m 或 50 m，而曲线段为 5 m、10 m 或 20 m。

加桩分为地形加桩、地物加桩、曲线加桩和关系加桩。

地形加桩是指沿中线地面起伏突变处、横向坡度变化处以及天然河沟处等加设的里程桩，桩号精确至米。

地物加桩是指沿中线有人工构筑物如桥梁、涵洞处，线路与其他公路、铁路、渠道等交叉处，拆迁建筑物处，以及土的地质变化处加设的里程桩，桩号精确至米或分米。

曲线加桩是指曲线上设置的主点桩，如圆曲线起点、中点和终点，桩号精确至厘米。

关系加桩是指路线上的转点和交点桩，桩号精确至厘米。

所有里程桩均按起点至该桩的距离进行编号，并用红油漆标于木桩侧面。如某桩号为 K2 +345.65，即表示该桩距起点的距离为 2 345.65 m。关系加桩、重要地物加桩、曲线加桩等桩号前应加写相关点名或工程名的缩写，如图 14-8(a)、(b)、(c)所示。

道路发生局部地段改线或分段测量，距离衔接有误时，有可能造成道路里程桩的不连续，称为断链，桩号重叠的称长链，桩号间断的称短链。发生断链时，为了不致使全线原有

桩号发生改变,除在有关设计、测量文件中予以说明外,应在实地打断链桩。桩上应以等式形式注明线路来向里程(等式左端)和去向里程(等式右端),由该等式可知该桩处的长链(即前进方向应增加)或短链(即前进方向应减少)的长度,如 K1 + 890.24 = K1 + 900.00,即表示此处短链为 9.76 m。

测设直线段里程桩时,按工程的不同精度要求,可用经纬仪法或目测法确定中线方向,用钢尺往返丈量或光电测距进行距离测量。根据道路等级的不同,其纵向精度不应低于 1/1 000 ~ 1/3 000,横向偏差不应超过 ±(2.5 ~ 5)cm。

对于距路线起点每隔 500 m 处的整桩、交点桩、转点桩、重要地物加桩以及曲线主点桩,用方桩标定(见图 14-8(d)),其旁边还应再打一板砟作为指示桩(见图 14-8(e))。交点桩的指示桩应钉在曲线圆心和交点连线外距交点 20 cm 处,字面朝向交点,曲线主点的指示桩字面朝向圆心。其余的里程桩的桩号立露出地面,字面一律背向线路前进方向。

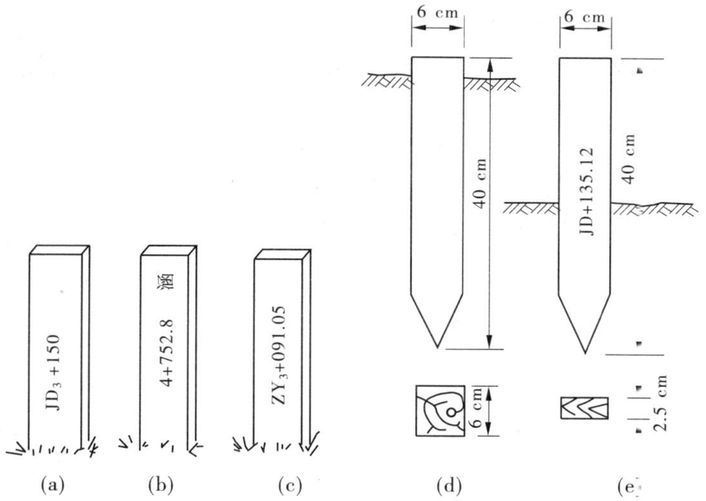

图 14-8　里程桩

第三节　道路纵、横断面测量

一、道路纵断面测量

纵断面测量主要用水准测量(或光电测距三角高程测量)测定道路中线各里程桩的地面高程,根据里程桩的桩号和地面高程按一定比例绘制整个线路的纵断面图,用于表示线路纵向地面高低起伏变化,为线路的纵坡设计提供依据。

道路水准测量首先进行的是基平测量,也就是高程控制测量,即测定沿线水准点的高程;然后进行的是中平测量,也就是中桩高程测量,即以沿线水准点为依据,测定中线各里程桩的高程。

（一）基平测量

1. 水准点布设

沿道路两侧 30 ~ 50 m 内，每隔 2 ~ 3 km 或河道、隧洞等重要地物附近埋设一个永久水准点，作为全线高程的主要控制点，其间每隔 300 ~ 500 m 或桥涵、通道附近埋设一个临时水准点，作为断面测量分段附合和施工引测高程的依据。

2. 基平测量

依据道路附近的国家高级水准点，按四等水准测量方法测定所有水准点的高程。

（二）中平测量

在相邻水准点之间，以附合水准路线或闭合水准路线，按普通水准测量测定线路所有中桩的高程，路线高差闭合差的限差 $f_{h允} = \pm 30\sqrt{L}$ mm（高速公路和一级公路）和 $f_{h允} = \pm 50\sqrt{L}$ mm（二级及二级以下公路），L 为附合或闭合路线的长度，以千米计。中平测量中，由于中桩较多，桩距较长，一般相隔几个桩位设一个测站。如图 14-9 所示，水准仪置于 1 站，后视水准点 BM_1，前视转点 TP_1，将观测结果分别记入手簿中“后视”和“前视”栏内，前后视读数应精确至毫米；然后观测 BM_1 与 TP_1 间的各个中桩（K0 + 000 ~ K0 + 060），将其读数记入“中视”栏内，中视读数精确至厘米即可。每一测站的各项计算依次按下列公式进行：

$$视线高程 = 后视点高程 + 后视读数$$

$$转点高程 = 视线高程 - 前视读数$$

$$中桩高程 = 视线高程 - 中视读数$$

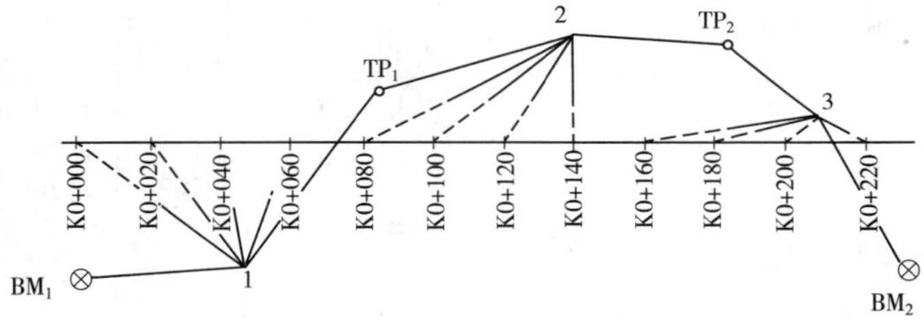

图 14-9　中平测量

再将水准仪搬至下一站，按与 1 站相同的方法进行观测，直至附合于另一个水准点 BM_2，完成了这个测段的观测工作。每一测段观测完后，应计算高差闭合差 f_h，若 $f_h \leqslant f_{h允}$，则符合要求，可不进行高差闭合差的调整，以原计算的各中桩点高程作为绘制纵断面图的数据。

采用光电测距三角高程测量时，中平测量可与中桩测设同时进行，也可以与基平测量同时进行。

中平测量过程中，遇道路穿越河流、涵管或架空线时，除应测量交会处的高程外，还应测量河道的宽度、水深及水位、涵管的直径和架空线至地面的净高等。

（三）纵断面图绘制

纵断面图是进行线路竖向设计的主要依据，可以形象、直观地反映中线方向的高低起伏。

纵断面图包括图头、注记、展线和图尾四部分。如图 14-10 所示为某一道路工程的纵断面图。在图的上半部，从左至右绘有两条贯穿全图的线，一条是细线，表示中线方向的地面线，是以中桩的里程为横坐标，以中桩的地面高程为纵坐标绘制的。横向比例尺一般与线路带状地形图的比例尺一致，为了更明显地表示地面的起伏情况，一般将纵向比例尺取横向比例尺的 10 倍，如横向比例尺为 1∶1 000 或 1∶2 000，则纵向比例尺采用 1∶100 或 1∶200。另一条是粗线，表示带有竖曲线在内的纵坡设计线，是根据设计要求绘制的。

在图的顶部，是一些标注，例如水准点位置、编号及其高程，桥涵的类型、孔径、跨数、长度、里程桩号及其设计水位，与公路、铁路交叉点的位置、里程及其说明等，根据实际情况进行标注。

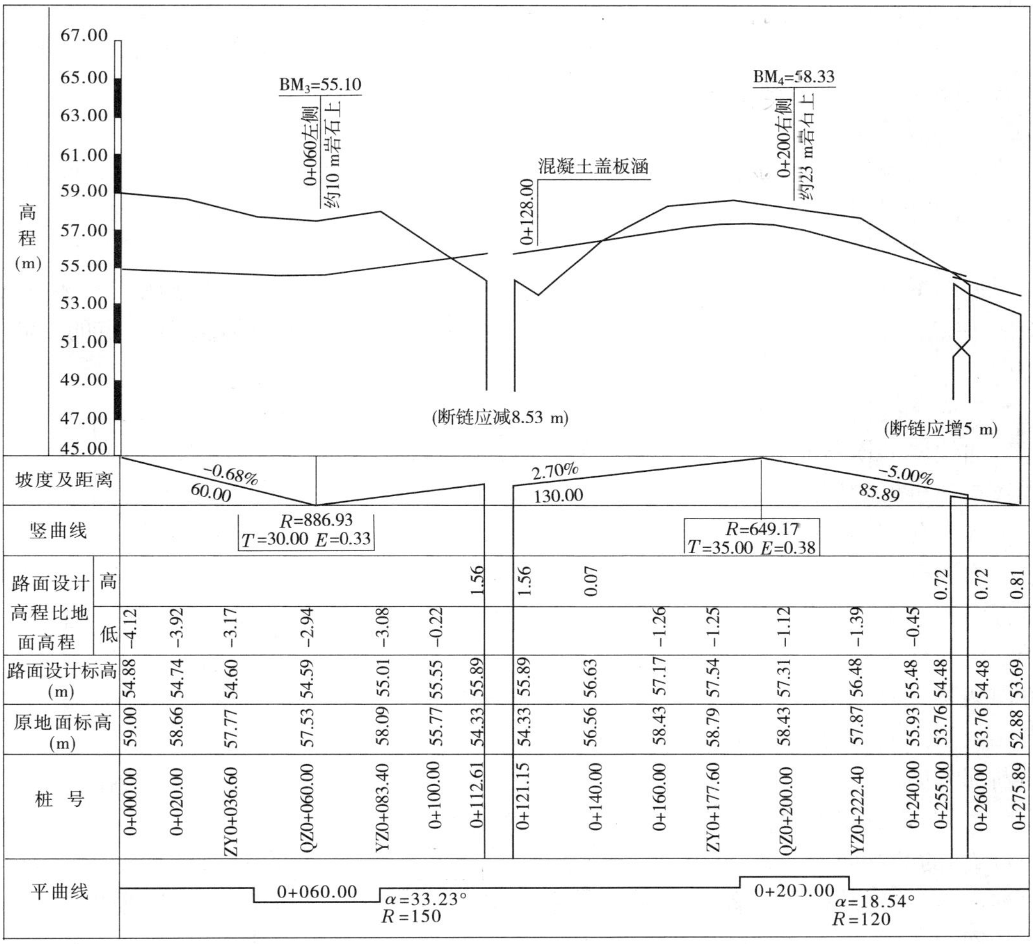

图 14-10　道路纵断面图

图的下部绘有七栏表格，注记有关测量和纵坡设计的资料，自下而上分别是平曲线、桩号、地面高程、设计高程、设计与地面的高差、竖曲线、坡度及距离。其中平曲线是中线的示意图，其曲线部分用成直角的折线表示，上凸的表示曲线右偏，下凹的表示曲线左偏，并注明交点编号和曲线半径，带有缓和曲线的应注明其长度，在不设曲线的交点位置，用锐角折线表示；里程栏按横坐标比例尺标注里程桩号，一般标注百米桩和千米桩；地面高程栏按中平测量成果填写各里程桩的地面高程；设计高程栏填写设计的路面高程；设计与地面的高差栏填写各里程桩处的设计高程与地面高程的高差；竖曲线栏标绘竖曲线的示意图及其曲线元素；坡度栏用斜线表示设计纵坡，从左到右向上斜的表示上坡，下斜的表示下坡，并在斜线上以百分比注记坡度的大小，在斜线下注记坡长。

二、道路横断面测量

横断面测量是在每个中桩左右两侧一定宽度内垂直于中线的方向上，选择坡度变化明显的地形点，用水准测量或视距测量的方法测定这些地形点与中桩的距离和高差，然后根据所测距离及高差绘制各个桩位处的横断面图，供路基设计、计算土石方量以及施工放边桩之用。根据工程的实际要求和地形情况，一般横断面在中线两侧的宽度各为 15 ~ 50 m，距离和高差测量分别精确至 0.1 m 和 0.05 m。

（一）横断面方向的测设

横断面测量开始，需测设每个中桩处横断面的方向，即直线段与线路中线垂直的方向，或曲线段与其切线相垂直的方向。横断面的方向通常采用方向架进行测设。

1. 直线段横断面方向测设

如图 14-11 所示，在直线段的中桩 A 点直立一根杆头带有十字形木条的方向架，将架上的 1—1′方向对准交点 JD 或直线段上相邻的转点 ZD，则 2—2′所指即为 A 点的横断面方向。

2. 曲线段横断面方向测设

曲线段的横断面方向为指向圆心的方向，即与中线在该桩处的切线方向垂直。测设时，可在方向架上加一根可转动的定向杆 3—3′，如图 14-12 所示。如需确定图 14-13 中 P_1 点的横断面方向，先将方向架立于 ZY 点上，以 1—1′方向对准交点 JD，转动定向杆 3—3′对准 P_1 点后将其拧紧固定，再将方向架移至 P_1 点，以 2—2′对准 ZY，根据同一弧段两端弦切角相等的原理，3—3′所指即为 P_1 点处的横断面方向。

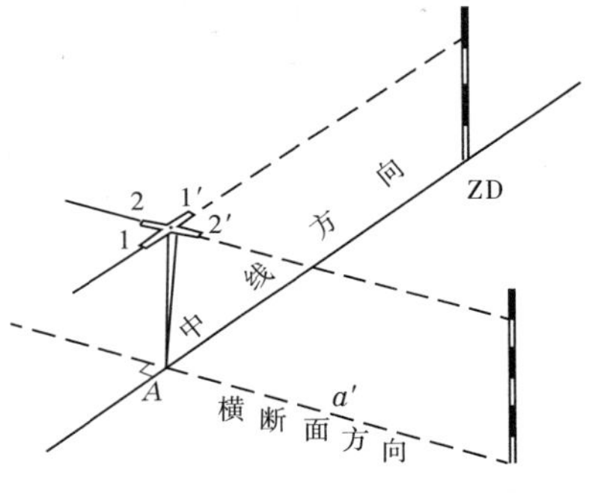

图 14-11　测设直线段横断面方向

在 P_1 点的横断面方向定出之后，为了测定下一点 P_2 的横断面方向，不动方向架，以 2—2′对准 P_1 点的横断面方向，转动定向杆 3—3′对准 P_2 点后将其拧紧固定，再将方向架移至 P_2 点，以 2—2′对准 P_1 点。同理可知 3—3′所指即为 P_2 点处的横断面方向。同法可测设其他曲线段中桩的横断面方向。

（二）横断面的测量

1. 标杆皮尺法

如图 14-14 所示，A，B，C…为横断面方向上所选定的边坡点，将标杆立于 A 点，从中桩处地面将尺拉平量至 A 点的距离，并测出皮尺截于标杆位置的高度，即 A 点相对于中桩地面的高差，同法可测得 A—B，B—C…的距离和高差，直至规定的横断面宽度位置。

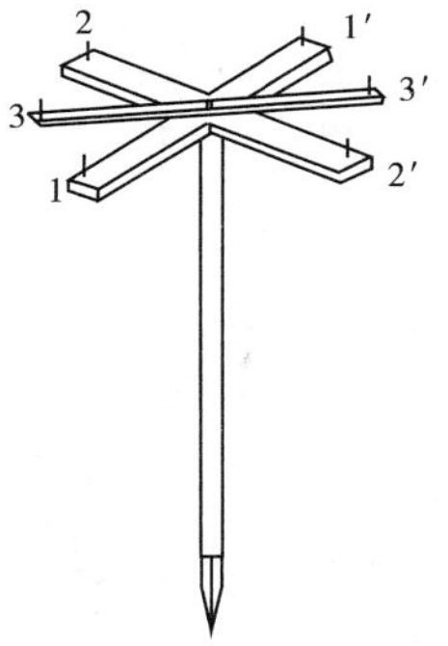

图 14-12 方向架

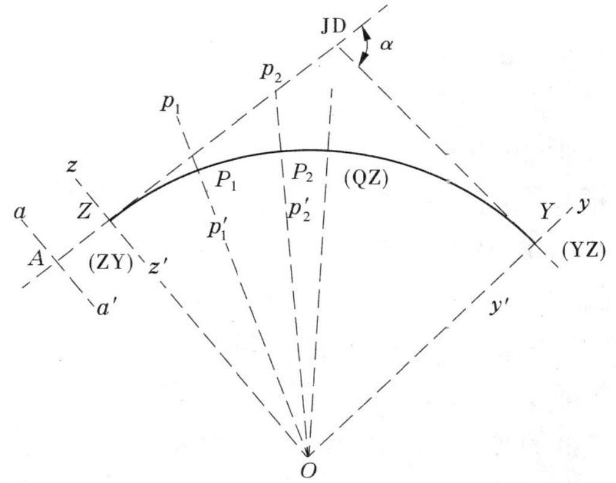

图 14-13 测设曲线段横断面方向

中桩一侧测完后再测另一侧。

2. 水准仪皮尺法

如图 14-15 所示，在中桩附近安置水准仪，以中桩地面点为后视，以中桩两侧横断面方向地形特征点为前视，水准尺上读数至厘米。用皮尺分别丈量中柱到各地形点的平距，量至分米。此法适用于施测横断面较宽的平坦地区。记录格式见表 14-1，表中按路线前进方向分左右侧记录，以分数表示各测段的前视读数和平距。

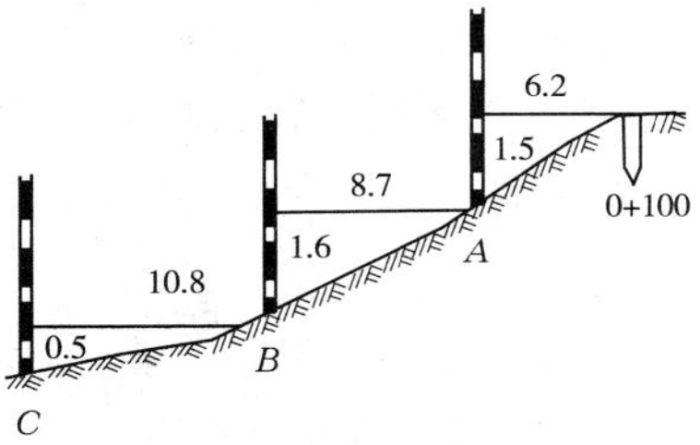

图 14-14 标杆皮尺法测横断面

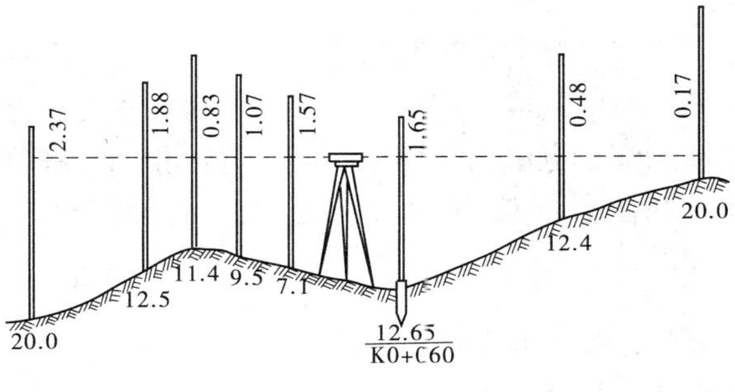

图 14-15 水准仪皮尺法测横断面

表 14-1 横断面测量记录表

$\frac{\text{前视读数}}{\text{距离}}$（左侧）	$\frac{\text{后视读数}}{\text{桩号}}$	$\frac{\text{前视读数}}{\text{距离}}$（右侧）
$\frac{2.37}{20.0}$ $\frac{1.88}{12.5}$ $\frac{0.83}{11.4}$ $\frac{1.07}{9.5}$ $\frac{1.57}{7.1}$	$\frac{12.65}{\text{K0}+060}$	$\frac{0.48}{12.4}$ $\frac{0.17}{20.0}$

3. 经纬仪视距法

将经纬仪安置于中桩上，量取仪器高，依次在其横断面方向的地形点上竖立标尺，用视距法分别测出中桩与各地形点的平距和高差。此法适用于地形困难、山坡陡峻的路线横断面测量。

4. 全站仪法

利用全站仪的对边测量功能,可直接测得各横断面上各地形点相对中桩的平距和高差,有的全站仪有横断面测量功能,其操作、记录与成图更为方便。

(三)横断面图绘制

一般采用1∶100或1∶200的比例尺绘制横断面图。由横断面测量中得到的各地形点间的平距和高差,在纸上绘制各中桩的横断面图。如图14-16所示,先在图中标定中桩的位置,将中桩两侧的地形点逐一展绘在图纸上,然后以直线连接相邻点,即可绘制出横断面的地面线。

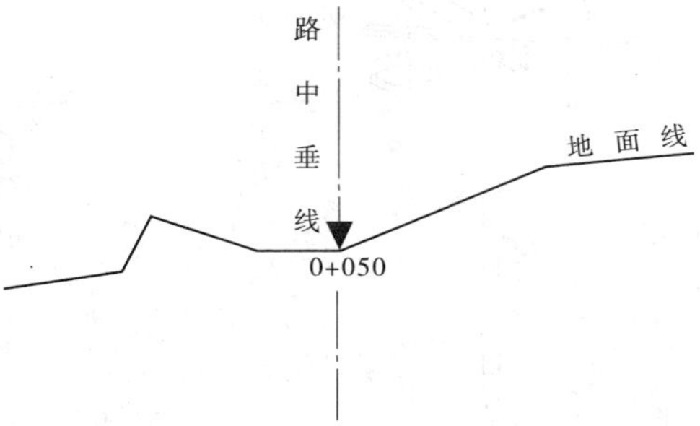

图14-16　横断面图

第四节　道路施工测量

道路施工测量主要包括恢复中线测量、施工控制桩测设、路基边坡桩以及路基边坡测设和竖曲线测设。

一、恢复中线测量

道路勘测完成到开始施工这一时间内,部分中线桩有可能遭破坏或丢失,施工前应根据原勘测资料或设计图纸对全线的中桩进行核查,将遭破坏或丢失的中桩进行恢复,恢复中线的测量方法与线路中线测量方法相同。在恢复中线时,应将道路附属物,如涵洞、检查井和挡土墙等的位置一并定出。对于部分改线地段,应重新定线,并测绘相应的纵、横断面图。

二、施工控制桩测设

在施工过程中,道路的中线桩被挖去或填埋,为了在施工中控制中线位置,需要在不易受施工破坏、便于引测、易于保存桩位的地方测设施工控制桩。测设方法主要有平行线法和延长线法两种,可根据实际情况互相配合使用。

(一)平行线法

平行线法是在设计的路基宽度以外,测设两排平行于中线的施工控制桩,如图14-17所示。为了方便施工,控制桩的间距一般取10~20 m。平行线法多用于地势平坦、直线段较长的道路。

(二)延长线法

延长线法是在道路转折处的中线延长线上,以及曲线中点至交点的延长线上测设施工控制桩,如图14-18所示。每条延长线上应设置两个以上的控制桩,丈量出其间距及与交点的距离,做好记录,恢复中线交点。延长线法多用于地势起伏较大、直线段较短的道路。

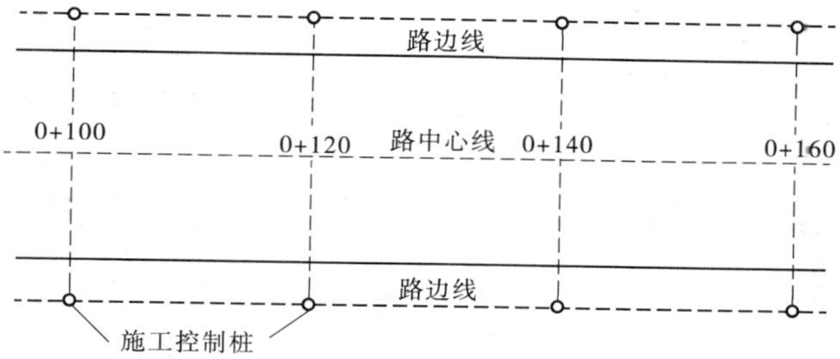

图 14-17 平行线法测设施工控制桩

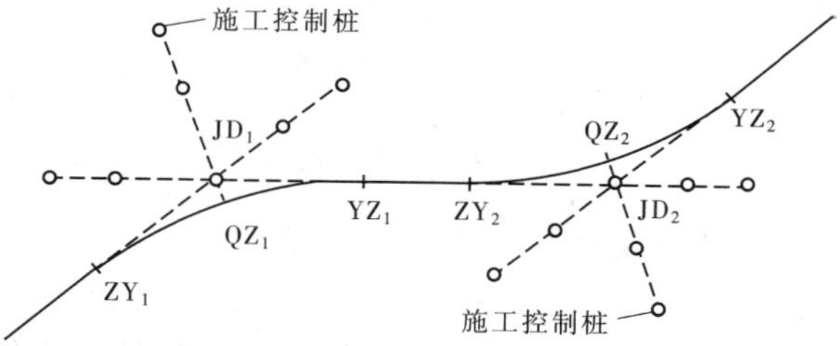

图 14-18 延长线法测设施工控制桩

三、路基边坡桩测设

路基的形式一般分三种，即全部由填方而成的路堤、全部由挖方而成的路堑，以及半填半挖而成的路基。在平坦地面和倾斜地面，不同形式路基的测设方法有所不同。

（一）平坦地面边坡桩测设

1. 路堤边坡桩测设

如图 14-19（a）所示，路堤边坡桩至中线桩的距离按下列公式计算：

$$D_{左} = D_{右} = \frac{B}{2} + mh \tag{14-5}$$

式中 $D_{左}$、$D_{右}$——道路中桩至左、右边桩的平距；

B——路基的宽度；

m——路基边坡的坡度；

h——填土高度或挖土深度。

2. 路堑边坡桩测设

如图 14-19（b）所示，路堑边坡桩至中线桩的距离按下列公式计算：

$$D_{左} = D_{右} = \frac{B}{2} + mh + S \tag{14-6}$$

式中 S——路堑边沟顶宽。

（二）倾斜地面边坡桩测设

1. 路堤边坡桩测设

如图 14-20（a）所示，设地面为左边低、右边高，则路堤边坡桩至中线桩的距离按下列公式计算：

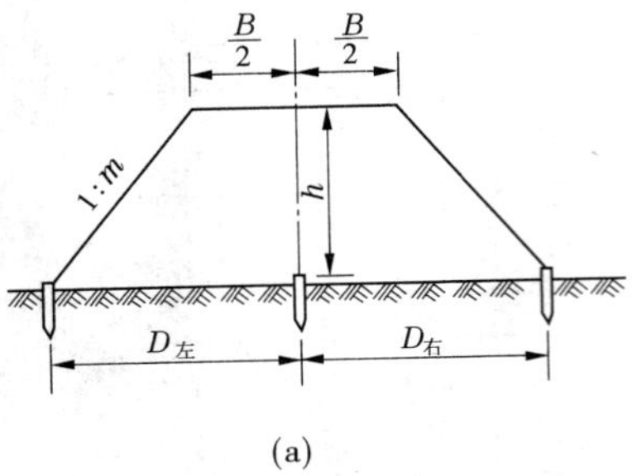

图 14-19　平坦地面边坡桩测设

$$D_{左} = \frac{B}{2} + mh_{左} \tag{14-7}$$

$$D_{右} = \frac{B}{2} + mh_{右} \tag{14-8}$$

式中　$h_{左}$、$h_{右}$——左、右两侧边坡填土高度。

2. 路堑边坡桩测设

如图 14-20(b)所示，设地面为左边低、右边高，路堑边坡桩至中线桩的距离按下列公式计算：

$$D_{左} = \frac{B}{2} + S + mh_{左} \tag{14-9}$$

$$D_{右} = \frac{B}{2} + S + mh_{右} \tag{14-10}$$

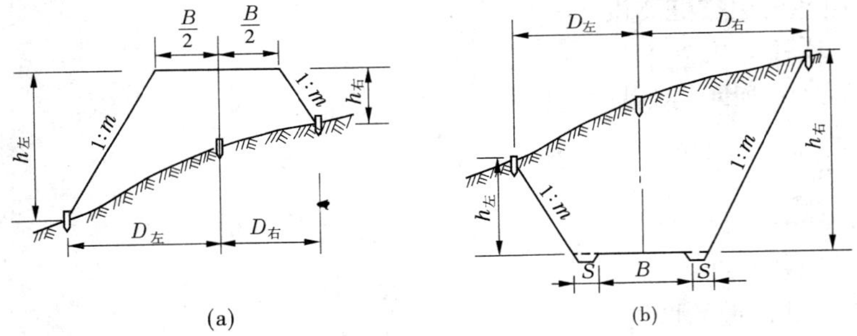

图 14-20　倾斜地面边坡桩测设

式中　$h_{左}$、$h_{右}$——左、右两侧边坡挖土深度。

需要注意的是，在倾斜地面边坡桩位置尚未确定时，左、右两侧的高差 $h_{左}$、$h_{右}$ 不能确定，但先根据其大致位置测定出 $h_{左}$、$h_{右}$，依据式(14-7)～式(14-10)计算中线桩至左、右两侧边坡桩的距离，再用逐渐趋近的方法定出边坡桩的确切位置。

3. 半填半挖断面边坡桩测设

如图 14-21 所示，除应用上述方法确定填方坡脚 A 和挖方坡顶 B 的位置，还应确定不填不挖的“零点”，即设计断面线与地面线的交点 O'。可采用图解法根据横断面图上地形横断面与设计路基标准断面的相关位置，直接在图上量取中线桩 O 与零点桩 O'的距离，以及中线桩处的填土高和挖土深，到实地进行测设和标定桩位。

四、路基边坡测设

边坡桩位确定后，应根据施工的要求，分层将路基的设计边坡在实地标定出来。

（一）边坡样板法

对于路堤，按设计坡度事先制作边坡样板（如图 14-22（a）所示），在现场令样板顶面水准气泡居中，则其斜边所指示的坡度就是边坡的设计坡度；对于路堑，在开挖前于坡顶边桩外侧按设计坡度设立固定的边坡样板（如图 14-22（b）所示），据此指导边坡的施工。

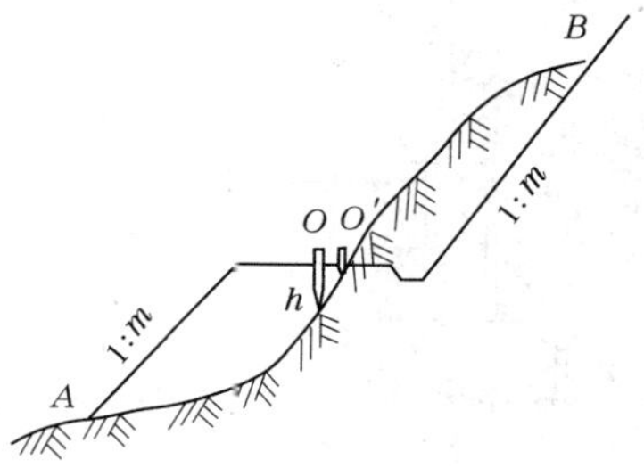

图 14-21　半填半挖断面边坡桩测设

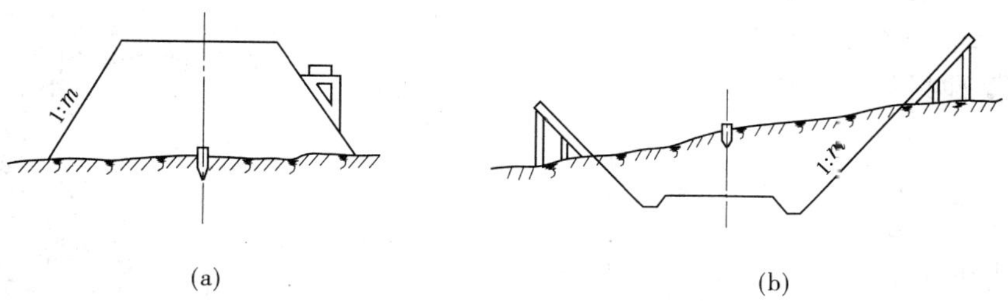

图 14-22　样板法测设边坡

（二）分层拉线法

对于填土较高、分层施工的路基，可采用分层拉线法测设边坡。如图 14-23 所示，根据边坡的坡度和各层设计的施工高度事先设定某层顶面左右两侧边坡桩在该层地面上的投影点，并在投影点上各竖立一根测杆，在该层设计的施工高度和该层底面边缘之间拉线即可定出路基的设计边坡。

五、竖曲线测设

为了保证行车的平稳和安全，高等级道路在纵向坡度的变化处亦用曲线加以连接，这种曲线称为竖曲线，有凸形竖曲线和凹形竖曲线之分，如图 14-24 所示。常用的竖曲线为圆曲线。

（一）竖曲线元素计算

如图 14-25 所示，竖曲线元素包括其切线长 T、曲线长 L 和外矢距 E，其计算公式与平面曲线相同。

切线长
$$T = R\tan\frac{\alpha}{2} \tag{14-11}$$

曲线长
$$L = R\pi\frac{\alpha}{180^\circ} \tag{14-12}$$

外矢距
$$E = R\left(\sec\frac{\alpha}{2} - 1\right) \tag{14-13}$$

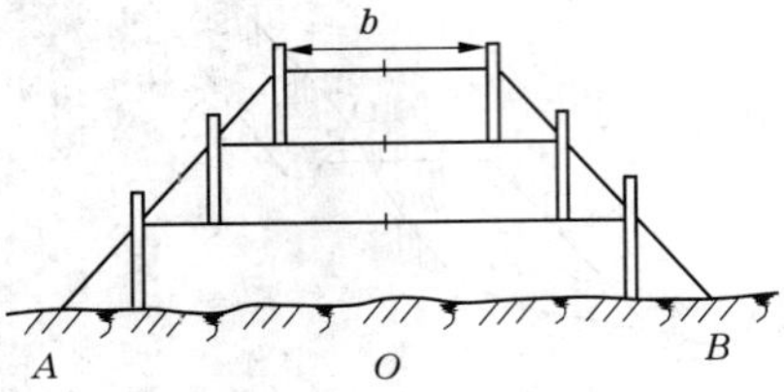

图 14-23　分层拉线法测设边坡

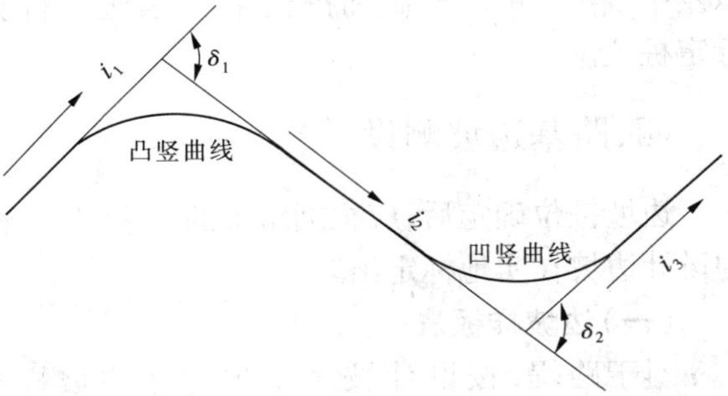

图 14-24　竖曲线

式中　R——竖曲线的设计半径；

α——竖曲线的竖向转折角。

设竖曲线上坡的坡度为 i_1，下坡的坡度为 i_2，因竖曲线的转折角 α 很小，所以其近似为

$$\pi \frac{\alpha}{180^\circ} = i_1 - i_2 \qquad (14\text{-}14)$$

而竖曲线的设计半径 R 又较大，因此竖曲线元素可用下列近似公式计算：

$$T = \frac{1}{2}R(i_1 - i_2) \qquad (14\text{-}15)$$

$$L = R(i_1 - i_2) = 2T \qquad (14\text{-}16)$$

$$E = \frac{T^2}{2R} \qquad (14\text{-}17)$$

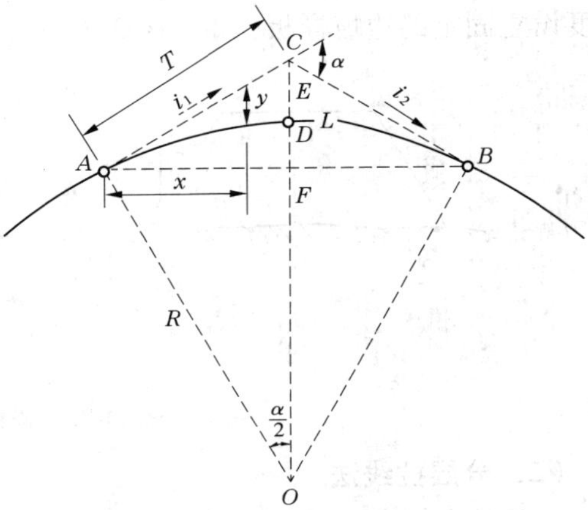

图 14-25　竖曲线元素

（二）竖曲线细部点标高改正数计算

设某点离曲线起点或终点的平距为 x_i，该点按坡度线中桩的标高改正数为 y_i（凸形竖曲线 y_i 为负，凹形竖曲线 y_i 为正），参照式（14-17）可得标高改正数计算公式：

$$y_i = \frac{x_i^2}{2R} \qquad (14\text{-}18)$$

（三）竖曲线测设

1. 测设竖曲线的起点和终点

从变坡点沿道路方向向前、向后测设切线长 T，得竖曲线的起点和终点，再根据设计的变坡点桩号按下式推算竖曲线上各点的桩号：

曲线起点桩号 = 变坡点桩号 − 竖曲线切线长

曲线终点桩号 = 变坡点桩号 + 竖曲线切线长

2. 测设竖曲线细部点

自竖曲线的起点或终点开始，沿切线方向每隔 5 m 定一细部点，根据坡度线上 i 点的设计高程 H_i' 和按式（14-18）计算的标高改正数 y_i，计算该点在竖曲线上的高程 H_i：

$$H_i = H_i' + y_i \qquad (14\text{-}19)$$

在该点的桩位上注明地面高程和竖曲线设计高程的差值，据此确定其填高和挖深。

第五节　桥位控制测量

修建大、中型桥梁时，因河道宽阔，桥墩要在水中建造。墩台较高、基础较深、墩间跨距大、梁板结构复杂，因此对桥轴线测设、墩台定位等要求精度较高。为此，需要在施工前布设平面控制网和高程控制网。

一、平面控制网

桥梁平面控制网主要用于桥梁轴线的控制及桥墩、桥台的定位，作用范围比较集中，因此大多采用较简单的三角网（或边角网）。根据桥梁的大小、精度要求和地形条件的不同，三角网（边角网）有以下几种形式。

1. 双三角形或大地四边形

如图 14-26 所示，图中双线边为已知边，A、B 是桥梁的轴线点。此三角网适用于大、中型桥梁交会水中墩、台的位置。

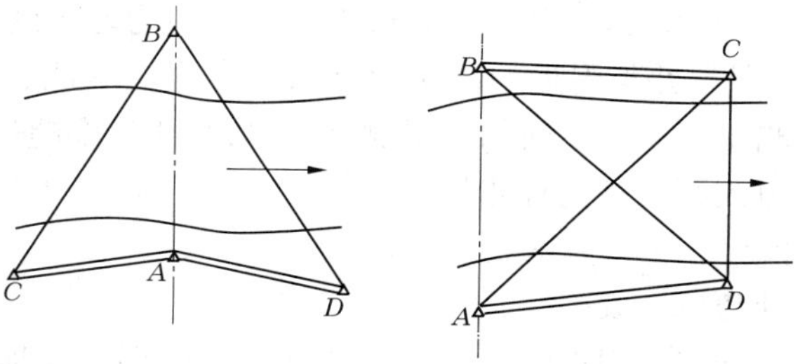

(a)双三角形　(b)大地四边形

图 14-26　大、中型桥梁平面控制网

2. 双大地四边形或单三角形与大地四边形的组合

如图 14-27 所示，A、B 是桥梁的轴线点。它适用于特大型桥梁桥轴线上不同位置的桥墩定位。

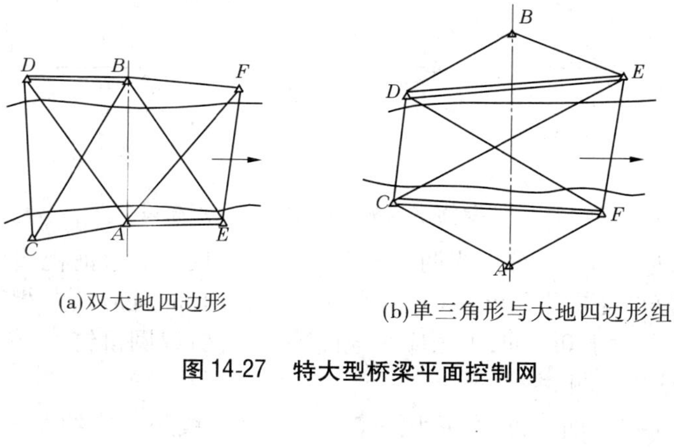

(a)双大地四边形　(b)单三角形与大地四边形组合

图 14-27　特大型桥梁平面控制网

3. GPS 平面控制网

如图 14-28 所示，图中 A、B、C、D、E、F 均为用等级较高的 GPS 测量建立的控制点，A、B 是桥梁的轴线点，整个网形仍为双大地四边形，但控制网的测量更加方便。

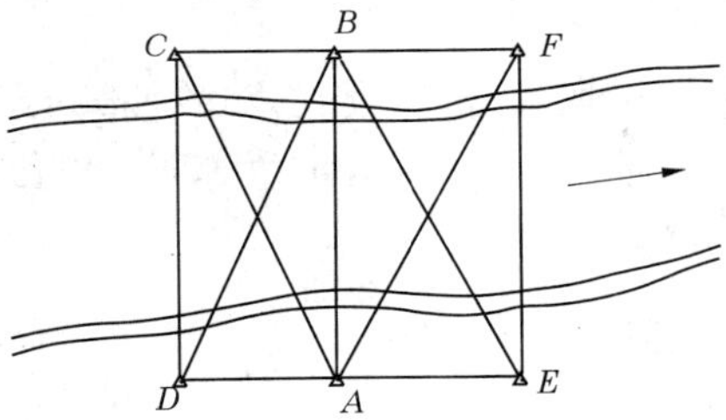

图 14-28　GPS 平面控制网

桥梁平面控制测量的等级，应满足桥梁中线长度相对中误差的规定，当桥长小于 200 m 时，相对中误差不应大于 1/10 000，当桥长为 200～500 m 时，相对中误差不应大于1/20 000。

二、高程控制网

桥梁高程控制点应沿桥轴线两侧以 400 m 左右的间距均匀布设，组成环形网状，可以采用水准测量或 GPS 测量，并与附近的国家等级水准点进行联测，以保证桥梁与相邻道路高程的正确衔接。当水准测量从河的一岸测到对岸，视线长度超过 200 m 时，应采用跨河水准测量方法或光电测距三角高程测量方法。

（一）跨河水准测量

1. 跨河水准测量的场地布设

为了消除或减弱水准仪的视准轴不平行于水准管轴的误差和地球曲率的影响，跨河水准测量应将仪器与水准尺在两岸的布置点位布设成图 14-29 所示的形式。

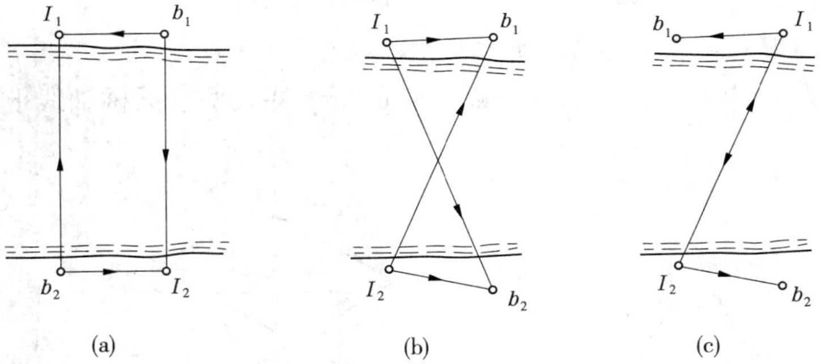

图 14-29　跨河水准测量测站和立尺点布设

图 14-29 中，I_1、I_2 和 b_1、b_2 分别为两岸架仪器点和立尺点。过河视线应尽量相等，且视线距水面的高度应符合规范要求；岸上视线不得小于 10 m，且应彼此相等；各立尺点均应设置木桩，木桩不应短于 0.3 m，桩顶应与地面平齐，并钉以圆铆钉。

2. 跨河水准测量的施测

采用 DS_3 水准仪和双面水准尺，适用于三、四等水准线路宽度约在 300 m 以下的河流，并且能直接在水准尺上读数的情况。

以图 14-29（b）的布设形式为例，采用一台水准仪观测时，一测回的观测步骤如下：

（1）在 I_1 安置水准仪，本岸 b_1 立水准尺，照准 b_1 水准尺，按中丝法读取黑、红面读数各一次。

（2）在对岸 b_2 立水准尺，将 I_1 处水准仪照准对岸 b_2 水准尺，按中丝法读取黑、红面读数各一次。

以上（1）、（2）两步操作为上半测回。

（3）上半测回结束后，立即将水准仪移至对岸 I_2 处，同时将 b_1、b_2 点水准尺对调，按上半测回相反顺序，即"先对岸远尺，后本岸近尺"进行操作，完成下半测回。

以上操作为一测回，一般需要观测两测回。在两台仪器作业的情况下，两台仪器同时从两岸各观测一测回。两测回较差三等不超过 8 mm，四等不超过 16 mm。如在限差范围内，取两测回高差平均值作为最后结果。

（二）光电测距三角高程测量

河的两岸有 A、B 两高程控制点，在 A 点安置全站仪，量取仪器高；在 B 点安置棱镜，量取棱镜高，将测站点 A 的高程、仪器高和棱镜高一并输入到全站仪，全站仪瞄准棱镜中心进行测量，测得 A、B 点间的高差。再采用对向观测，测得 B、A 两点间的高差。

第六节　桥轴线纵断面测量

桥轴线纵断面测量是桥梁勘测设计阶段的主要工作，其测绘范围应测至最高洪水位以上，应满足设计桥梁孔径、桥头引道、调洪构筑物布置的需要。桥轴线纵断面测量分陆上部分纵断面测量和水下部分纵断面测量。

一、陆上部分纵断面测量

在桥轴线点上安置经纬仪，照准桥轴线方向，用视距法依次测定水边点、地形变换点和地物点至测站点的平距和高差，并算出高程。在平缓的匀坡断面上，应保证图上 1～3 cm有一断面点，每个段面都要测至最高洪水位以上。

二、水下部分纵断面测量

桥轴纵断面的水下部分，需要进行水深测量，根据水深和水面高程计算断面点的高程。

（一）测深工具

水深即水面至水底的垂直距离。为了求得水下断面点的高程，须进行水深测量。水深测量常用的工具有测深杆、测深锤和回声测深仪等。

1. 测深杆

测深杆一般用长 6～8 m、直径 5 cm 左右的竹杆制成，从杆的底端起，以不同颜色相间标出每分米分划，每 1 m 处都有注记。底部有一直径 10～15 cm 的铁制底盘，用以防止测深时测杆下陷而影响测深精度（见图 14-30（a））。测深杆宜在水深 5 m 以内，流速小于 1.0 m/s

的水域。测深中误差为 ±0.10 m。测深时,将测杆斜向上游插入水中,当杆端到达河底且与水面成垂直时读取水面所截杆上读数,即为水深。

2. 测深锤

测深锤由重 4 ~8 kg 的铅锤和长约 10 m 的测绳组成(见图 14-30(b))。铅锤底部通常有一凹槽,测深时在槽内涂上牛油,可以粘取水底泥沙,借以判明水底泥沙性质,验证测深锤是否到水底。测绳由纤维制成,以分米为间隔,系有不同颜色的分米标记;在整米处扎以皮条,注记米数。测深锤适用于水深 10 m 以内、流速小于 1 m/s 的水域,测深中误差为 ±0.15 m。

3. 回声测深仪

1) 构造和工作原理

回声测深仪是根据超声波能在均匀介质中匀速直线传播,遇到不同介质面则产生反射的特性设计制造的一种测深仪器,主要由激发器、换能器、放大器、记录显示设备和电源等部件组成(见图 14-31)。由激发器产生的电脉冲经换能器转换为超声波发射到水底,声波从水底反射回来又被换能器接收转换为电脉冲。从声波发射到接收这段时间 t,由发声脉冲信号和收声脉冲信号推动记录器进行记录,并根据声波在水中的传播速度 v 自动转换为水深 h,以数字形式或图像形式显示出来。声速 v、往返时间 t 与水深 h 的关系为

$$h = \frac{1}{2}vt \tag{14-20}$$

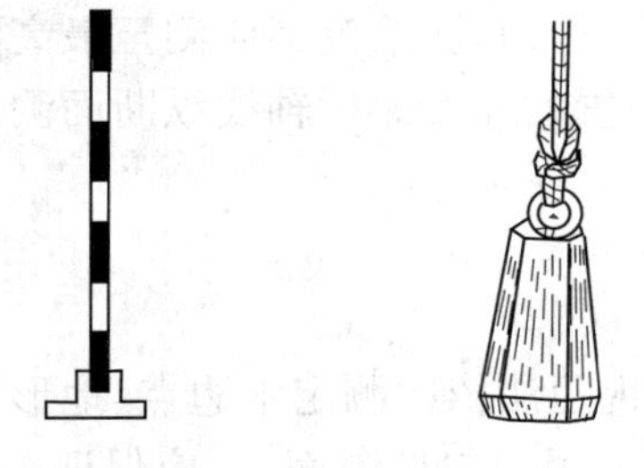

图 14-30 测深杆和测深锤

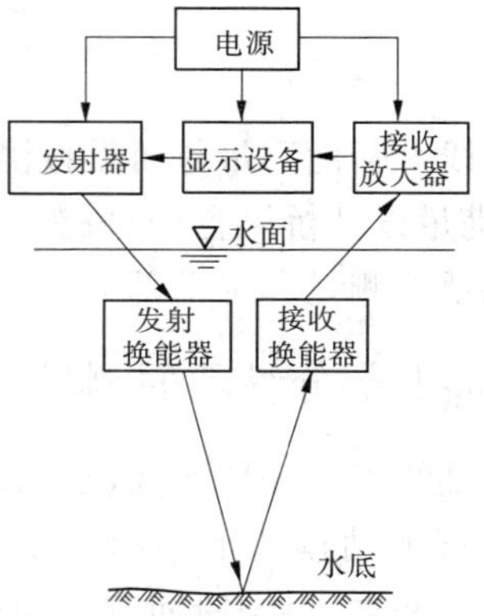

图 14-31 回声测深仪原理

声波在水中的传播速度随水的温度、盐度和压力而变化。常温时,淡水中的声速为 1 450 m/s,海水中声速的典型值为 1 500 m/s。在施测前要对仪器进行率定,计算时作必要的修正。回声测深仪适用于水深大于 3 m、流速较大、水域面积宽阔的地区,测深中误差为 ±0.20 m。

2) 回声测深仪的类型

回声测深仪的类型很多,通常分为记录式和数字式两类。

记录式利用记录笔按设定的速度恒速旋转,当笔尖转至零点位置时,发射声脉冲;当此脉冲从水底反射回到接收换能器时,记录笔呈现高电位,使电敏记录纸出现黑迹点。随测船连续航行,记录纸上绘出深度的断面图形,深度可按记录的时间加改正值求得。

数字式则利用计数脉冲记录从声脉冲发射至返回这段时间的脉冲数,按公式计算深

度并用数码管显示。

（二）测量方法

水下断面点（水深点）的密度视河面宽度和设计要求而定，通常应保证图上每0.5～1.5 cm有一点。这些点的平面位置可用下述方法测定。

1. *断面索法*

先在桥纵轴线方向靠两岸水边打下定位桩，在两桩间水平地拉一条断面索，以一个定位桩作为断面索的零点，从零点起每隔一定间距系一布条，在布条上注明至零点的距离。根据索上的距离加上定位桩至断面基点的距离即得水深点至基点的距离，或用经纬仪测得在断面索上标定的各点位置；测深船沿断面索测深。

2. *经纬仪视距法*

当测船沿桥纵轴线方向驶到一定位置需测水深时，即将船稳住，竖立水准尺，用视距测量方法测定其距离，同时测量该点处的水深，严格控制视距长度，而且要求水流平缓、船速较慢，才能读准位于测船上的标尺。

3. *全站仪定位法*

全站仪安置在岸上的轴线点上，跟踪安装在测量船上的棱镜得到棱镜点的坐标和岸上轴线点至棱镜点的水平距离。其定位精度大为提高，同时测量该点处的水深，该方法只要在测距仪的有效测程内并互相通视的情形下，就可施测。

4. *GPS法*

采用GPS+计算机（含数据处理软件）+数字测深仪的测量模式，通过GPS的RTK功能（即实时载波相位差分技术，是实时处理两个测点载波相位观测量的差分方法）获得水面点的平面坐标及高程，通过测深仪获得该点处的水深，最终解算出与该点垂直对应的水下地形点的三维坐标。

（三）桥轴线纵断面图的绘制

根据测得的平距和高程绘制桥轴线纵断面图，其绘制方法与道路横断面图的绘制方法相同。横向表示平距，比例尺一般为1:1 000或1:2 000；纵向表示高程，比例尺为1:100或1:200。绘制时注意左岸必须绘在左边，右岸必须绘在右边。因此，绘图时通常以左岸的轴线点作为平距的起算点，标绘在最左边，再将其他各点依次展绘，见图14-32。

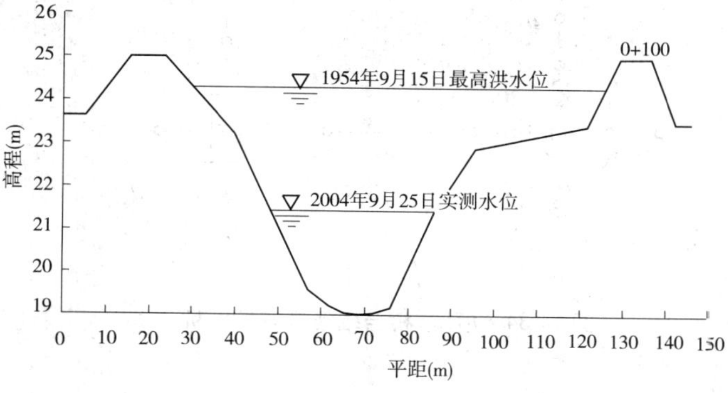

图14-32　桥轴线纵断面图

在断面图上应绘出工作水面(即实测水位)线,调查了洪水位的地方应绘出洪水位线。

第七节　桥台、桥墩施工测量

一、桥台、桥墩定位测量

桥台、桥墩的准确定位是桥梁施工测量的主要内容。桥台、桥墩的定位对于小型桥梁,可采用依据桥端的轴线控制点直接丈量距离的方法,对于大、中型桥梁应利用桥梁施工控制点采用交会法或极坐标法进行测设。

(一)直接量距法

建造小型桥梁,一般用临时筑坝截断河流或选在枯水季节进行,如图 14-33 所示,根据设计图上各桥台、桥墩的中心的里程,计算出桥端轴线控制桩与各墩、台的水平距离。沿桥梁轴线方向用钢尺测设各段水平距离,定出各墩台的中心位置,然后在这些点上安置经纬仪,测设墩、台与桥轴线相重合的纵向轴线和与桥轴线相垂直的横向轴线,并将纵横轴线引测至两端基坑开挖线 5 m 以外的轴线控制桩上,如图 14-34 所示。

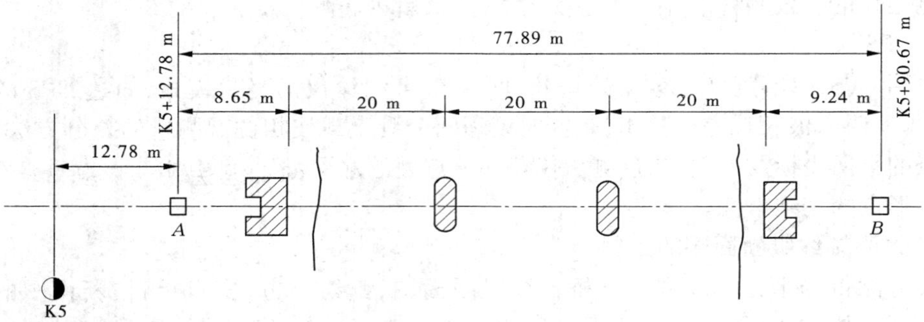

图 14-33　直接量距法测设桥墩、桥台的中心位置

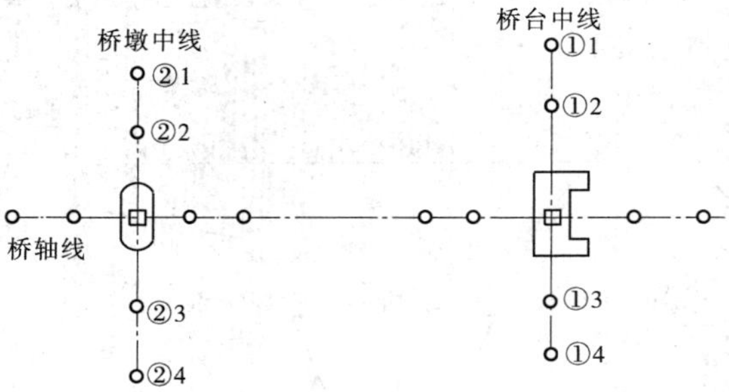

图 14-34　桥墩、桥台轴线及其控制桩

(二)交会法

大、中型桥梁水中桥墩、桥台中心位置的测设一般在同岸的三个控制点上设站进行。

如图 14-35 所示，AB 为桥轴线，C、D 为桥梁平面控制网中的控制点，P_i 点为第 i 个桥墩设计的中心位置（待测设的点）。在 A、B、C 三点各安置一台经纬仪。A 点的经纬仪瞄准 B 点，定出桥轴线方向；C、D 两点上的经纬仪均先瞄准 A 点，并分别测设根据 P_i 点的设计坐标和控制点坐标计算的 α、β 角，以正倒镜分中法定出交会方向线。

由于测量误差的影响，从 C、A、D 三点指来的三条方向线一般不可能正好交会于一点，而构成误差三角形 $\triangle P_1P_2P_3$，如图 14-35 所示。如果误差三角形在桥轴上的边长 P_1P_3 在墩底中心定位时不大于 2.5 cm，墩顶中心定位时不大于 1.5 cm，则取两侧方向线的交点 P_2 在桥轴线上的投影 P_i 作为桥墩、桥台中心位置。

在桥墩施工中，随着桥墩的逐渐加高，中心位置的测设工作需要重复进行，且要求迅速和准确。为此，在第一次确定桥墩中心位置 P_i 以后，将 CP_i 和 DP_i 方向线延长到对岸，设立固定的瞄准标志 C'、D'，如图 14-36 所示。此后每次作交会法定位时，从 C、D 点直接瞄准 C'、D' 点，即可恢复对 P_i 点的交会方向。

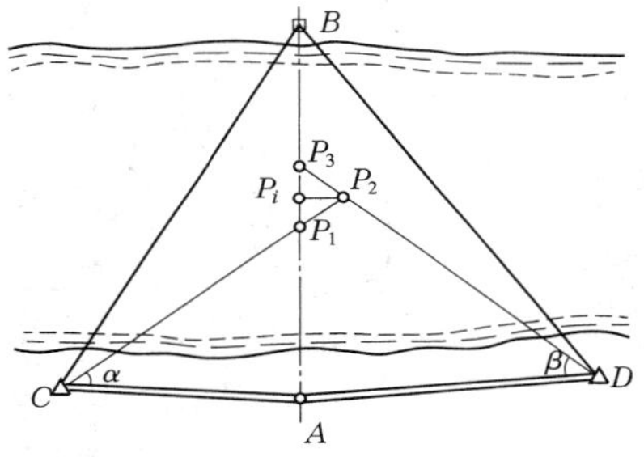

图 14-35　交会法测设桥墩、桥台位置

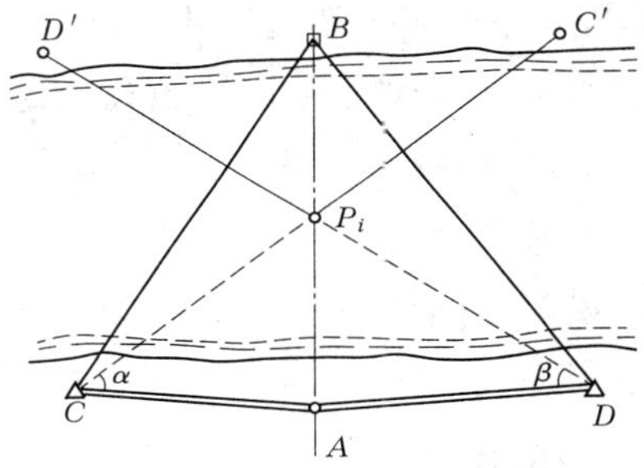

图 14-36　交会法的固定瞄准标志

（三）极坐标法

极坐标法一般采用全站仪，测设桥墩、桥台的中心位置更为精确和方便。如图 14-36 所示，将全站仪安置于桥轴线点 A 或 B 上，瞄准另一轴线点作为定向，然后指挥棱镜安置在该方向上测设 AP_i 或 BP_i 的距离，即可确定桥墩、桥台的中心位置 P_i 点。

二、桥台、桥墩细部放样

（一）基础施工测量

1. 基坑放样

根据桥墩、桥台纵轴线控制桩，按施工图中基坑的挖深、坡度及土质等条件计算基坑上口尺寸，定出基坑开挖边界线。

2. 测设水平桩

当基坑开挖到一定深度后，应根据水准点高程在坑壁上测设距基底设计面为一定高差的水平桩，作为控制挖深及基础施工高程的依据。

3. 投测桥墩、桥台中心线

基础完工后，应根据桥墩、桥台纵横轴线控制桩，用经纬仪在基础面上测设桥墩、桥台中心线，作为砌筑桥墩、桥台的依据。

（二）桥墩、桥台施工测量

在墩台砌筑出基础面后，应将基础面上的纵横轴线投测到墩台身上，以控制墩台主体的垂直度以及轴线的向上传递。一般砌筑高度不大或无风的情况下，可用吊垂法，否则用经纬仪盘左、盘右分中法进行投测。

（三）桥墩、桥台顶部施工测量

1. 墩帽、桥台帽位置测设

桥墩、桥台砌筑接近顶部时，应根据水准点在墩、台身的每侧测设一条距设计高程为一定高差的水平线，以控制砌筑高度；墩台帽施工时，应采用水准测量控制其高程，偏差不超过 ±10 mm，再根据其纵、横轴线桩用经纬仪控制两个方向的平面位置，偏差亦应不超过 ±10 mm，同时用钢尺或光电测距仪检查墩、台间的距离或跨度，相对误差不超过 1/5 000。

2. T 形梁安装测量

T 形梁支座钢垫板的中心线与桥墩、桥台纵向轴线相互平行。如图 14-37 所示，根据墩、台中心线与 T 形梁支座钢垫板中心线的设计间距，以及支座钢垫板中心的间距，即可在墩台上定出 T 形梁各支座钢垫板的中心位置，其偏差应不超过 ±2 mm。钢垫板的高程用水准仪校测，其偏差应不超过 ±5 mm。

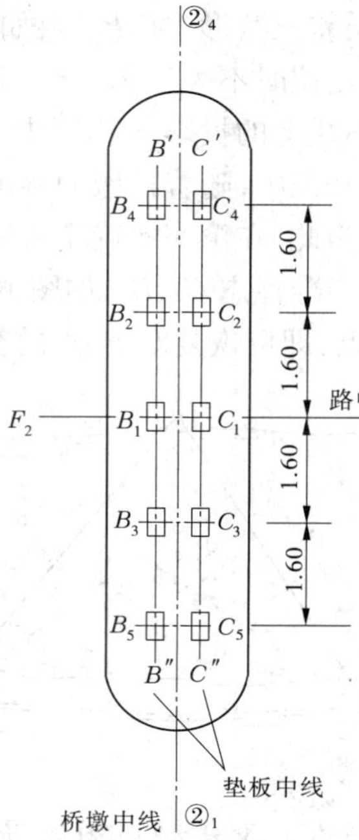

图 14-37　T 形梁安装测量　（单位：m）

T 形梁安装时，梁两端的中心线与支座中心线应相互吻合，并与钢垫板中心线对准，初步就位后对 T 形梁的间距及梁两端的高程进行核查。

习　题

14-1　道路施工测量和桥梁施工测量各包含哪些内容？

14-2　道路中线测量的任务是什么？包括哪些内容？如何进行？

14-3　道路纵、横断面测量各有什么作用？包括哪些内容？

14-4　如何进行桥墩、桥台中心的中线测量和定位测量？

14-5　桥墩、桥台施工的细部放样包括哪些内容？如何进行？

14-6　某段道路中平水准测量观测数据列于表 14-2，计算各桩点高程，并按横向比例尺1∶1 000，纵向比例尺 1∶100 绘制 K1 +100 至 K1 +300 的纵断面图。

表 14-2　道路中平水准测量计算表

测站	桩号	水准尺读数(m)			视线高程(m)	高程(m)	备注
		后视	中视	前视			
1	BM_1	2.378					
	K1 +000		2.134				
	TP_1			2.067			
2	TP_1	2.554					
	K1 +050		1.26				
	K1 +100		0.97				
	K1 +130		1.45				
	K1 +150		0.76				
	TP_2			0.376			
3	TP_2	2.105					
	K1 +200		0.76				
	K1 +250		0.53				
	K1 +280		0.23				
	K1 +300		0.87				
	BM_2			1.677			

第十五章　3S 技术简介

3S 是全球定位系统(GPS)、地理信息系统(GIS)和遥感(RS)的统称,3S 技术是目前对地观测系统中空间信息获取、存储管理、更新、分析和应用的三大支撑技术,是现代社会持续发展、资源合理规划利用、城乡规划与管理、自然灾害动态观测与防治等的重要技术手段。本章主要介绍 GPS、GIS、RS 及 3S 技术集成应用技术。

第一节　GIS 技术概述

一、什么是 GIS

为了让大家明白什么是 GIS,这里提出一个问题:临沂的相公镇在哪? 针对这个问题,可以有三个答案。

答案 1:在纸质地图上查找。图 15-1 为一幅纸质地图,我们可以尝试在图 15-1 中查找相公镇,可能要花费几分钟的时间。

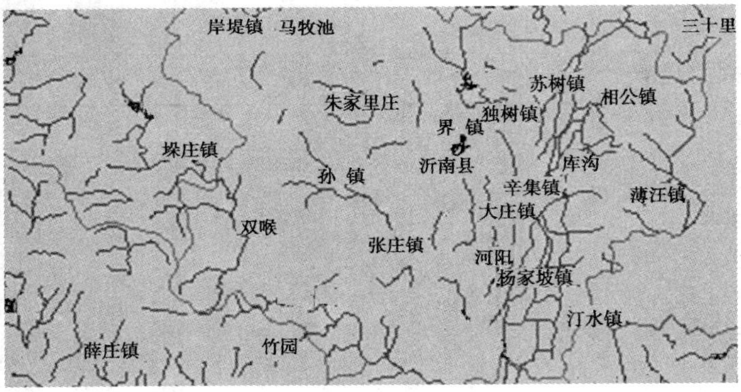

图 15-1　纸质地图

答案 2:在数据库中查找。如果把临沂市的乡镇输入到一般数据库中,所有的临沂乡镇将以表格的形式存在于数据库中,如"乡镇名称数据库"。数据库中的表包含"乡镇名称"等我们关心的信息,图 15-2 为该数据库的一部分,当要查找"相公镇"时,只需输入以下 SQL 语句:Select * from 乡镇名称数据库 where 乡镇名称 = '相公镇'。

在图 15-2 中,数据库软件会把查询结果高亮显示出来,可以非常方便地得到有关相公镇的信息,但你仍然不能直观地知道相公镇的具体位置。

答案 3:用 GIS 的方法查找。首先要有临沂乡镇的 GIS 信息库,在 GIS 软件中通过查找工具,查询"相公镇",将得到以下结果,如图 15-3 所示,即不仅在数据库中可以查到关于相公镇的各种信息,而且可以在图上显示出相公镇的具体位置。这是因为图形存储在图形文件中，而属性信息存储在相应的属性数据库中，图形数据和属性数据通过 ID(关键字)连接起来。当我们利用 GIS 软件的查询工具或语句查询地物时，图形和属性数据就会同时展现在眼前。

图 15-2 数据库显示查询结果

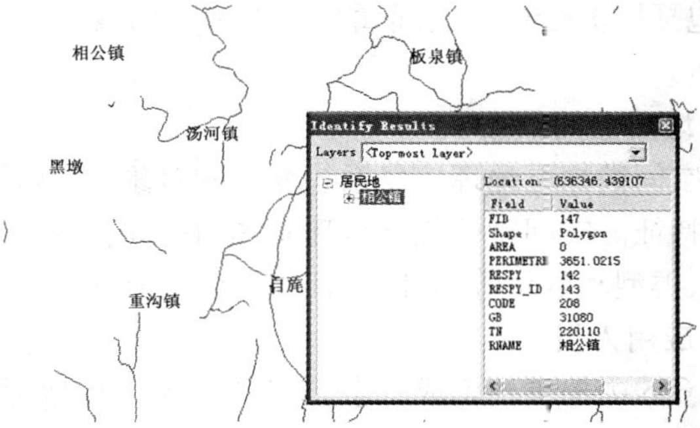

图 15-3 GIS 软件显示查询结果

通过上面这个问题，相信读者对什么是 GIS 应该有了一个大致的了解。现在，可以对 GIS 下一个定义：GIS 是在计算机软硬件支持下，以采集、存储、管理、处理、检索、分析和显示空间物体的地理分布数据及与之相关的属性，并以回答用户问题等为主要任务的计算机系统。

二、GIS 的组成

根据上面的定义，一个完整的 GIS，其基本组成一般由以下四个部分：硬件系统、软件系统、地理空间数据和应用人员。它们之间的关系如图 15-4 所示。

(一)硬件系统

计算机与一些外部设备及网络设备的连接构成 GIS 的硬件系统，用以存储、处理、传输和显示地理信息或空间数据。硬件系统是 GIS 的物理外壳。GIS 硬件系统一般包括以下五个部分：

(1)计算机主机。

(2)数据输入设备：图形数字化仪、图像扫描仪、键盘、通信端口等。

(3)数据存储设备：软盘、硬盘、磁带、光盘及相应的驱动程序。

(4)数据输出设备：图形/图像显示器、矢量/点阵打印机等。

(5)网络设备：布线系统、网桥、路由器和交换机等，具体的网络设备根据网络计算的体系结构来确定。

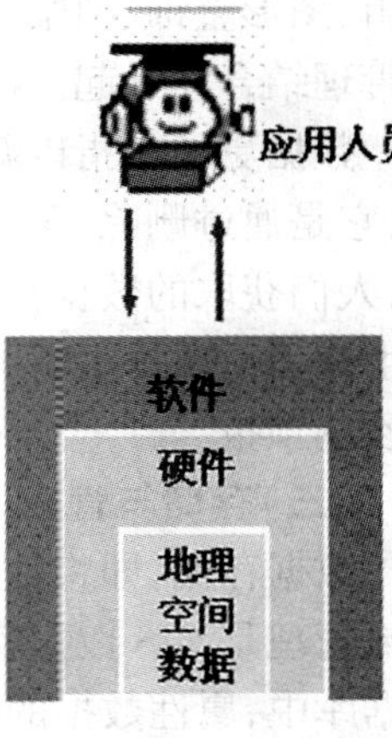

图 15-4 GIS 的组成

(二)软件系统

软件系统指 GIS 运行所必需的各种程序，通常包括：

(1)系统软件。系统软件是由计算机厂家提供的、为用户开发和使用计算机提供方便的操作系统，目前使用的有 UNIX 及 Windows 2000、XP、NT、Vista 等。

(2)GIS 专业软件。GIS 专业软件一般指具有强大功能的通用 GIS 软件，它包含了处理地理信息的各种高级功能，可作为其他应用系统建设的平台。其代表产品有 ARC/INFO、MapInfo、MapGIS、SuperMap 等。

(3)数据库软件。数据库软件除在 GIS 专业软件中用于支持复杂空间数据的管理软件外，还包括服务于以非空间属性数据为主的数据库软件，这类软件有 Oracle、SQL Server、DB2 等。

(三)地理空间数据

地理空间数据是地理信息系统操作的对象，它具体描述空间实体的空间特征、属性特征和时间特征。空间特征是指地理实体的空间位置及其相互关系；属性特征表示空间实体的名称、类型和数量等；时间特征指实体随时间而发生的相关变化。

(四)应用人员

人是 GIS 中的重要构成因素，GIS 不同于一幅地图，而是一个动态的地理模型。仅有系统软硬件和数据还不能构成完整的地理信息系统，需要人进行系统组织、管理、维护和数据更新、系统扩充完善、应用程序开发，并灵活采用地理分析模型提取多种信息，为研究和决策服务。因此，应用人员是地理信息系统中的重要构成因素。

三、GIS 的基本功能

(一)数据采集与输入

数据采集与输入，即将系统外部原始数据传输到 GIS 系统内部，并将这些数据由外部格式转化为系统便于处理的内部格式的过程。

(二)数据编辑与更新

数据编辑主要包括图形编辑和属性编辑。图形编辑主要包括拓扑关系的建立、图形编辑、图形整饰、图幅拼接、图形变换、投影变换、误差校正等功能。属性编辑主要与数据库管理结合在一起。

数据更新是指以新的数据项或记录来替换数据文件或数据库中相对应的数据项或记录，它是通过删除、修改、插入等一系列操作来实现的。由于空间实体总是处于发展变化中，人们获取的数据只反映某一瞬间或一定时间段内的特征，随着时间的推移，数据也会发生变化。数据更新可以满足动态分析的需要，对自然现象的发生和发展作出合乎规律的预测预报。

(三)存储与管理

数据存储，即将数据以某种格式记录在计算机内部或外部存储设备上。空间数据存储与管理是 GIS 数据管理的核心，各种图形或图像信息都以严密的逻辑结构存放于空间数据库中，属性数据的管理一般直接利用商用关系数据库软件，如 Oracle、SQL Server 等。

(四)空间查询与分析

空间查询与分析是 GIS 的核心功能，也是 GIS 区别于其他信息系统的本质特征。空间查询属于数据库的范畴，一般定义为从数据库中找出所有满足属性约束条件和空间约束条件的地理对象，一般包括图形查询、属性查询、图形和属性互查、地址匹配等。空间分析是指对空间数据的分析技术，可以实现缓冲区分析、叠加分析、网络分析、空间插值、统计分析等功能，来解决用户的实际问题。

（五）数据显示与输出

数据显示是将中间处理过程和最终结果显示在屏幕上，通过人机交互方式来选择显示的对象与形式，对于图形数据，根据要素的信息量和密集程度，可选择放大或缩小显示。数据输出，是指经系统处理分析，可以直接提供给用户各种地图、图表、数据报表或文字报告等。

（六）二次开发与编程

为使 GIS 技术广泛应用于各个领域，满足不同用户应用需求，它必须具备的另一个重要基本功能是二次开发环境，包括提供专用语言的开发环境、用户可以在自己的编程环境内调用 GIS 的命令和函数，或者系统将某些功能做出专门的控件供用户的开发语言（VB、VC、Delphi、Java、C ++……）调用等。这样，用户可以非常方便地编制自己的菜单和程序，生成可视化的用户应用系统，完成 GIS 应用功能的开发。

四、GIS 的应用

GIS 凭借以上基本功能，能解决多种多样的实际问题，包括：

（1）某一现象或实体的地理位置。如中国最大的淡水湖位于哪里？

（2）位于某一地点的某一现象或实体的特性。如江西庐山有哪些特殊的鸟类？山东省的面积多大？

（3）某一现象或实体的空间布局。如上海市人口密度分布的特点是什么？汶川大地震的影响范围多大？

（4）某一现象或实体分布的时空变化。如从 1991 年到 2000 年这 10 年间上海的城市土地利用布局发生了哪些变化？在过去的 20 年中，由于人类活动和气候变化的影响，大熊猫栖息地的地理分布发生了哪些变化？

（5）多种现象或实体在地理位置上的相对关系。如长江中下游两岸各有哪些城市？某一水库 50 km 范围内有哪些村庄？

（6）多种现象或实体在某一地点的组合。如某一地点的坡度、坡向、高程是多少？

（7）多种现象或实体在功能或过程上的联系。如降水量与坡向有什么相关关系？在一个平均坡度 15°以下、地下水埋深 50 m 以内、水源充足、常年气温 10 ~ 20 ℃、积温在 4 150 ℃以上的地区，是否适宜种植水稻？根据学龄前儿童的分布，为争取尽可能多的儿童入园，哪里是幼儿园最合适的位置？

（8）最佳路径。从一个居民区到商场，坐哪路公交车最快？如果打车，哪条路径最短？送货员要到十几家订户送货，按怎样的顺序和路线才能以最短的时间将所有的货物送到？

（9）某一现象的分布趋势。如已知位于一个地区内几个气象站的气温数据，该区域内任意一点的气温是多少呢？

（10）某一现象的发展趋势。如根据现有的人口结构及其他相关因素，到 2050 年上海市各区人口增长幅度将有多大？

(11)某一现象的发展所带来的影响和后果。如森林砍伐对水土流失的影响有多大?新建的核电厂对周围环境带来的影响有多大?

以上问题中有些可以通过传统的地图阅读和手工量测的方法解决,但其中许多问题由于涉及大量的数据和计算,传统的方法不能或不能有效地给以解决。下面通过一个应用实例来说明 GIS 解决问题、辅助决策的能力。

【例 15-1】 道路拓宽改建过程中的拆迁指标计算。

1. 明确分析的目的和标准

目的:计算由于道路拓宽而需拆迁的建筑物的面积和房产价值。

道路拓宽改建的标准是:

(1)道路从原有的 20 m 拓宽至 60 m。

(2)拓宽道路应尽量保持直线。

(3)部分位于拆迁区内的 10 层以上的建筑不拆除。

2. 准备进行分析的数据

涉及两类信息:一类是现状道路图,另一类是分析区域内建筑物分布图及相关的信息。

3. 进行空间操作

(1)选择拟拓宽的道路,根据拓宽半径,建立道路的缓冲区,如图 15-5 所示。

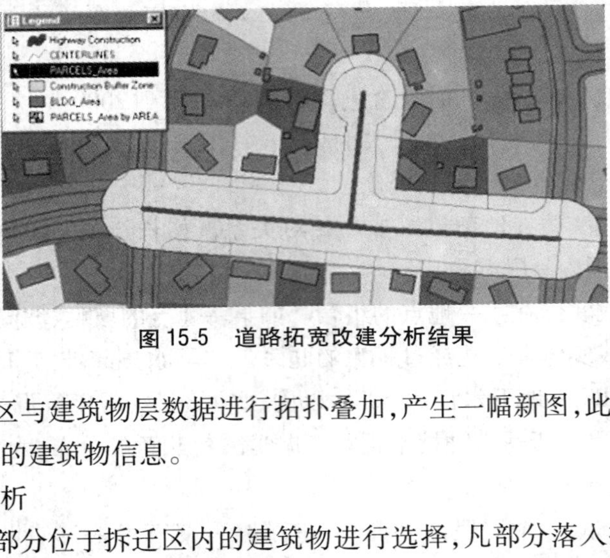

图 15-5 道路拓宽改建分析结果

(2)将此缓冲区与建筑物层数据进行拓扑叠加,产生一幅新图,此图包括所有部分或全部位于缓冲区内的建筑物信息。

4. 进行统计分析

(1)对全部或部分位于拆迁区内的建筑物进行选择,凡部分落入拆迁区且楼层高于 10 层的建筑物,将其从选择组中去除,并对道路的拓宽边界进行局部调整。

(2)对所有需拆迁的建筑物进行拆迁指标计算。

5. 将分析结果以地图或表格的形式打印输出

以上所举的只是一个应用实例,并不足以展示 GIS 的应用领域及它所能解决的各种实际问题。表 15-1 列出了目前 GIS 在地方政府、国防、公共事业、公共卫生、商业与服务业、资源与环境管理领域中有代表性的应用。

表 15-1 GIS 在各领域中的典型应用

领域	典型应用
地方政府	地籍管理，税务管理，交通规划与交通基础设施管理，土地利用规划与管理，紧急意外事故的预防与管理，公园与公共娱乐场所的规划与管理
国防	军事目标的识别，情报资料的收集
公共事业	电力网络的管理与维护，通信网络的管理与维护，水、气管道的管理与维护
公共卫生	地方病分布，职业病分布，流行病分布
商业与服务业	市场分析，零售点选址，送货或上门服务路线的规划，保险项目的评估，房地产投资、开发项目的规划与管理
资源与环境管理	环境污染监测，环境质量评价，自然灾害（如洪水）的预测预报，灾情评价，土地资源的合理利用与规划，土地利用变化的监测、分析与评价，水土流失的预报和控制，矿产资源的探测与评估，野生动物的管理与保护，森林资源的规划与管理

第二节 RS 技术

遥感（Remote Sensing）通常是指通过某种传感器装置，在不与研究对象直接接触的情况下，获得其特征信息，并对这些信息进行提取、加工、表达和应用的一门科学技术。

作为一个术语，遥感出现于 1962 年，而遥感技术在世界范围内迅速发展和广泛使用，是在 1972 年美国第一颗地球资源技术卫星（LANDSAT－1）成功发射并获取了大量的卫星图像之后。近年来，随着地理信息系统技术的发展，遥感技术与之紧密结合，发展更加迅猛。

遥感技术的基础，是通过观测电磁波，从而判读和分析地表的目标以及现象，其中利用了地物的电磁波特性，即“一切物体，由于其种类及环境条件不同，因而具有反射或辐射不同波长电磁波的特性”（见图 15-6），所以也可以说遥感是一种利用物体反射或辐射电磁波的固有特性，通过观测电磁波，识别物体以及物体存在环境条件的技术。

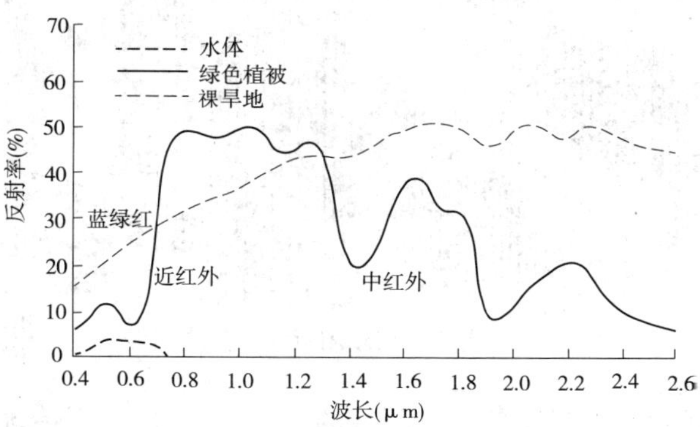

图 15-6 几种常见地物（水、绿色植被、裸旱地）的电磁波反射曲线

在遥感技术中，接收从目标反射或辐射电磁波的装置叫做遥感器(Remote Sensor)，而搭载这些遥感器的移动体叫做遥感平台(Platform)，包括飞机、人造卫星等，甚至地面观测车也属于遥感平台。通常称用机载平台的为航空遥感(Aerial Remote Sensing)，而用星载平台的称为航天遥感。

从遥感的定义中可以看出，首先，遥感器不与研究对象直接接触，也就是说，这里的“遥”并非指“遥远”；其次，遥感的目的是得到研究对象的特征信息；最后，通过传感器装置得到的数据，在被使用之前，还要经过一个处理过程。图15-7描述了从获取遥感数据到应用的过程。

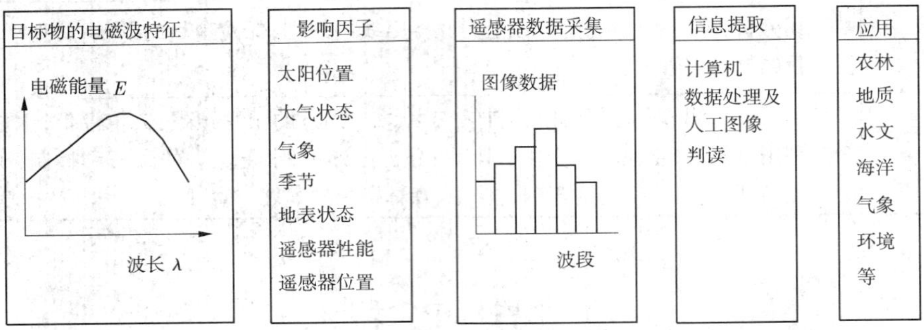

图15-7　遥感数据过程

遥感数据的处理——通常是图像形式的遥感数据的处理，主要包括纠正(包括辐射纠正和几何纠正)、增强、变换、滤波、分类等功能，其目的主要是提取各种专题信息，如土地建设情况、植被覆盖率、农作物产量和水深等(见图15-8)。遥感图像处理可以采取光学处理和数字处理两种方式，数字图像处理由于其可重复性好、便于与GIS结合等特点，目前被广泛采用。

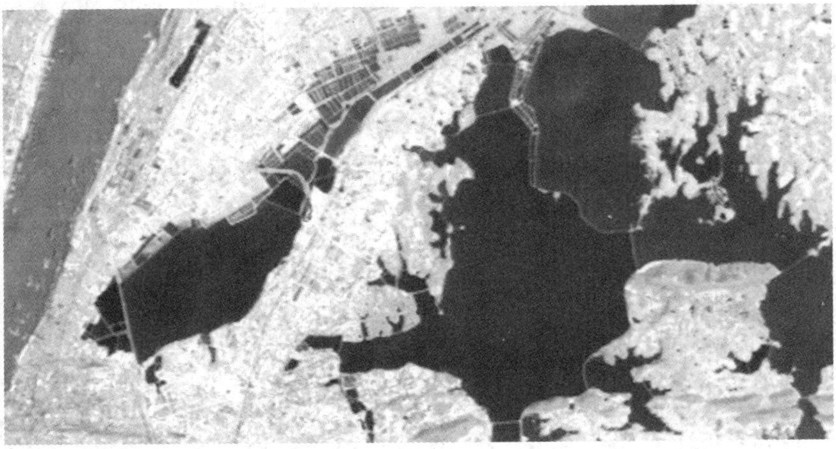

图15-8　武汉市东湖附近TM合成图像

遥感的出现，扩展了人类对于其生存环境的认识能力，较之于传统的野外测量和野外观测得到的数据，遥感技术具有以下优点：

(1)增大了观测范围。

(2)能够提供大范围的瞬间静态图像,用于监测动态变化的现象。

(3)能够进行大面积重复观测,即使是人类难以到达的偏远地区。

(4)大大"加宽"了人眼所能观察的光谱范围,遥感使用的电磁波波段从X光到微波,远远超出了可见光范围;而雷达遥感由于使用微波,可以不受制于昼夜、天气变化,进行全天候的观测。

(5)空间详细程度高,航空相片的空间分辨率可以高达厘米级甚至毫米级。

与航空遥感相比,航天遥感能够进行连续的、全天候的工作,提供更大范围的数据,其成本更低,是获取遥感数据的主要方式;而航空遥感主要应用于临时的、紧急的观测任务以获得高精度数据。目前,世界上许多国家都已经发射了服务于不同目的的各种遥感卫星,其遥感器的空间分辨率和光谱分辨率也都各异,形成了从粗到细的对地观测数据源系列,可以用于监测从土地利用、农作物生长、植被覆盖到洪水、森林火灾、污染等现象的信息以及其动态变化。

总之,利用遥感技术,可以更加迅速、更加客观地监测环境信息;同时,由于遥感数据的空间分布特性,可以作为GIS的一个重要的数据源,以实时更新空间数据库。

第三节　3S技术的集成及其应用

一、3S集成技术及应用

3S集成是指将GPS、GIS、RS三种对地观测新技术及其他相关技术有机地集成在一起。这里所说的集成,是英文Integration的中译文,是指一种有机的结合、在线的连接、实时的处理和系统的整体性。在3S集成应用中,GPS主要用于实时、快速地提供目标,包括各类传感器和运载平台(车、船、飞机、卫星等)的空间位置;RS用于实时提供目标及其环境的语义或非语义信息,发现地球表面上的各种变化,及时对GIS进行数据更新;GIS则是对多种来源的时空数据进行综合处理、集成管理、动态存取,作为新的集成系统的基础平台,并为智能化数据采集提供地学知识。

在实际的应用中,较为常见的是3S两两之间的集成,如GIS与RS集成、GIS与GPS集成或者RS与GPS集成等,但是同时集成并使用3S技术的应用实例则较少。美国Ohio大学与公路管理部门合作研制的测绘车是一个典型的3S集成应用,它将GPS接收机结合一台立体视觉系统载于车上,在公路上行驶以取得公路以及两旁的环境数据并立即自动整理存储于GIS数据库中。测绘车上安装的立体视觉系统包括两个CCD摄像机,在行进时,每秒曝光一次,获取并存储一对影像,并作实时自动处理。

3S集成的方式可以在不同的技术水平上实现。最简单的办法是三种系统分开而由用户综合使用,进一步是三者有共同的界面,做到表面上无缝的集成,数据传输则在内部通过特征码相结合,最好的办法是整体的集成,成为统一的系统。

二、GIS与RS的集成

简而言之，地理信息系统是用于分析和显示空间数据的系统，而遥感影像是空间数据的一种形式，类似于GIS中的栅格数据。因而，很容易在数据层次上实现GIS与RS的集成，但是实际上，遥感图像的处理和GIS中栅格数据的分析具有较大的差异，遥感图像处理的目的是提取各种专题信息，其中的一些处理功能，如图像增强、滤波、分类以及一些特定的变换处理（如陆地卫星影像的KT变换）等，并不适用于GIS中的栅格空间分析，目前大多数GIS软件也没有提供完善的遥感数据处理功能，而遥感图像处理软件又不能很好地处理GIS数据，这需要实现集成的GIS。

在软件实现上，GIS与遥感的集成，可以有以下三个不同的层次：

（1）分离的数据库，通过文件转换工具在不同系统之间传输文件。

（2）两个软件模块具有一致的用户界面和同步的显示。

（3）集成的最高目的是实现单一的、提供了图像处理功能的GIS软件系统。

在一个GIS与RS集成系统中，遥感数据是GIS的重要信息来源，而GIS则可以作为遥感图像解译的强有力的辅助工具，具体而言，有以下应用方面。

（一）GIS作为图像处理工具

将GIS作为遥感图像的处理工具，可以在以下几个方面增强标准的图像处理功能。

1. 几何纠正和辐射纠正

在遥感图像的实际应用中，需要首先将其转换到某个地理坐标系下，即进行几何纠正。通常几何纠正的方法是利用采集地面控制点建立多项式拟合公式，它们可以从GIS的矢量数据库中抽取出来，然后确定每个点在图像上对应的坐标，并建立纠正公式。在纠正完成后，可以将矢量点叠加在图像上，以判断纠正的效果。为了完成上述功能，需要系统能够综合处理栅格和矢量数据。

一些遥感影像，会因为地形的影响而产生几何畸变，如侧视雷达（Dideways - looking Radar）图像的叠掩（Layover）、阴影（Shadow）、前向压缩（Foreshortening）等，进行纠正、解译时需要使用DEM数据以消除畸变。此外，地形起伏引起光照的变化，也会在遥感图像上表现出来，如阴坡和阳坡的亮度差别，可以利用DEM进行辐射纠正，提高图像分类的精度。

2. 图像分类

对于遥感图像分类，与GIS集成最明显的好处是训练区的选择，通过矢量/栅格的综合查询，可以计算多边形区域的图像统计特征，评判分类效果，进而改善分类方法。

此外，在图像分类中，可以将矢量数据栅格化，并作为遥感影像参与分类，可以提高分类精度，例如，考虑到植被的垂直分带特性，在进行山区的植被分类时，可以结合DEM，将其作为一个分类变量。

3. 感兴趣区域的选取

在一些遥感图像处理中，常常需要只对某一区域进行运算，以提取某些特征，这需要栅格数据和矢量数据之间的相交运算。

（二）遥感数据作为GIS的信息来源

数据是GIS中最为重要的成分，而遥感提供了廉价的、准确的、实时的数据，目前如何从遥感数据中自动获取地理信息依然是一个重要的研究课题，包括以下几方面。

1. 线以及其他地物要素的提取

在图像处理中，有许多边缘检测（Edge Detection）滤波算子，可以用于提取区域的边界（如水陆边界）以及线形地物（如道路、断层等），其结果可以用于更新现有的GIS数据库，该过程类似于扫描图像的矢量化。

2. DEM数据的生成

利用航空立体像对（Stereo Images）以及雷达影像，可以生成较高精度的DEM数据。

3. 土地利用变化以及地图更新

利用遥感数据更新空间数据库，最直接的方式就是将纠正后的遥感图像作为背景底图，并根据其进行矢量数据的编辑修改。而对遥感图像数据进行分类，得到的结果可以添加到GIS数据库中。因为图像分类结果是栅格数据，所以通常要进行栅格转矢量运算；如果不进行转换，可以直接利用栅格数据进行进一步的分析，则需要系统提供栅格/矢量相交检索功能。

因为遥感图像可以视为一种特殊的栅格数据，所以不难实现RS和GIS的集成的工具软件——关键是提供非常方便的栅格/矢量数据相互操作和相互转换功能。但是要注意的是，由于各种因素的影响，从遥感数据中提取的信息不是绝对准确的，在通常的土地利用分类中，90%的分类精度就是相当可观的结果，因而需要野外实际的考察验证——在这个过程中可以使用GPS进行定位。此外，还要考虑尺度问题，即遥感影像空间分辨率和GIS数据比例尺的对应关系。例如在实践中，一个常见的问题是：地面分辨率为30 m的TM数据，进行几何纠正时，需要多大比例尺的地形图以采集地面控制点坐标，而其分类结果可以用来更新多大比例尺的土地利用数据。根据经验，合适的比例尺为1∶5万～1∶10万，太大则遥感数据精度不够，过小则是对遥感数据的“浪费”。

三、GIS与GPS的集成

作为实时提供空间定位数据的技术，GPS可以与GIS进行集成，以实现不同的具体应用目标。

（一）定位

定位主要在诸如旅游、探险等需要室外动态定位信息的活动中使用。如果不与GIS集成，利用GPS接收机和纸质地形图，也可以实现空间定位。但是通过将GPS接收机连接在安装GIS软件和该地区空间数据的便携式计算机上，可以方便地显示GPS接收机所在位置并实时显示其运动轨迹，进而可以利用GIS提供的空间检索功能，得到定位点周围的信息，从而实现决策支持。

（二）测量

测量主要应用于土地管理、城市规划等领域，利用GPS和GIS的集成，可以测量区域的面积或者路径的长度。该过程类似于利用数字化仪进行数据录入，需要跟踪多边形边界或路径，采集抽样后的顶点坐标，并将坐标数据通过GIS记录，然后计算相关的面积或长度。

在进行 GPS 测量时,要注意以下一些问题:首先,要确定 GPS 的定位精度是否满足测量的精度要求,如对宅基地的测量,精度需要达到厘米级,而要在野外测量一个较大区域的面积,米级甚至几十米级的精度就可以满足要求;其次,对不规则区域或者路径的测量,需要确定采样原则,采样点选取不同,会影响到最后的测量结果。

(三)监控导航

监控导航用于车辆、船只的动态监控,在接收到车辆、船只发回的位置数据后,监控中心可以确定车船的运行轨迹,进而利用 GIS 空间分析工具,判断其运行是否正常,如是否偏离预定的路线,速度是否异常(静止)等。出现异常时,监控中心可以提出相应的处理措施,其中包括向车船发布导航指令。

图 15-9 描述了 GIS 与 GPS 集成的系统结构模型,为了实现与 GPS 的集成,GIS 系统必须能够接收 GPS 接收机发送的 GPS 数据(一般是通过串口通信),然后对数据进行处理,如通过投影变换将经纬度坐标转换为 GIS 数据所采用的参照系中的坐标,最后进行各种分析运算,其中坐标数据的动态显示以及数据存储是其基本功能。

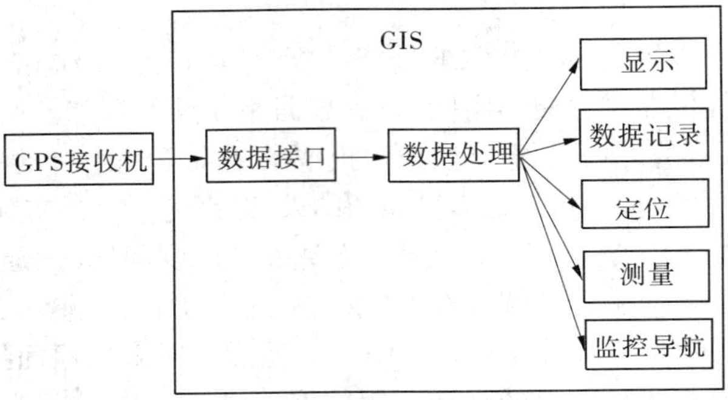

图 15-9　GIS 与 GPS 集成的系统结构模型

四、GPS 与 RS 的集成

遥感中的目标定位一直依赖于地面控制点,如果要实时实现无地面控制的遥感目标定位,则需要将遥感影像获取瞬间的空间位置(X_S,Y_S,Z_S)和传感器的姿态(φ,ω,κ)用 GPS/INS(全球定位系统/惯性导航系统)方法同步记录下来。对于中低精度可用伪距法,对于高精度定位,则要用相位差分法。

目前,GPS 动态相位差分已用于航空/航天摄影测量进行无地面三角测量,并称为 GPS 摄影测量,它虽不是实时的,但经事后处理可达到米至厘米级精度,已用于生产,可提高效率,缩短周期一年以上,节省外业工作量 90%,节省成本 70% 左右。

附　录　CASS 软件应用快速入门

CASS 成图软件是南方测绘公司制作的绘图软件，与南方全站仪配套使用，也兼顾其他全站仪，是基于 AutoCAD 的一款数字化绘图软件。CASS 软件安装之后，就可以制作各种地形图了。本附录是一个简单的入门指南，详细应用请参考相应的用户手册。下面以一个简单的例子来说明地形图的成图过程。

CASS 成图模式有多种，现以“点号定位”的成图模式结合软件所带学习数据说明 CASS 成图软件的使用方法。成图数据文件的路径：CASS 安装路径\demo\，数据文件名为 study. dwg。

一、定显示区

定显示区就是通过坐标数据文件中的最大、最小坐标定出屏幕窗口的显示范围。

进入 CASS 主界面，鼠标单击“绘图处理”项（如附图 1 所示），在出现的下拉菜单中选择“定显示区”项，使之以高亮显示，按左键，即出现一个对话框（如附图 2 所示）。这时，需要输入坐标数据文件名。选择所用文件输入（如 STUDY. DAT），再移动鼠标至“打开”处，按左键。这时，命令区显示：

最小坐标（米）：X = 31056. 221，Y = 53097. 691；最大坐标（米）：X = 31237. 455，Y = 53286. 090

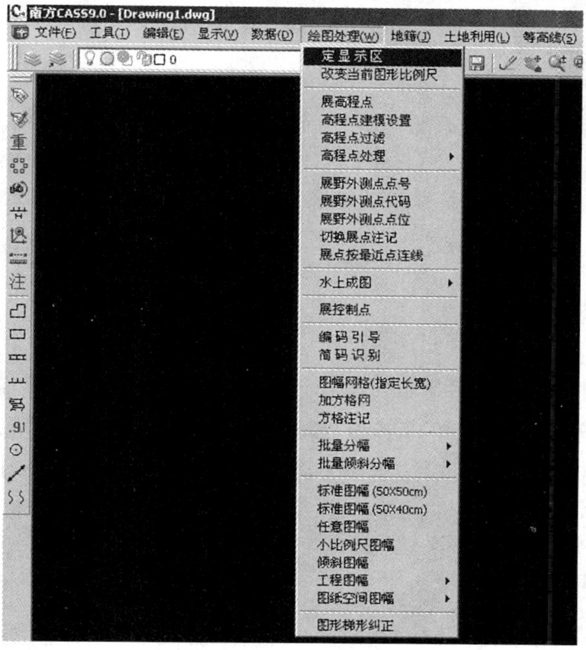

附图 1　定显示区

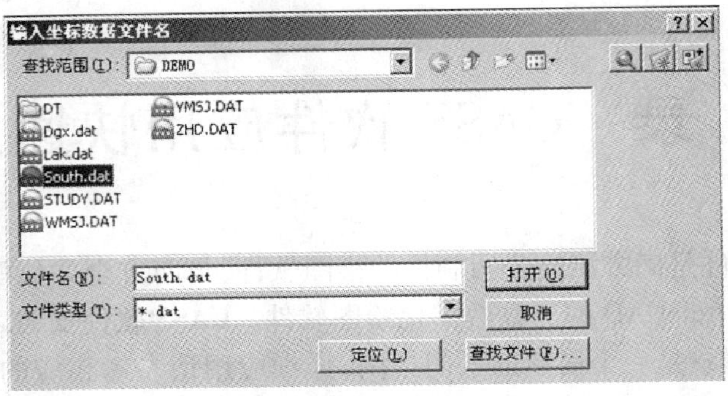

附图 2　选择定显示区文件

点击“改变当前图形比例尺”（如附图 1 所示），在数据输入区直接输入比例尺分母则可定出图形比例尺。

二、选择测点点号定位成图法

移动鼠标至屏幕右侧菜单区的“点号定位”项（如附图 3 所示），按左键，即出现如附图 4所示的对话框。

输入点号坐标数据文件名 C:\CASS 9.0\DEMO\STUDY.DAT 后，命令区提示：

读点完成！　共读入 106 个点

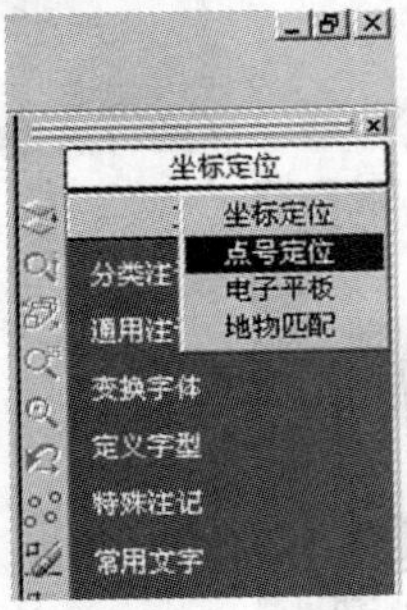

附图 3　点号定位选择

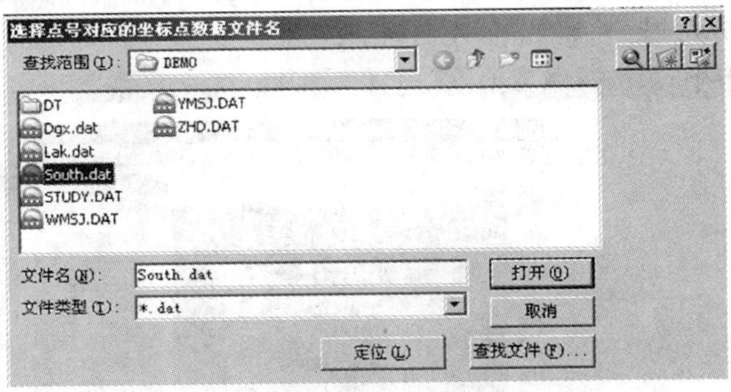

附图 4　点号定位文件选择

三、展点

先移动鼠标至屏幕的顶部菜单“绘图处理”项，按左键，这时系统弹出一个下拉菜单。再移动鼠标选择“绘图处理”下的“展野外测点点号”项，如附图 5 所示，按左键后，便出现如附图 6 所示的对话框。输入对应的坐标数据文件名（如 STUDY.DAT）后，便可在屏幕上展出野外测点的点号，如附图 7 所示。

四、绘平面图

随后可以灵活使用工具栏中的缩放工具进行局部放大以方便编图。

【例 1】　平行高速公路的绘制。

选择右侧屏幕菜单的“交通设施→城际公路”按钮，找到“平行的高速公路”并选中，

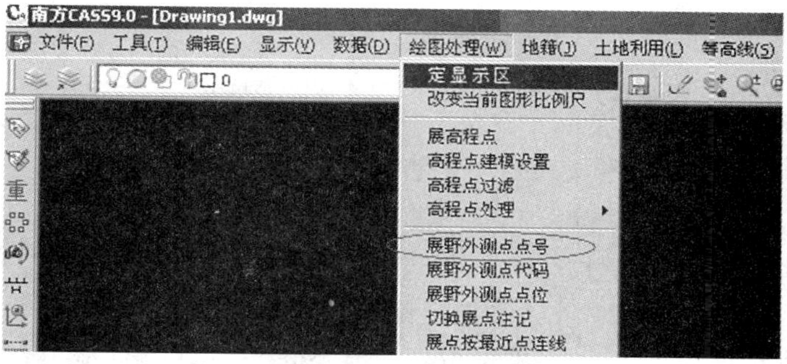

附图 5　野外测点展点

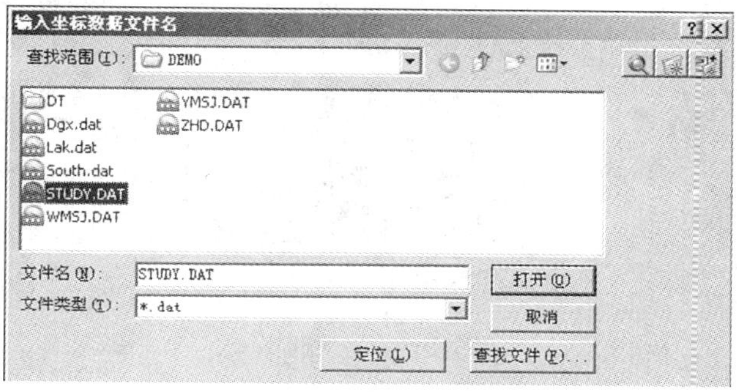

附图 6　展点文件选择

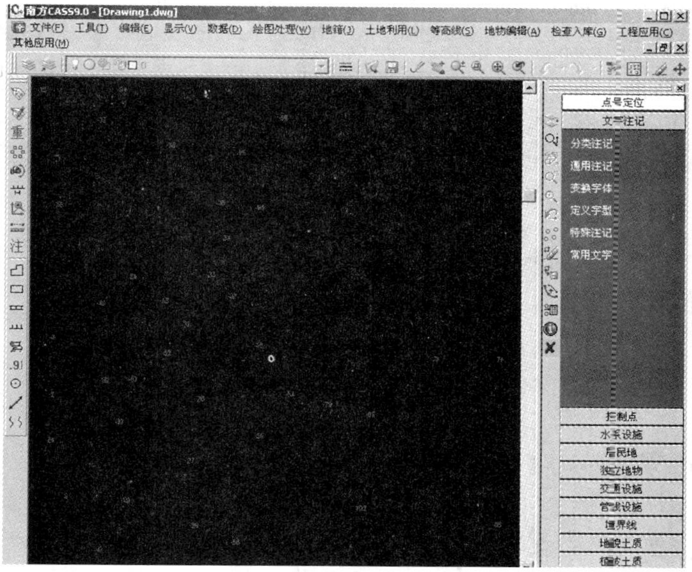

附图 7　展点图

弹出如附图 8 所示界面。再点击"确定",命令区提示:

点 P/<点号>　输入 92,回车。

点 P/<点号>　输入 45,回车。

点 P/ <点号>　输入 46，回车。

点 P/ <点号>　输入 13，回车。

点 P/ <点号>　输入 47，回车。

点 P/ <点号>　输入 48，回车。

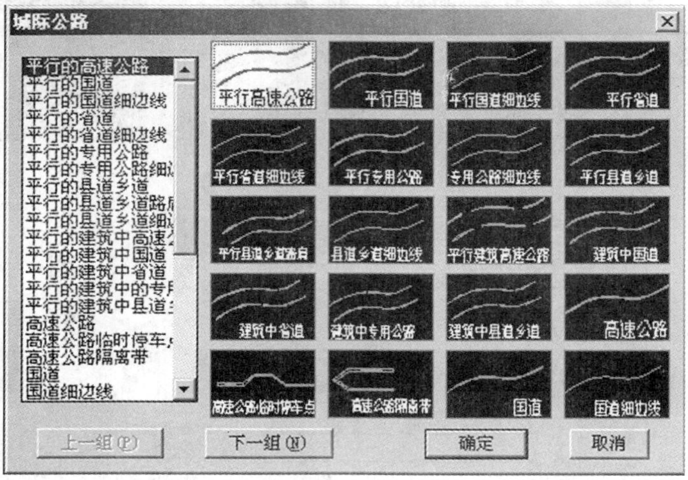

附图 8　符号选择

如果比例尺没有定，则应先定绘图比例尺 。

在命令区逐个输入构成地物的测点的点号，如附图 9 所示。

附图 9　点号输入

结束线段的点号输入时则是直接回车。

点 P/ <点号>　回车。

拟合线 <N>?　输入 Y，回车。

此时输入 Y，则将该边拟合成光滑曲线；输入 N（缺省为 N），则不拟合该线。回车后命令区显示：

1. 边点式/2. 边宽式 <1>：　回车（默认 1）。

输入 1（缺省为 1），将要求输入公路对边上的一个测点；输入 2，要求输入公路宽度。选 1 输入后回车，则命令区显示：

对面一点

点 P/ <点号>

输入 19，回车。这时平行高速公路就绘制好了，如附图 10 所示。

【例 2】　多点房屋的绘制。

选择右侧屏幕菜单的“居民地→ 一般房屋”选项，用鼠标左键选择“多点一般房屋”，

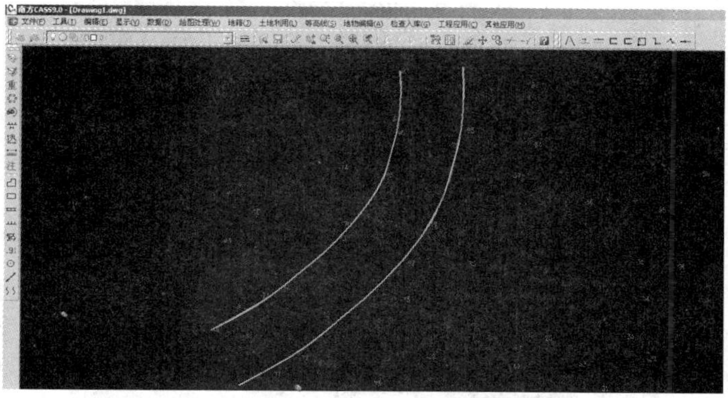

附图 10　平行高速公路

点击“确定”按钮，弹出如附图 11 所示界面。此时命令区提示：

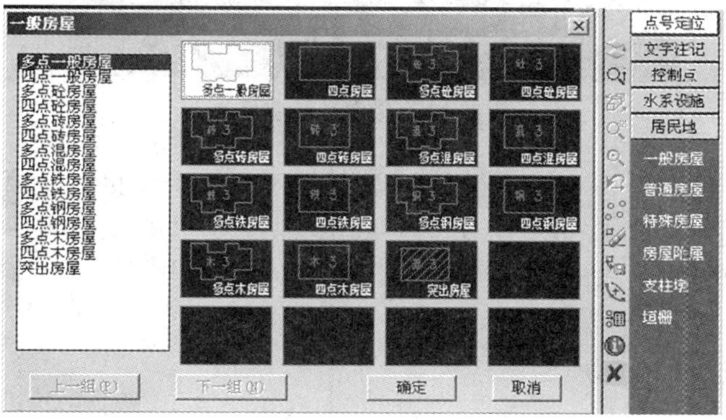

附图 11　符号选择

第一点：

点 P/ < 点号 >　输入 49，回车。

指定点：

点 P/ < 点号 >　输入 50，回车。

闭合 C/隔一闭合 G/隔一点 J/微导线 A/曲线 Q/边长交会 B/回退 U/点 P/ < 点号 >
输入 51，回车。

闭合 C/隔一闭合 G/隔一点 J/微导线 A/曲线 Q/边长交会 B/回退 U/点 P/ < 点号 >
输入 J，回车。

点 P/ < 点号 >　输入 52，回车。

闭合 C/隔一闭合 G/隔一点 J/微导线 A/曲线 Q/边长交会 B/回退 U/点 P/ < 点号 >
输入 53，回车。

闭合 C/隔一闭合 G/隔一点 J/微导线 A/曲线 Q/边长交会 B/回退 U/点 P/ < 点号 >
输入 C，回车。

输入层数：<1>　（默认输 1 层）输入 1，回车。

此时，多点一般房屋就画好了，如附图 12 所示。

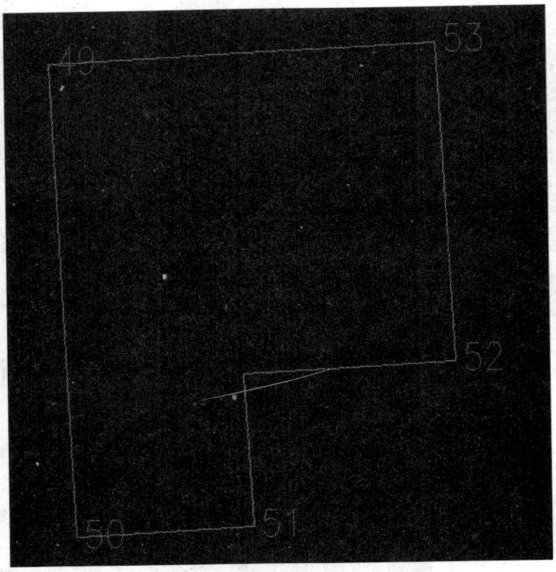

附图 12　多点一般房屋

选择多点一般房屋后自动读取地物编码，我们不须逐个记忆。从第三点起弹出许多选项（如闭合 C/隔一闭合 G/隔一点 J/微导线 A/曲线 Q/边长交会 B/回退 U/点 P/ <点号>），输入 J 后再输入一点时，系统自动算出一点，使该点与前一点及输入点的连线构成直角。输入 C 时，表示闭合。

【例 3】　多点混凝土房屋绘制。

在命令区可看到：

命令：输入 dd，回车。

如果没有出现上面情况，则可连续按计算机上 Esc 键，直到出现。

输入地物编码：<141111>　　输入 141111，回车。

也可按照例 2 方式选择“多点砼房屋”项获得此种命令状态，如附图 13 所示。

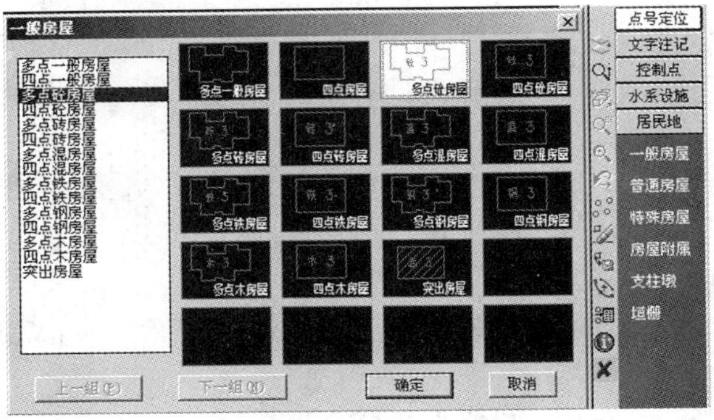

附图 13　多点砼房屋选择

第一点：点 P/ <点号>　输入 60，回车。

指定点：

点 P/<点号>　输入 61,回车。

闭合 C/隔一闭合 G/隔一点 J/微导线 A/曲线 Q/边长交会 B/回退 U/点 P/<点号> 输入 62,回车。

闭合 C/隔一闭合 G/隔一点 J/微导线 A/曲线 Q/边长交会 B/回退 U/点 P/<点号> 输入 A,回车。

微导线 – 键盘输入角度(K)/<指定方向点(只确定平行和垂直方向)>

此时,用鼠标左键在 62 点上侧一定距离处点一下,然后会出现:

距离<m>:　输入 4.5,回车。

闭合 C/隔一闭合 G/隔一点 J/微导线 A/曲线 Q/边长交会 B/回退 U/点 P/<点号> 输入 63,回车。

闭合 C/隔一闭合 G/隔一点 J/微导线 A/曲线 Q/边长交会 B/回退 U/点 P/<点号> 输入 J,回车。

点 P/<点号>　输入 64,回车。

闭合 C/隔一闭合 G/隔一点 J/微导线 A/曲线 Q/边长交会 B/回退 U/点 P/<点号> 输入 65,回车。

闭合 C/隔一闭合 G/隔一点 J/微导线 A/曲线 Q/边长交会 B/回退 U/点 P/<点号> 输入 C,回车。

输入层数:<1>　输入 2,回车。

此时,多点混凝土房屋就绘制好了,如附图 14 所示。

"微导线 A"功能由用户输入当前点至下一点的左角(度)和距离(米),输入后软件将计算出该点并连线。要求输入角度时若输入 K,则可直接输入左向转角,若直接用鼠标点击,只可确定垂直方向和平行方向。此功能特别适合知道角度和距离但看不到点的位置的情况,如房角点被树或路灯等障碍物遮挡时。

两栋房子和平行等外公路"建"好后,效果如附图 15 所示。类似以上操作,分别利用右侧屏幕菜单绘制其他地物。

附图 14　多点混凝土房屋

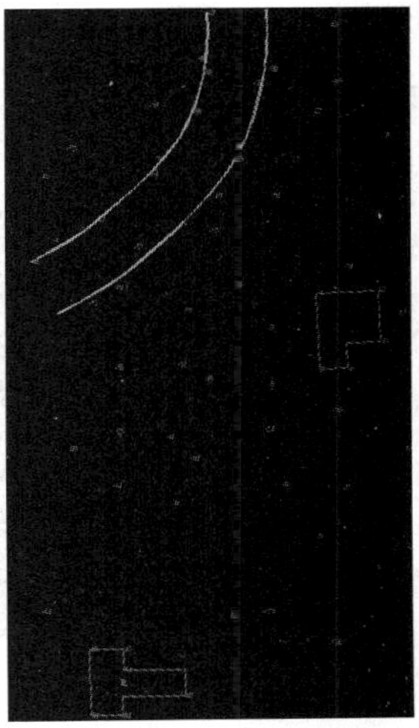

附图 15　"建"好的两栋房子和平行等外公路

在“居民地→一般房屋→四点砖房屋”菜单中，用 3、39、16 三点完成利用三点绘制 2 层砖结构的四点房（见附图 16(a)）。

在“居民地→垣栅→不依比例围墙”菜单中，用 68、67、66 绘制不拟合的依比例围墙（见附图 16(b)）。

在“居民地→普通房屋→四点棚房”菜单中，用 76、77、78 绘制四点棚房（见附图 16(c)）。

(a) 四点砖房屋　　(b) 不依比例围墙　　(c) 四点棚房

附图 16

在“交通设施→乡村道路→小路”菜单中，用 86、87、88、89、90、91 绘制拟合的小路（见附图 17(a)）。

在“交通设施→乡村道路→不依比例乡村路”菜单中，用 103、104、105、106 绘制拟合的不依比例乡村路（见附图 17(b)）。

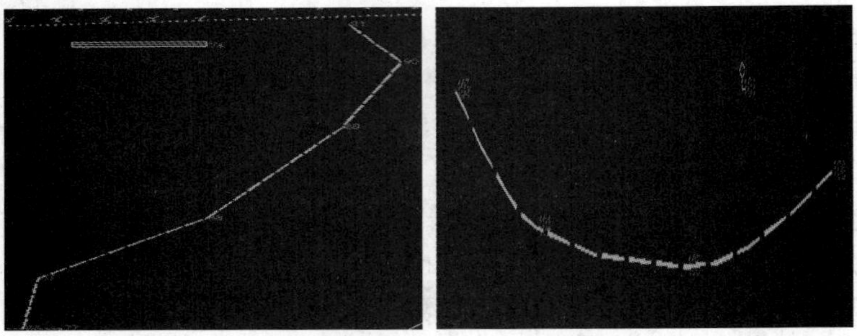

(a) 小路　　(b) 不依比例乡村路

附图 17

在“地貌土质→人工地貌→未加固陡坎”菜单中，用 54、55、56、57 绘制拟合的坎高为 1 m 的未加固陡坎（见附图 18(a)）。

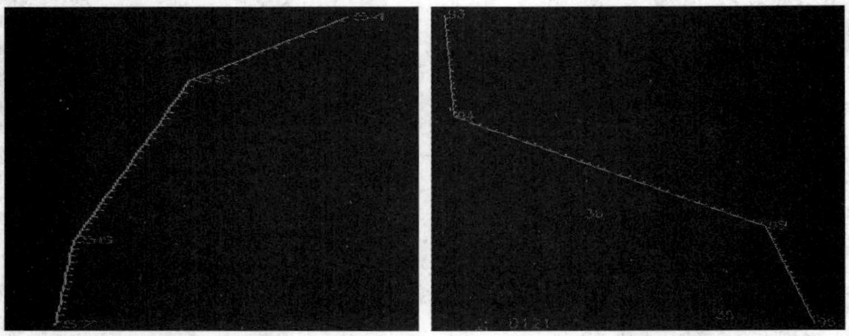

(a) 未加固陡坎　　(b) 加固陡坎

附图 18

在“地貌土质→人工地貌→加固陡坎”菜单中，用 93、94、95、96 绘制不拟合的坎高为 1 m 的加固陡坎（见附图 18（b））。

在“独立地物→其他设施→路灯”菜单中，用 69、70、71、72、97、98 分别绘制路灯（见附图 19（a））。

在“独立地物→农业设施→不依比例肥气池”菜单中，用 59 绘制不依比例肥气池（见附图 19（b））。

在“独立地物→其他设施→双柱宣传橱窗”菜单中，用 73、74 绘制宣传橱窗（见附图 19（c））。

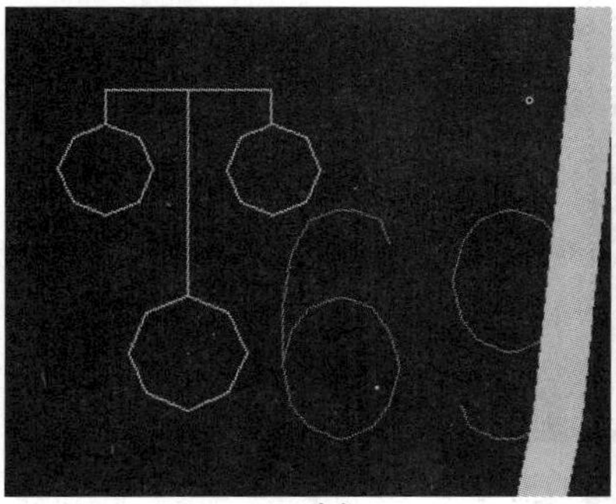

(a) 路灯

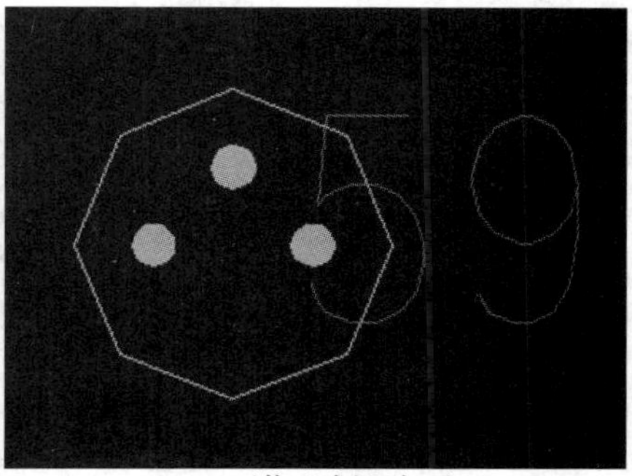

(b) 不依比例肥气池

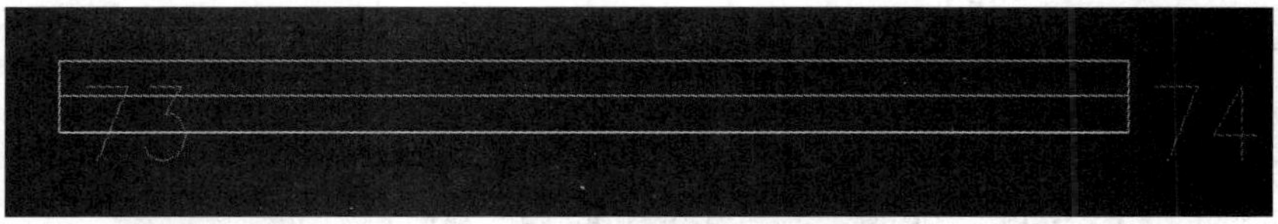

(c) 双柱宣传橱窗

附图 19

在“水系设施→水系要素→水井”菜单中，用 79 绘制水井（见附图 20）。

在“控制点→平面控制点→埋石图根点”菜单中，用 1、2、4 分别生成埋石图根点，在提问点名、等级时分别输入 D121、D122、D124（见附图 21）。

附图 20　水井

附图 21　埋石图根点

在“植被土质→林地→果树独立树”菜单中，用 99、100、101、102 分别绘制果树独立树（见附图 22（a））。

在“植被土质→耕地→菜地”菜单中，用 58、80、81、82 绘制菜地（第 82 号点之后仍要求输入点号时直接回车），要求边界不拟合，并且保留边界（见附图 22（b））。

在“管线设施→电力线→地面上的输电线”菜单中，用 75、83、84、85 绘制地面上的输

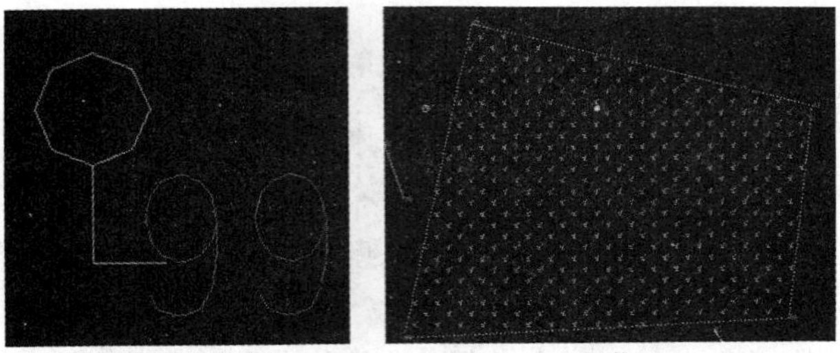

(a) 果树独立树　　　　(b) 菜地

附图 22

电线（见附图 23）。

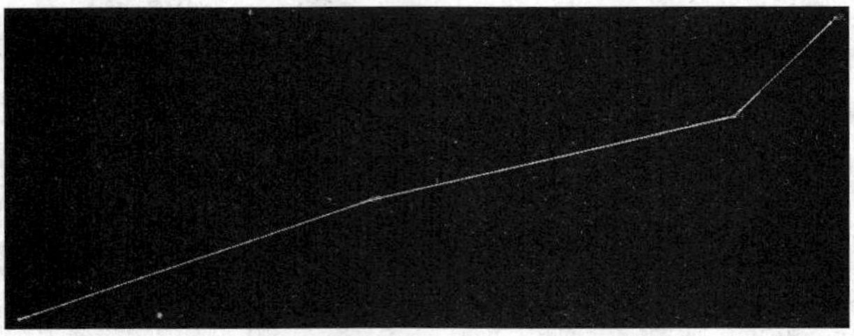

附图 23　地面上的输电线

经过上述绘制后的地图如附图 24 所示。

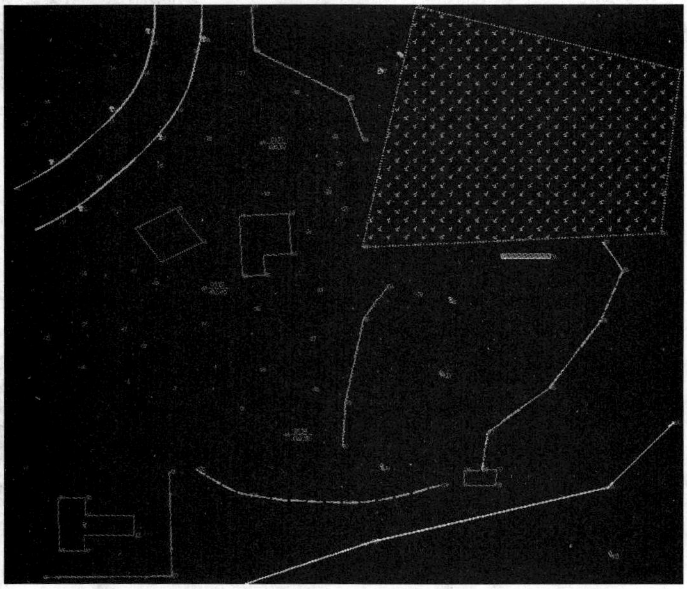

附图 24　平面图

最后选取“编辑→删除”二级菜单下的“删实体所在图层”（如附图 25 所示），鼠标符号变成了一个小方框，用左键点取任何一个点号的数字注记，所展点的注记将被删除。平面图作好后效果如附图 26 所示。

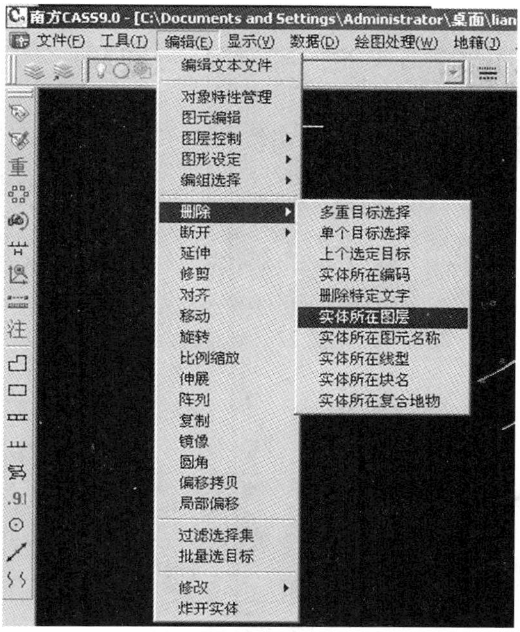

附图 25　删除实体图层

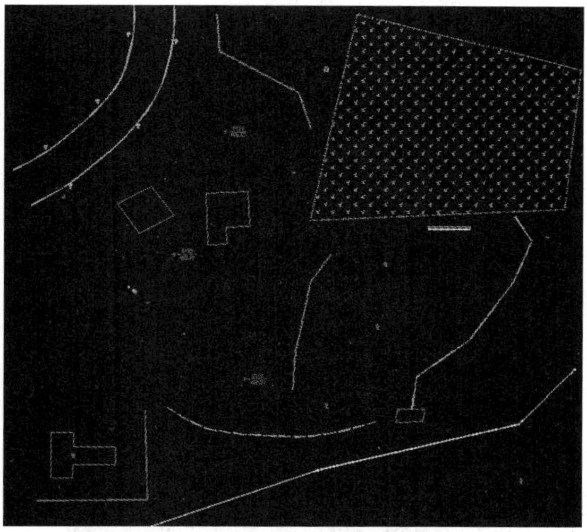

附图 26　数字地图

五、绘等高线

(一)展高程点

用鼠标左键点取“绘图处理”菜单下的“展高程点”,将会弹出数据文件的对话框,找到文件 STUDY. DAT,选择“确定”,命令区提示:

注记高程点的距离(米):　直接回车。

这表示不对高程点注记进行取舍，高程点全部展出来，如附图 27 所示。

附图 27　展高程点

(二)建立 DTM 模型

用鼠标左键点取“等高线”菜单下的“建立 DTM”，弹出如附图 28 所示对话框。

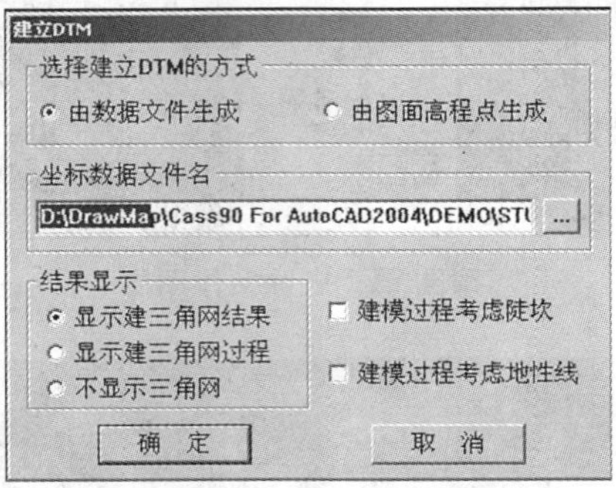

附图 28　“建立 DTM”对话框

根据需要选择建立 DTM 的方式和坐标数据文件名，然后选择建模过程是否考虑陡坎和地性线，选择“确定”，生成如附图 29 所示的 DTM 模型，接下来就可以绘制等高线了。

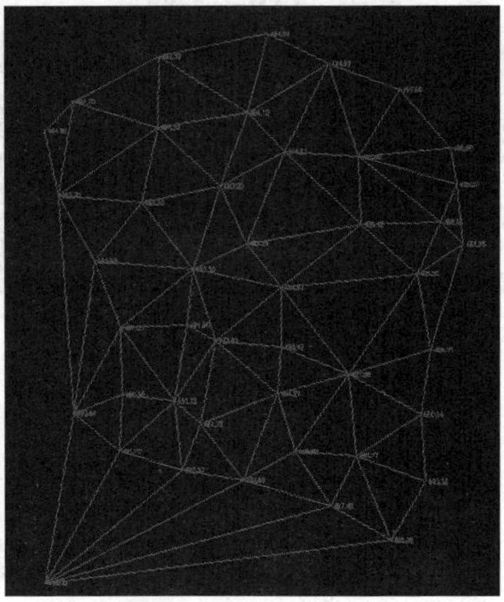

附图 29　绘制等高线

（三）绘制等高线

用鼠标左键点取“等高线→绘制等值线”，弹出如附图 30 所示对话框。

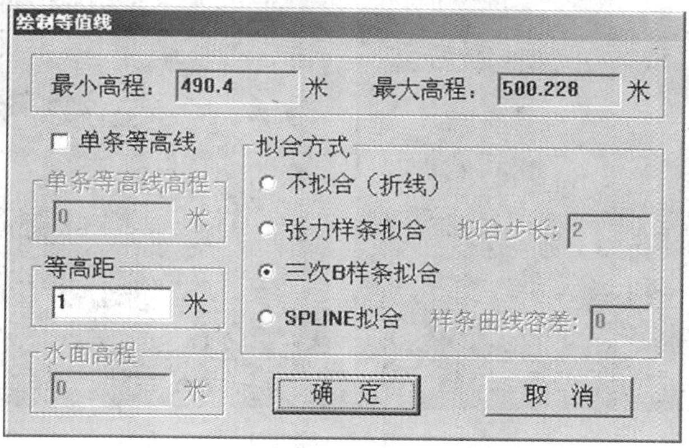

附图 30 “绘制等值线”对话框

输入等高距后选择拟合方式，然后按“确定”，则系统马上绘制出如附图 31 所示等高线，再选择“等高线”菜单下的“删三角网”，这时屏幕显示如附图 32 所示。

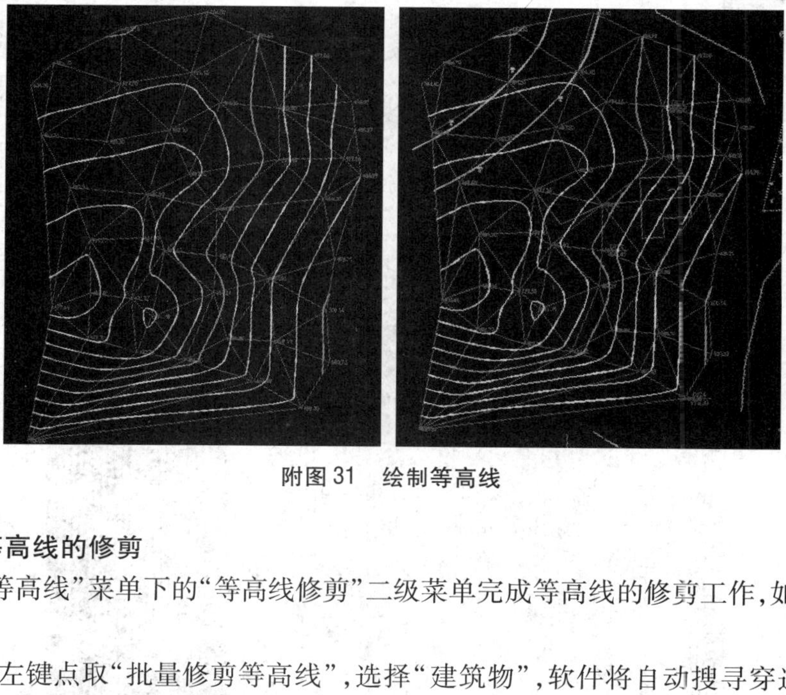

附图 31 绘制等高线

（四）等高线的修剪

利用“等高线”菜单下的“等高线修剪”二级菜单完成等高线的修剪工作，如附图 33 所示。

用鼠标左键点取“批量修剪等高线”，选择“建筑物”，软件将自动搜寻穿过建筑物的等高线并将其进行整饰（见附图 33）。

用鼠标左键点取“切除指定二线间等高线”，依提示依次用鼠标左键选取左上角的道路两边，CASS 将自动切除等高线穿过道路的部分（见附图 34）。

用鼠标左键点取“切除穿高程注记等高线”，CASS 将自动搜寻，把等高线穿过注记的部分切除。

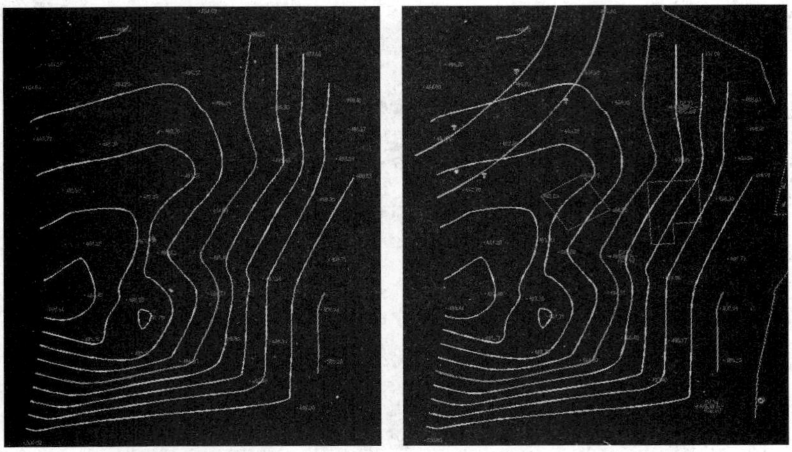

附图 32　等高线

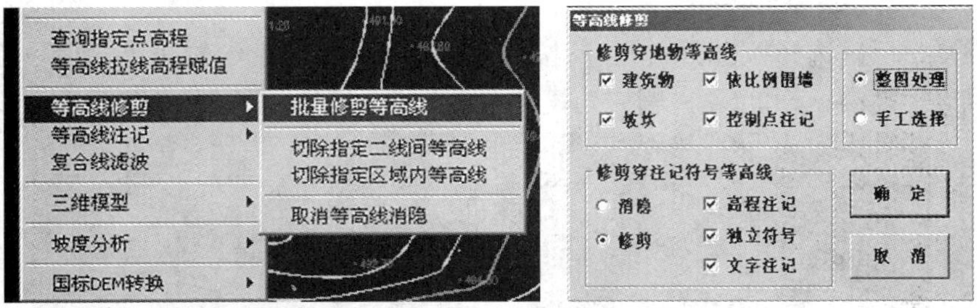

附图 33　“等高线修剪”对话框

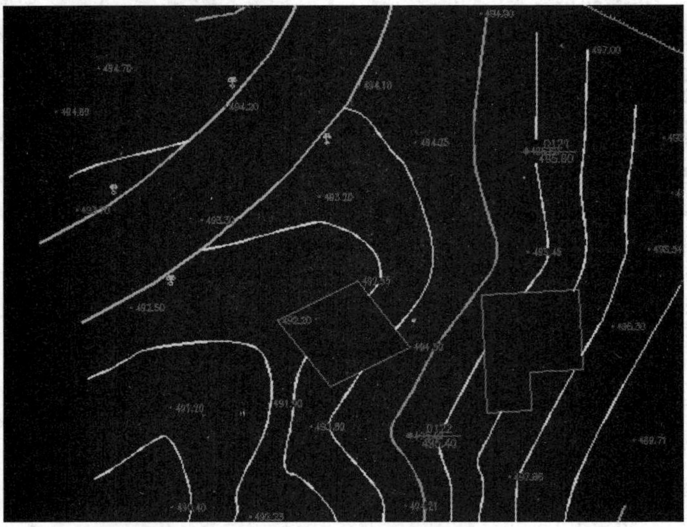

附图 34　等高线修剪

六、加注记

以下以在平行高速公路上加“沪杭高速”四个字为例说明。

用鼠标左键点取右侧屏幕菜单的“文字注记→通用注记”项，弹出如附图 35 所示的对话框。

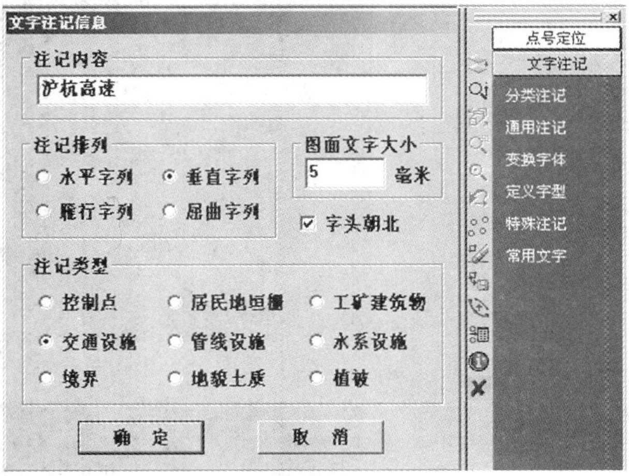

附图 35 “文字注记信息”对话框

首先在需要添加文字注记的位置绘制一条拟合的多功能复合线，然后在注记内容中输入“沪杭高速”并选择注记排列和注记类型，输入文字大小确定后选择绘制的拟合的多功能复合线即可完成注记，如附图 36 所示。

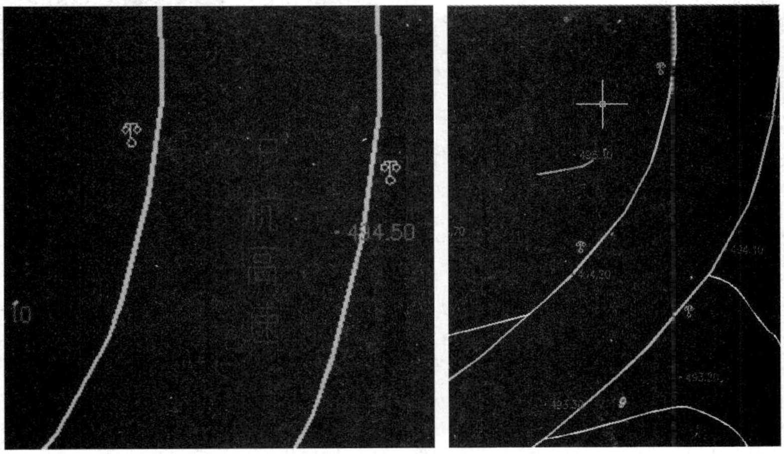

附图 36 文字注记

七、加图框

用鼠标左键点击“绘图处理”菜单下的“标准图幅(50 ×40 cm)”，弹出如附图 37 所示的界面。在“图名”栏里，输入“杭州下沙”；在“左下角坐标”的“东”、“北”栏内分别输入

“53073”、“31050”;在“删除图框外实体”栏前没有打钩,按确认后则出现附图 38 所示地图。在“删除图框外实体”栏前打钩(见附图 39),按“确认”后则出现附图 40 所示地图。经过这样的处理,这幅图就作好了。(注:2007 版新图式,图框外已无“测量员、绘图员”信息,右下角只有“批注”。)

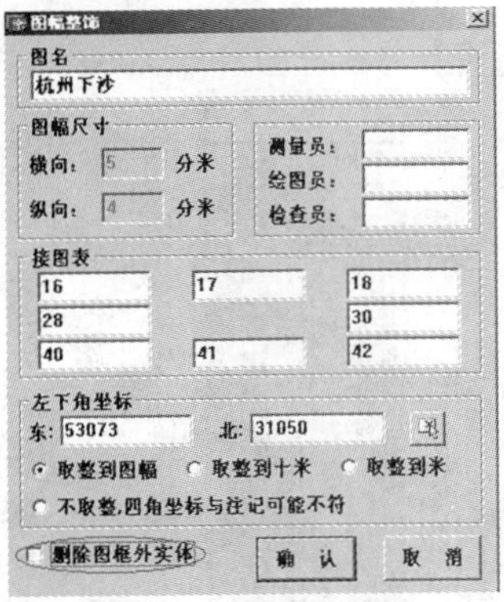

附图 37　输入图幅信息图

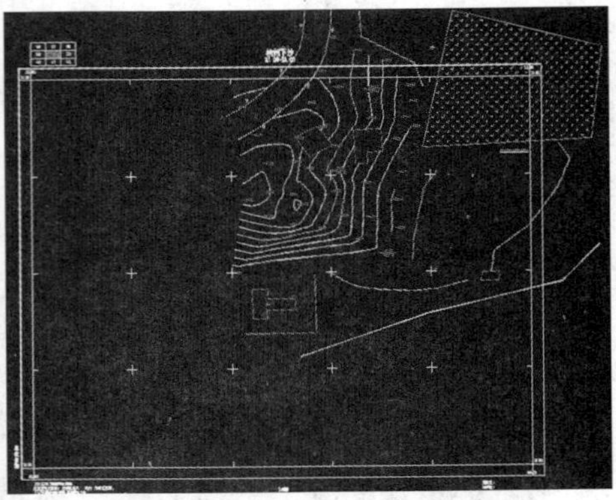

附图 38　未删图框外实体

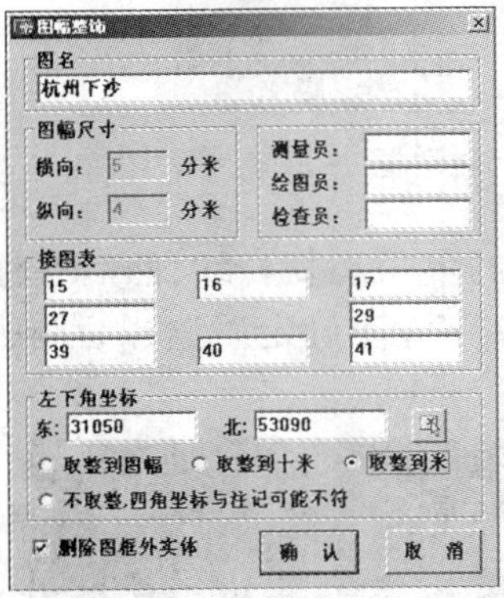

附图 39　输入图幅信息图

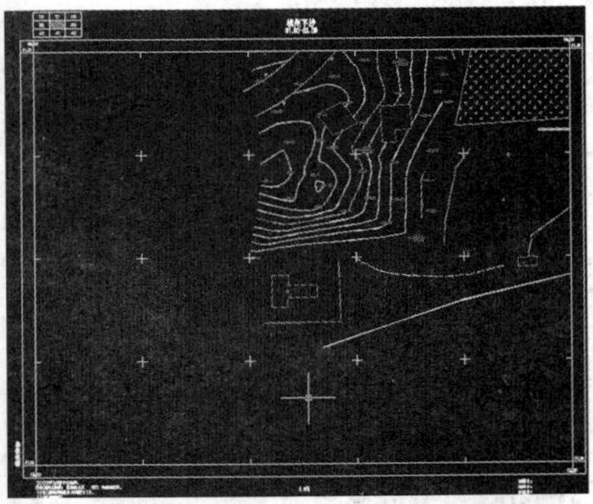

附图 40　删图框外实体

另外,可以将图框左下角的图幅信息更改成符合需要的字样,可以将图框和图章用户化。

八、绘图输出

用鼠标左键点取“文件”菜单下的“用绘图仪或打印机出图”,进行绘图。选好图纸尺寸、图纸方向后,用鼠标左键点击“窗选”按钮,用鼠标圈定绘图范围。将“打印比例”一项选为“2:1”(表示满足 1:500 比例尺的打印要求),通过“部分预览”和“全部预览”可以查看出图效果,满意后就可单击“确定”按钮进行出图了。

九、注意事项

千万别忘了存盘(其实在操作过程中也要不断地进行存盘,以防操作不慎导致丢失)。正式工作时,最好不要把数据文件或图形保存在 CASS 或其子目录下,应该创建工作目录。比如在 D 盘根目录下创建 DATA 目录存放数据文件,在 D 盘根目录下创建

DWG 目录存放图形文件。

在执行各项命令时，每一步都要注意看下面命令区的提示，当出现“命令:”提示时，要求输入新的命令；当出现“选择对象:”提示时，要求选择对象，等等。当一个命令没执行完时最好不要执行另一个命令，若要强行终止，可按键盘左上角的‘Esc”键或按“Ctrl”的同时按下“C”键，直到出现“命令:”提示。

在作图过程中，要常常用到一些编辑功能，例如删除、移动、复制、可退等，具体操作见参考手册。

有些命令有多种执行途径，可根据自己的喜好灵活选用快捷工具按钮、下拉菜单或在命令行输入命令。

参考文献

[1] 张慕良,叶泽荣. 水利工程测量[M]. 北京:水利水电出版社,1983.
[2] 田林亚,华锡生. 测量学[M]. 南京:河海大学出版社,2001.
[3] 梁盛智. 测量学[M]. 2 版. 重庆:重庆大学出版社,2005.
[4] 李峰. 工程测量[M]. 北京:中国电力出版社,2006.
[5] 赵雪云. 工程测量[M]. 北京:中国电力出版社,2007.
[6] 李井永. 建筑工程测量[M]. 北京:清华大学出版社,2005.
[7] 牛爱民,郭宗河. 土木工程测量[M]. 北京:机械工业出版社,2004.
[8] 许能生. 工程测量学[M]. 北京:科学出版社,2008.
[9] 赵红. 水利工程测量[M]. 北京:科学出版社,2001.
[10] 郭宗河. 测量学实用教程[M]. 北京:中国电力出版社,2001.
[11] 张剑锋,邵黎霞. 测量学[M]. 北京:中国水利水电出版社,2009.
[12] 刘仁钊. 工程测量技术[M]. 郑州:黄河水利出版社,2008.
[13] 靳祥升. 水利工程测量[M]. 郑州:黄河水利出版社,2008.
[14] 何习平,张鑫. 工程测量[M]. 郑州:黄河水利出版社,2008.
[15] 齐锐,屈韶琳,阳柽赟. 用 MapX 开发地理信息系统[M]. 北京:清华大学出版社,2003.
[16] 李洪涛,许国昌,薛鸿印,等. GPS 应用程序设计[M]. 北京:科学出版社,1999.